図解入門
How-nual
Visual Guide Book

よくわかる最新テスターの基本と実践

オールカラー

[マルチメーター／クランプメーター]

デジタルオシロ、アナライザー、VNA連携まで!

小暮 裕明 著

秀和システム

はじめに

近年、テスターはその機能が多彩になっており、電気工事の現場や設計・開発・製造の現場だけではなく、様々な場面で使われるようになっています。

さらに、デジタルオシロスコープやVNAをはじめとするアナライザーも安価で高性能なものが登場しており、それらとの連携により電気の様々なデータを測定することができるようになりました。

本書もこうした状況に対応した新しいテスターの解説書として生まれ変わりました。

テスターは、筆者が初めて壊した（!）電気機器です。子供のころ、父が大切に使っていたテスターをこっそり拝借し、プローブをコンセントに差し込んだとたん、テスターからきな臭い煙が出てきました。筆者がその後、学校で電気を学び、社会人になってからも電気の仕事をしているのは、この事件がきっかけなのです。

電気のもとは、宇宙の誕生とともに137億年前から存在している電荷です。しかし、電荷も電気も目に見えないので、測定して初めて「そこにある」ことが実感できます。最新のテスターは、子供のお小遣いでも買える値段になっているので、「電気を見る」測定器として、こんなにいいものはありません。

大学の電気工学科の講義で「テスターを持っている人は？」と手を挙げてもらったら、90人中3人だったので驚きました。最近の家電は、ケースを外しただけで保証が効かなくなるので、お父さんは怪しげな（?）修理で活躍できなくなりました。「一家に一台、テスターを！」という時代ではないのかもしれません。

電気工事や電気機器の設計・開発・製造に携わる経験豊かな方は、テスターを使いこなしていることでしょう。しかし、いまは専門外の人も電気を扱う職場に配属される時代ですから、マルチな技術者が求められています。また、最新のテスターは「マルチメーター」と呼ばれ、ここでもマルチ（複数）の機能を使いこなすことが技術者に求られるようになりました。アマチュア無線家のOM（先輩）も、久しぶりに最新のマルチメーターを使ってみてください。昔のテスターとはまったく別ものに見えてくるはずです。そこで筆者は、再び「一家に一台、テスターを！」と叫びたくなってくるのです。

このたび、既刊書『図解入門 はじめての人のためのテスターがよくわかる本［第2版］』を改訂する形で、本書を刊行することになりました。今回は、小型化が進む測定器の解説を2章と11章に追加しました。オシロスコープやアンテナアナライザー、VNA（ベクトルネットワークアナライザー）などです。これらは高周波を測定する装置ですが、高性能・低価格で急速に普及しています。

こういった状況に対応するため、「テスターのキホンを知りたい」方のための【入門編】（1～6章）、そして「実際のテスターでの測定例を通して活用法をフルに学びたい」方のための【実践編】（7～11章）として構成し直しました。

仕事でテスターが必要になった方、電気を学ぶ学生諸君、さらに電気機器の修理やアマチュア無線の趣味などでテスターを使いたい方にもご活用いただければ幸いです。

2023年1月　　小暮 裕明

※本書に登場するテスターなどの製品の情報は2023年1月末現在のものです。これらの機種は製造や販売が中止されることがありますので、詳しくは製造元や販売元にお問い合わせください。

※本書は『図解入門はじめての人のためのテスターがわかる本［第2版］』を底本とし、入門者にも実務者にも役立つよう章の組み換えを行い、他の測定機器との連携などより実践的な内容を追加したものです。

目次

図解入門よくわかる最新
テスターの基本と実践

第3章 アナログとデジタルの違いは？

第4章 テスターで測る電子部品あれこれ

第5章 アナログとデジタルテスター

第6章 交流・高周波へのかけ橋

【実践編】

第7章 いよいよテスターを使おう！

第8章 身近なあれこれを測定してみよう

第9章 故障かなと思ったら自分で診断

第10章 パソコンと連携してデータを扱う

第11章 いろいろな交流・高周波測定機器

巻末資料

Q＆A—こんな「困った！」に対応

本書に出てくる主要な単位

記号	読み方	量の名称	定義	接頭語付きの例
V	ボルト	電位、電圧、起電力	1Aが流れる導体の2点間で消費される電力が1Wのとき、その2点間の電位	mV、kVなど
A	アンペア	電流	真空中に1mの間隔で平行に置かれた極めて細く無限長の2本の直線導体のそれぞれを流れ、1mごとに2×10^{-7}N（ニュートン）の力を及ぼし合う不変の電流	μA、mAなど
W	ワット	電力、仕事率	1秒間につき1J（ジュール）の仕事をする割合	mW、kWなど
Ω	オーム	電気抵抗	1Aの電流が流れる導体の2点間の電圧が1Vであるときの、その2点間の電気抵抗	kΩ、MΩなど
H	ヘンリー	自己インダクタンス 相互インダクタンス	1秒間に1Aの割合で、一様に変化する電流が流れるとき1Vの起電力を生ずる閉回路のインダクタンス	nH、μH、mHなど
F	ファラッド	静電容量、 キャパシタンス	1C（クーロン）の電荷を充電したときに1Vの電圧を生ずる2導体間の静電容量	pF、μFなど
S/m	ジーメンス・パー・メートル	導電率	抵抗率が1Ω・mであるような導体の誘電率	
dB	デシベル	パワー（電力、音圧など）レベル	電力比の常用対数値（bel）の10倍（deci）	

入門編

第1章

テスターっていったい何？

昔の家電はシンプルだったので、電気が専門でない父親でもテスターで導通テストくらいはしたものです。家族は尊敬のまなざしを向けましたが、いまはケースを開けると保証が効かなくなるので勇気が要ります。

といったこともあり、テスターを使う人はめっきり減ってしまいました。でも、最近のテスターは安価になったので、気軽に使ってみましょう。

昔のテスターに比べると機能も豊富になってきたので、電気の技術者はもちろんのこと、これから電気を学ぼうという読者も、実際に使いながら「電気を見る」測定器であるテスターを骨までしゃぶってください。

1.1 テスターは何をするための道具？

Point
- テスターはコンセントの電圧を測ることができる。
- テスターはプローブをつなげて使う。
- テスターは正しく使わないと壊れることがある。

テスターの思い出

筆者は、子供のころ父の**テスター**をこっそり使って壊してしまいました。それは図1-1-1のような木箱に入った大きなテスターで、父が戦後の混乱期にラジオを修理して生計を立てるために使っていた思い出の品です。見よう見まねでプローブ（赤と黒のテスト棒）をコンセントに差し込んだとたん、テスターからきな臭い煙が出てきて、あわててプローブを引き抜きました。しかし時すでに遅く、分電盤のヒューズを飛ばしたようです。その瞬間、父の苦労話がよみがえり、大目玉を覚悟したのでした。

木箱に入った思い出のテスター（図1-1-1）

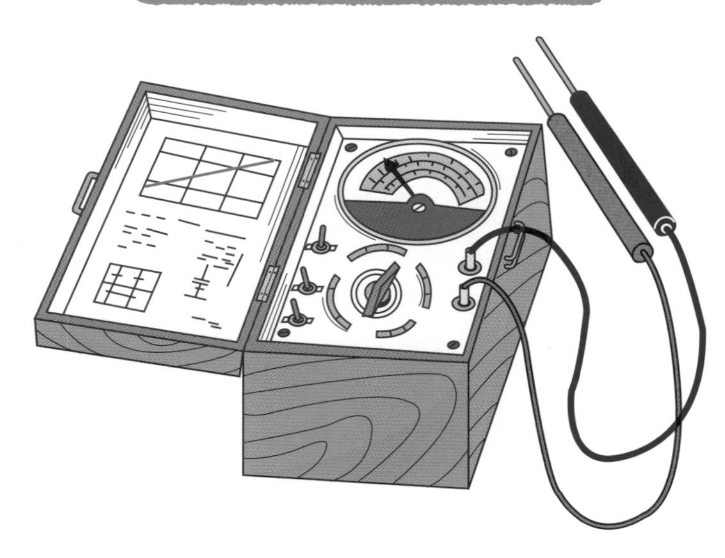

正直に話した筆者に、父は怒りもせず、箱を外して中身を詳しく解説してくれました。当時は中の回路が理解できませんでしたが、大人になってテスターのしくみを学んだとき、ようやくその真相を知ったのでした。

テスターは、このようにコンセントの**電圧**を測ることができますが、それだけでなく、**電流**や**抵抗**の大きさも測定できる計測器です。ただし、何を測定すれかの切り替えスイッチの位置を誤ると、測定している電気回路をショート（短絡）して、テスターの内部にある回路を壊してしまうことがあります。

テスターは**マルチテスター**や**マルチメーター**とも呼ばれ、**アナログメーター**付きの**アナログ式**（**アナログテスター、アナログ器**）、および**デジタル表示**付きの**デジタル式**（**デジタルテスター、デジタル器**）の２種類があります。ドイツの物理学者**オーム**（1789～1854年）が発見した「**オームの法則**」という、電気の世界で最も重要な法則の１つがあるために、電気技術者にとって、テスターは手放せない道具なのです（このあたりはおいおい説明していきます）。

アナログメーターとデジタル表示（図1-1-2）

アナログメーターのテスター

デジタル表示のテスター

写真提供：三和電気計器(株)

オームの法則は、抵抗に流れる電流に比例して発生する電圧を示す法則。

1.2 テスターで測る電圧・電流とは？

Point

- 電位の差を電位差あるいは電圧という。
- 乾電池から流れる一定の大きさの電気を直流という。
- 家庭用のコンセントに来ている電気は交流である。

乾電池の電圧と電流は直流

乾電池には図1-2-1のような種類がありますが、右端の**積層電池**を除き、どれも1.5 Vと書かれています。Vは電圧の単位で**ボルト**と読みます。電圧とは「電位の差」のことで、水力発電所のダムの「水位の差」と対比するとわかりやすいでしょう。

水を流し続けるためには、つねにポンプで水をくみ上げ、水位の差を作らなければなりません。電気も電流を流し続けるためには、電圧を作る電池を使います。電池の内部には電圧を発生させるしくみがあり、この力を**起電力**といいます。充電式のニッケル水素電池などには1.2Vと書かれているので、起電力は乾電池よりもやや劣ります。また右端の四角い電池は9Vですから、起電力は乾電池の6倍です。

積層電池を除く乾電池は、図のように最も大きい単1から最も小さい単5まで円筒形で、突起がプラス極、底部がマイナス極です。

いろいろな乾電池（図1-2-1）

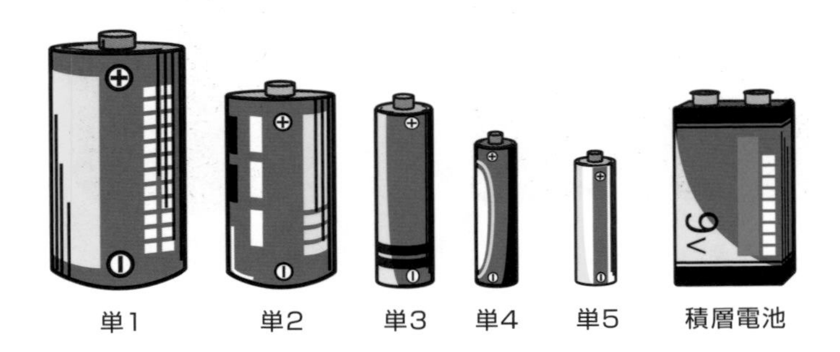

水の流れと電気の流れ（図1-2-2）

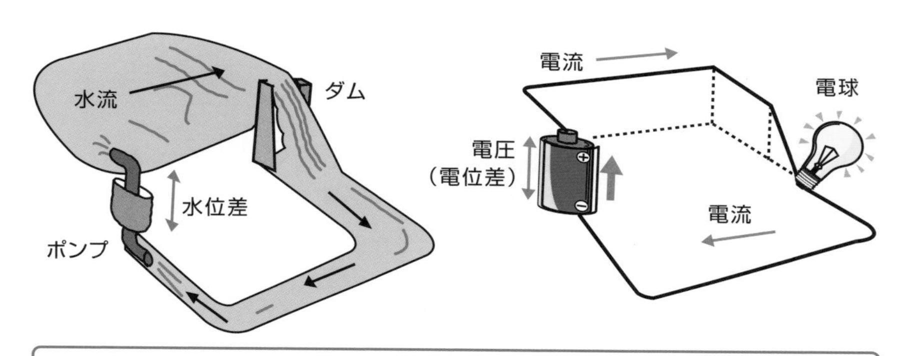

水の流れと電気の流れの対応はつぎのとおり。

水位差＝電圧(電位差)、ポンプ＝電池、水流＝電流、ダム＝電球(抵抗)

電流の流れは、プラス極から出てマイナス極へ入る向きである。

例えば電子辞書は乾電池で動作しますが、使い続けると電気の流れもだんだん弱くなり、最後は使えなくなります。このように、電池からは一定の大きさの電気が流れ続けることが重要で、この電気を**直流**といいます。

電池で作られた**電子**（**自由電子**ともいう）は、金属の配線を通って電子辞書の回路に至りますが、導体は電子が動き回れるので電気が流れます。つまり、この移動する電子こそが**電流**の担い手なのです。

電流は水の流れにたとえられます。図1-2-2は、ダムから流れ落ちる水が川を流れ、ポンプで再びくみ上げられる様子を表しています。水は水位の高い方から低い方へ流れますが、電気の流れも図のように、電位の高い方から低い方へ流れます。

水位の差が大きいほど水の流れる力が強くなるのと同様に、電位の差が大きいほど電気が流れる力も大きくなり、これを「電流が大きい」といいます。また電位の差を**電位差**あるいは**電圧**といいます。

これらの対応関係をまとめると、「水位差＝電圧（電位差）」、「ポンプ＝電池」、「水流＝電流」、「ダム＝電球（抵抗）」となります。

家庭用コンセントの電気は交流

家庭のコンセントに来ている電気は、乾電池のように一定の大きさの電気が流れているのではなく、自動車エンジンのピストンの動きのように、電流の方向と大きさが時間とともに変化します。これを**交流**といいます。

自動車エンジンは、上下に行ったり来たりするピストンの動きを滑らかな回転運動に変えます。この運動をスローモーションで撮影すると、スタートからしだいに速度が増して、いちばん上に着いた瞬間、こんどは反対方向のいちばん下まで動き、その後も上下動を規則正しく繰り返すことで、回転速度を一定に保っています。

図1-2-3（上）は交流の時間変化を表していますが、ピストンの上下運動を時間軸方向に引っぱって描いたとも見なせます。

家庭のコンセントの交流でも、電線の中の電子が移動することで電流が流れます。図1-2-3（下）は、電子の動き方の変化を、時間を追って描いています。

交流の時間変化と電線内の電子の動き（図1-2-3）

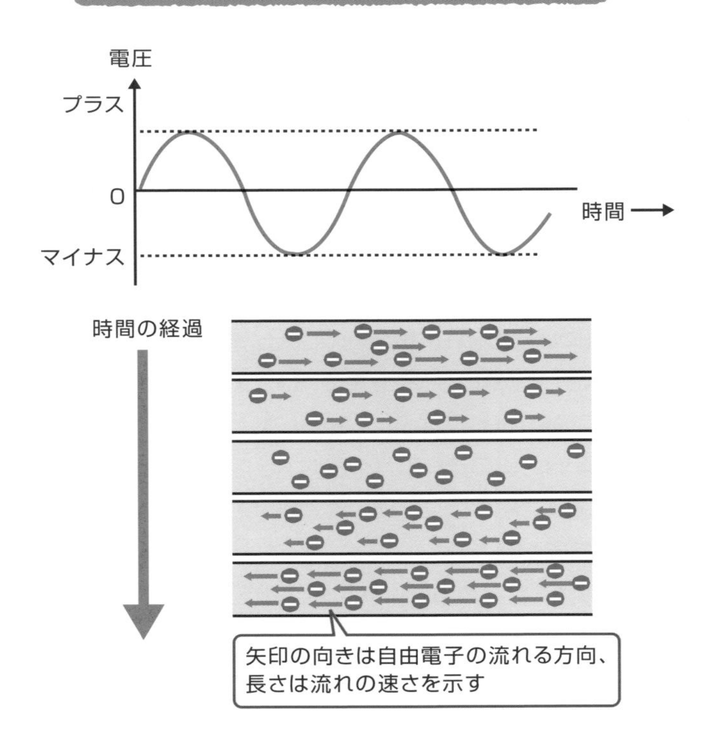

直流の電圧を測るときには

アナログメーターのテスターもデジタル表示のテスターも、測定の前に必ず行うべきことがあります。それは、テスターのスイッチを測りたいものに合わせること。アナログ式では**レンジ切り替えスイッチ**、デジタル式では**ファンクションスイッチ**を、例えば乾電池の電圧を測る場合なら直流の電圧用にセットします。

直流は英語でDirect Currentといい、略して**DC**ともいいます。また電圧は**ボルト**（**V**）という単位を使うので、直流電圧はDCVです。そこで、スイッチをDCVにセットします。アナログ式では、電圧の強さに応じたレンジ（範囲）も設定します。1.5Vの電池であれば、最大が1.5Vですから、レンジは2.5にセットすればよいのです。一方、デジタル式は一般にDCVのファンクション（測定機能）しかありませんが、レンジはテスターが自動的に調整します。

交流の電圧を測るときには

交流は英語で Alternating Current といい、略して**AC**ともいいます。交流電圧はACVですから、スイッチをACVにセットします。

アナログ式〈左〉とデジタル式〈右〉のスイッチの違い（図1-2-4）

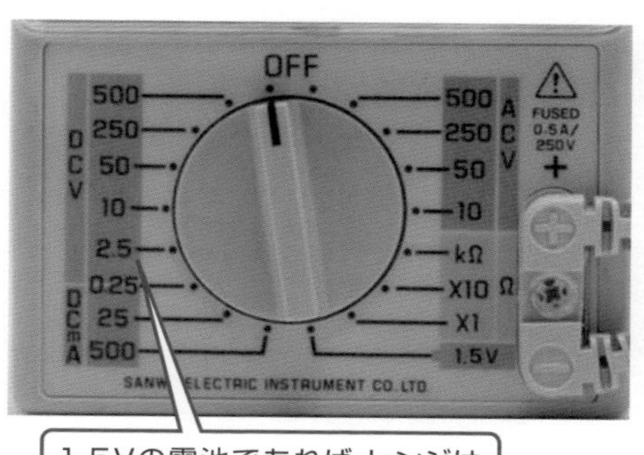

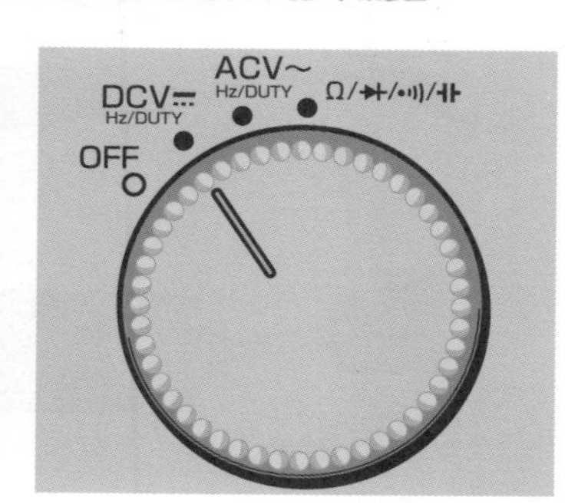

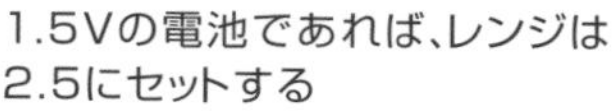

「DCV」ではなく「≂V」というファンクションのあるデジタル式は、直流・交流も自動的に切り替えるタイプです。

プローブをつなぐ

アナログ式のテスターもデジタル式のテスターも、赤と黒の**プローブ**（**テスト棒**ともいう）をテスター本体につなげます。テスターによっては、プローブが本体から外れないタイプもあります。

プローブの先端にある金属棒は**テストピン**とも呼ばれています。またテスト棒は、同じ色の配線ケーブルで本体につなげますが、これを**テストリード**とも呼んでいます。

乾電池の電圧を測る

乾電池の電圧を測るときには、アナログ式では**DCV**のレンジを選び、デジタル式ではファンクションをDCVまたは≂Vにセットします。つぎに赤のプローブを電池の＋極に、黒のプローブを電池の－極につなぐと、電池の電圧が表示されます。

プローブのテストピンを乾電池に押し付ける（図1-2-5）

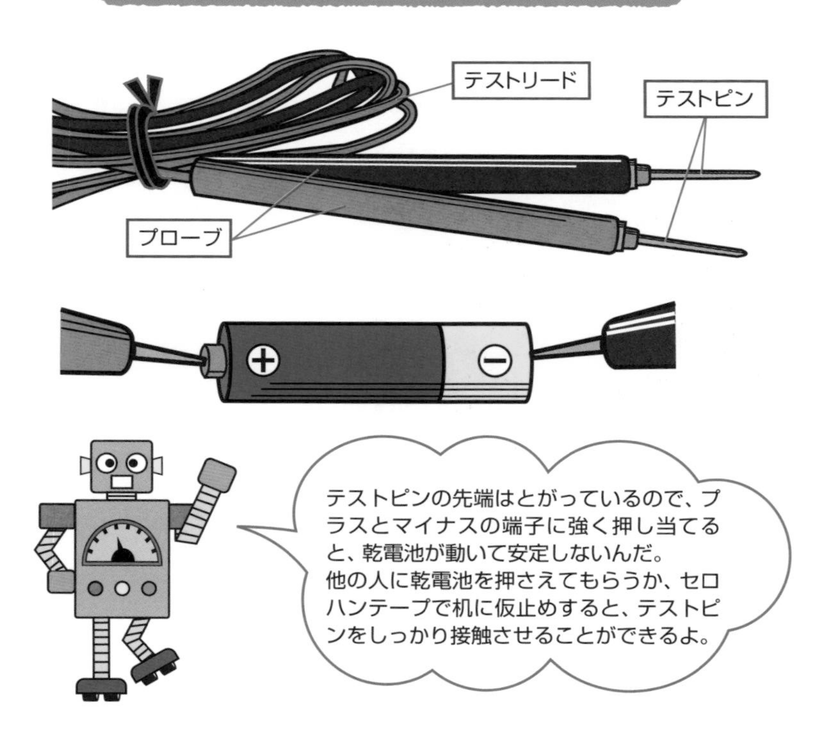

コンセントの電圧を測る

家庭のコンセントに来ている電気は交流で**100V**あります。測定しているときは、危険なのでプローブのテストピンに触らないようにします。テスト棒をしっかりと持って、感電しないようにしますが、このとき濡れた手では絶対に測定しないでください。

アナログ式ではACVのレンジで250を選び、デジタル式ではファンクションをACVまたは≂Vにセットします。交流では時間とともに電流の向きが逆転するので、コンセントに入れるプローブは、赤と黒の区別はありません。また、プローブを差し込んでいるときに両方のテストピンが触れ合うと、電気がショート（短絡）して強い電流が流れるので大変危険です。コンセントにテストピンを差し込むときは十分に注意してください。

テスターには、コンセントに来ている**交流の電圧**が表示されます。集合住宅やオフィスでは、100Vではないかもしれません。コンセントの電圧は、他のコンセントにつながっている電気機器の台数や使用状況によって、多少変動しています。

プローブのテストピンをコンセントに差し込む（図1-2-6）

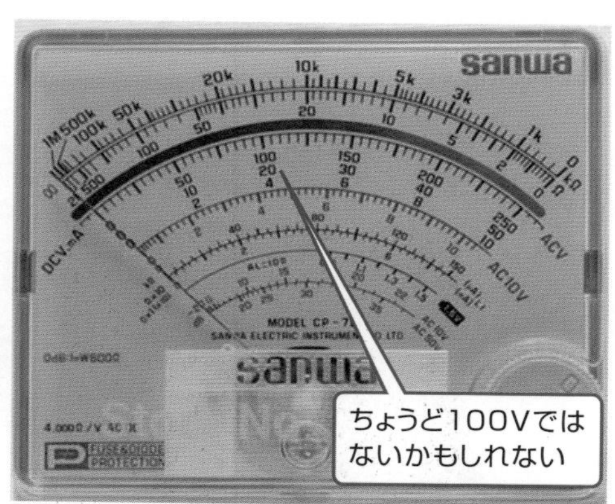

1.3 マルチメーターとは？

Point

- マルチとは「多数の」とか「複数の」という意味。
- マルチメーターには多くのファンクション（測定機能）がある。
- レンジは自動調整だが、ファンクションを間違えないように注意。

マルチメーターで測れるもの

テスターは**マルチメーター**や**マルチテスター**とも呼ばれています。**マルチ**とは英語で「**多数の**」とか「**複数の**」という意味であり、1台でいろいろな測定ができます。

例えば写真のデジタルマルチメーターには、つぎのような**ファンクション**（**測定機能**）があります。

①テスター部（直流電圧、交流電圧、直流電流、交流電流、抵抗、コンデンサーの容量、周波数、導通試験など）、②温度計（温度測定プローブ付属）、③湿度計（センサーは本体に内蔵）、④騒音計（センサーは本体に内蔵）、⑤照度計（センサーは本体に内蔵）

デジタルマルチメーターのファンクション例（図1-3-1）

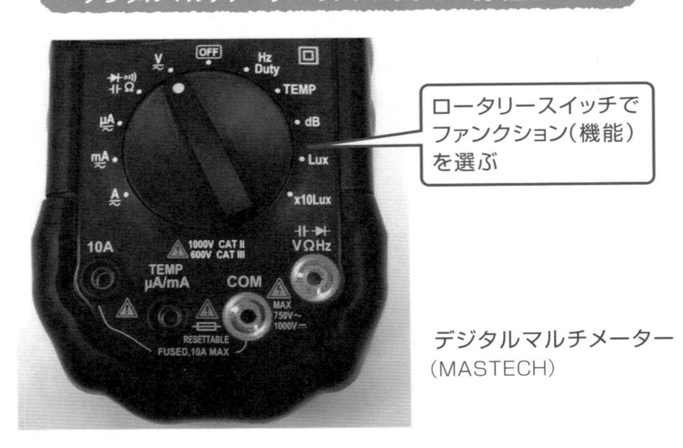

デジタルマルチメーター
（MASTECH）

各ファンクションの意味

デジタルマルチメーターの各ファンクションと、その測定レンジ（範囲）の例を示します。

テスター部

- **直流電圧**　400mVレンジ～1,000Vレンジ。m（ミリ）は1/1,000を表す
- **交流電圧**　400mVレンジ～750Vレンジ
- **直流電流**　400μAレンジ～10Aレンジ。μ（マイクロ）は1/1,000,000を表す
- **交流電流**　400μAレンジ～10Aレンジ
- **抵抗**　400Ωレンジ～40MΩレンジ。Ω（オーム）は抵抗の単位、M（メガ）は1,000,000倍を表す
- **コンデンサー**　40nFレンジ～100μFレンジ。F（ファラッド）は電気容量（静電容量）の単位、n（ナノ）は1/1,000,000,000を表す
- **周波数**　10Hzレンジ～200kHzレンジ。Hz（ヘルツ）は周波数の単位、k（キロ）は1,000倍を表す
- **導通テスト**　電気が通るかブザーで知らせる機能

温度計

付属の温度測定プローブで測れる範囲：－20℃～＋1,000℃
精度：±1%～5%（測定温度による）
プローブを使わない常温の計測は、20～30℃（±3～4℃の誤差）

湿度計

内蔵のセラミック湿度センサーによる測定範囲：20～95%RH（相対湿度）
精度：±5%RH

騒音計

内蔵のコンデンサーマイクによる測定範囲：40～100dB
（周波数範囲：約100～8,000Hz）
精度：±3.5%dB（94dBの正弦波において）
dB（デシベル）は音の基準値との比のlog（常用対数）の20倍

照度計

内蔵のフォトダイオードによる測定範囲：4,000luxレンジ、40,000luxレンジ

1.4 入門者向きの電池チェッカー

Point

- 電池の電圧を測るだけなら電池チェッカーが便利。
- 電池の寿命を調べる電池チェッカー。

電池チェッカーとは

電池の電圧を測るだけなら**電池チェッカー**が便利です。単機能ですが、使い勝手がよいので、入門者でも操作の間違いがありません。

写真の電池チェッカーは、アナログ式のテスターにそっくりな外観で、プローブも付いています。とはいえ電池専用なので、テストピンを100Vのコンセントに差し込んだりしないでください。

アナログ式のテスターと同じように、下部にレンジを選ぶスイッチがあります。1.5Vの乾電池のなどのほかに、9Vの006P型乾電池やボタン電池も測れます。左側にある2つの金属突起は、間隔が006P型乾電池の電極に合わせてあり、レンジを9Vに設定したあとで、プラスとマイナスを間違えないように押し付けます。ボタン電池は、右端にある溝にはさんで、赤いスイッチを押し込みます。

アナログ式テスターに似ている電池チェッカーの例（図1-4-1）

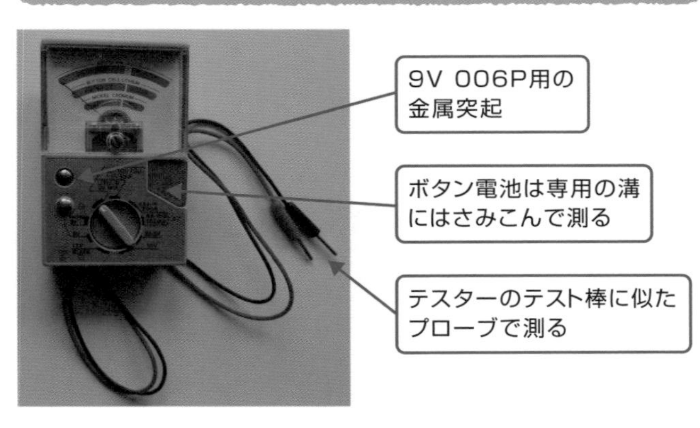

電池の寿命を調べる電池チェッカー

「この乾電池はまだ使えるのか？」、これを測るのが電池チェッカーです。テスターでは乾電池の電圧を測りますが、マンガン電池やアルカリ電池といった**電池の寿命**を調べるためには、電池に**負荷**をかけて測る必要があります。負荷とは抵抗器のことですが、電池チェッカーの中にはこの抵抗器が入っています。

最近は見かけなくなった紙のように薄い電池チェッカーは、薄膜の熱線に乾電池の電気を通し、熱の発生によって感熱塗料で印刷した部分の色を変化させます。この熱線は、負荷の抵抗として働き、マンガン電池やアルカリ電池の寿命がわかるというわけです。

このほか、電池の寸法に応じた切れ込みを持った電池チェッカーもあり、LEDの色で寿命を表示します。

フィルム状の電池チェッカーや簡易型の電池チェッカー（図1-4-2）

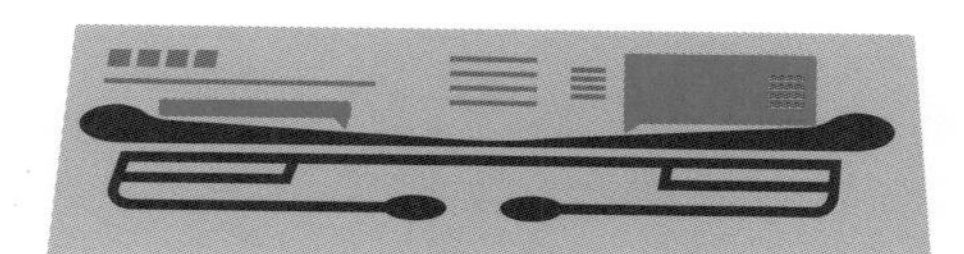

フィルム状の電池チェッカーの例

簡易型の電池チェッカーには、アナログ式テスターに似たアナログメーターで表示する代わりに、LED（発光ダイオード）の色で表示するタイプもある。
そのタイプでは、3つのLEDは左から赤、黄、緑で、信号機と同様、緑色になればまだ使える。黄色だと残量がわずかで、赤色だと電池の寿命が尽きている。

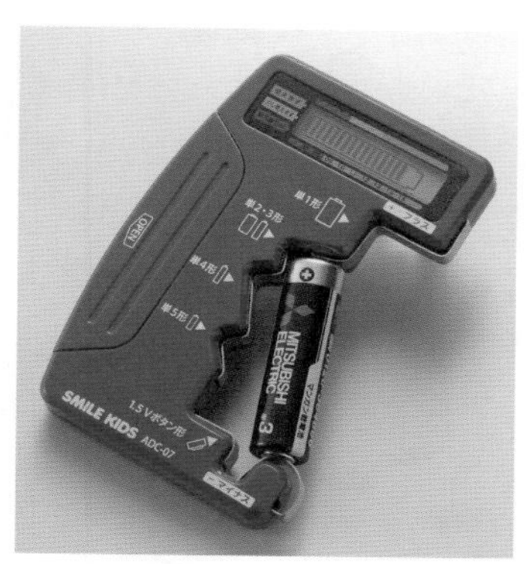

簡易型の電池チェッカーの例
（旭電機化成）

1.5 危険な感電に注意！

Point
●電源をショート（短絡）すると危険。
●テスター内のヒューズを飛ばしたら、新しいものに交換する。

電球は負荷抵抗

小学校で学ぶ乾電池と豆電球の実験では、導線を２本使いました。電化製品の電源コードもやはり２本の線です。直流も交流も、電気は２線で伝えられますが、図1-5-1に示すように、直流も交流も３つの部分、すなわち**電源**・**線路**・**負荷**（**電球**）に分けられます。

電球だけでなく、抵抗器やICなど、電気を送って動作させるものを**負荷**（**ロード**）と呼びます。例えばコンセントの電圧を測る場合、負荷を外して電源電圧をテスターで測っているのです。このとき、負荷はテスター内にありますが、誤ってテスト棒で線路をショート（短絡）してしまうと、負荷がなくなるため、非常に大きな電流が流れてしまいます。安全装置であるブレーカーが落ちて停電しますが、テスト棒が焦げて感電すると大変危険です。

電気回路は電源・線路・負荷（電球）の3つで構成される（図1-5-1）

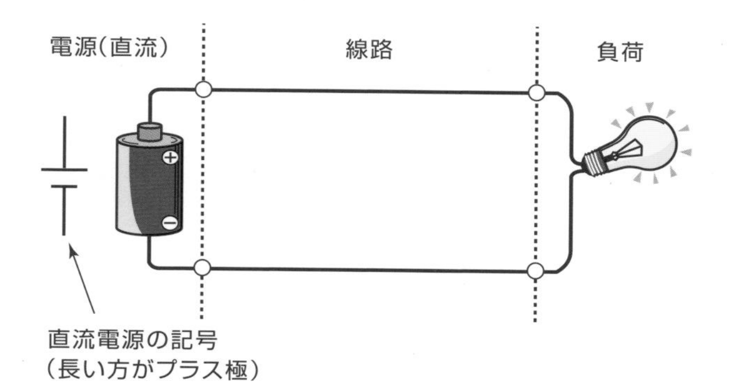

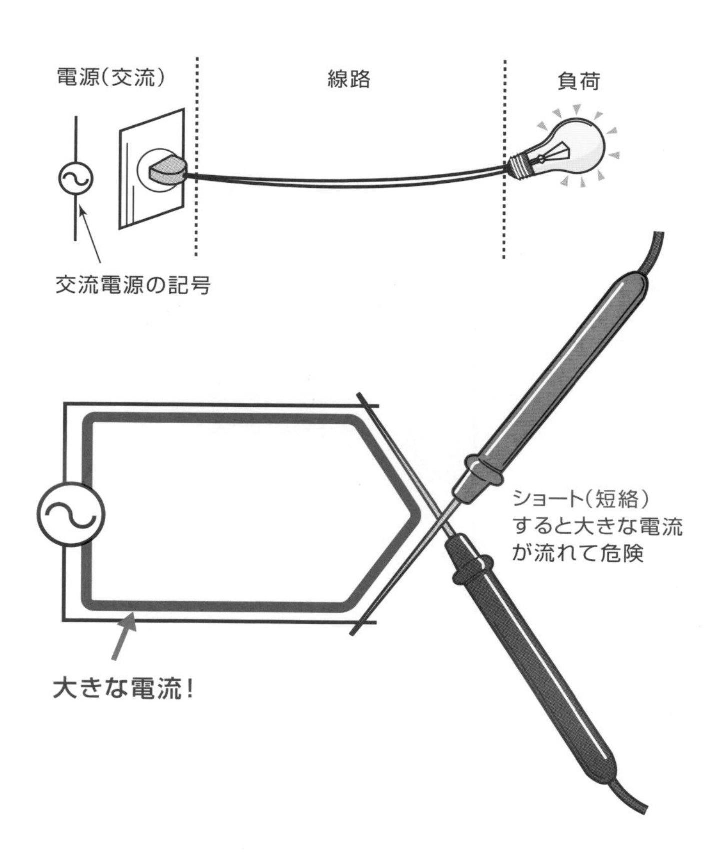

テスターの保護回路

デジタル式のテスターの中には、誤って別のファンクションで測定しても、内部の**保護回路**が働く製品があります。カタログに「フルレンジ750Vに耐える過負荷保護設計」、「短絡事故防止用に1000V耐圧ヒューズを内蔵」などと書いてあります。

デジタル式のテスターには、電流のファンクションスイッチがないものがあり、電流の測定ができません。一方、アナログ式のテスターには電流のレンジがいくつかありますが、例えば電流のレンジをDCmA（ミリアンペア）にセットして電圧を測り、テスターに内蔵されているヒューズを飛ばしてしまうことがあります。

このような原因でテスターが働かなくなったら、ケースを開け、**ヒューズ**が切れていないか確認してください。もしヒューズの線が切れていたら、ヒューズの管に刻印されているアンペア値と同じ新しいヒューズと交換します。

テスターに内蔵されている保護回路のヒューズ（図1-5-2）

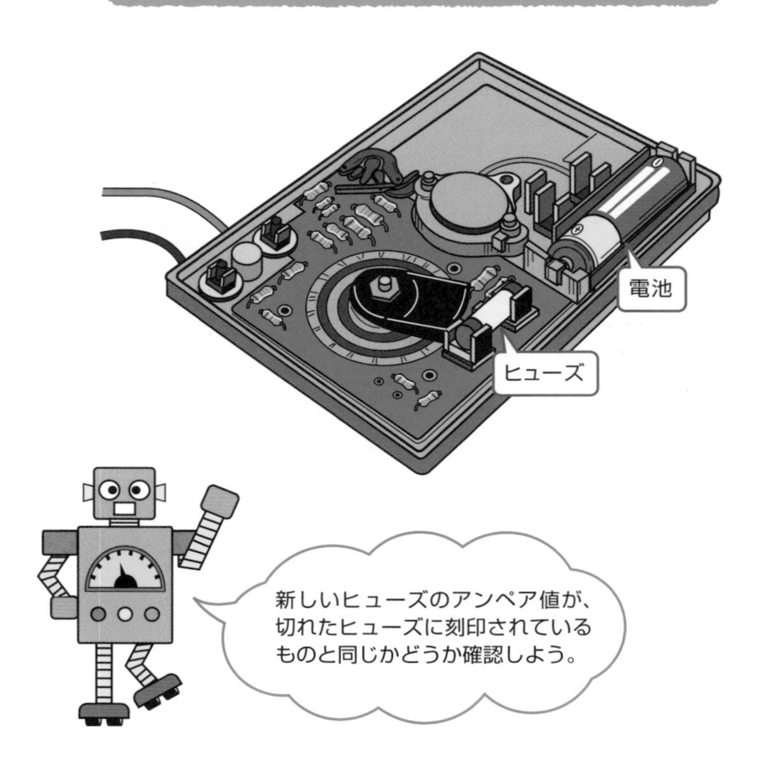

1.6 家庭の電力を測る計測器

Point

- 家庭で使用する電力は積算電力計で測る。
- 電力は、電圧と電流によって回転する円盤の回転数でわかる。

電気の使用量を測る

家庭には**分電盤**があり、**ブレーカー**がいくつか並んでいます。また、家庭ごとに使用電気量を測定するメーターが付いています。消費している電力を積算しているので、**積算電力計**ともいいます。

電力の単位は**W（ワット）**です。これは**電圧V（ボルト）**と**電流A（アンペア）**を掛けた値なので、それぞれの量がわかれば計算で求められます。しかし、電力会社から発行される「電気ご使用量のおしらせ」を見ると、使用量の単位はkWhと書かれています。

kWはキロワットで、キロは1,000倍を意味します。最後のhは時間（hour）の意味で、消費した電力の時間積算値を示します。例えば1kWを10時間続けて消費した場合、1×10＝10kWhの使用量となります。

ブレーカー付きの分電盤〈左〉と積算電力計〈右〉（図1-6-1）

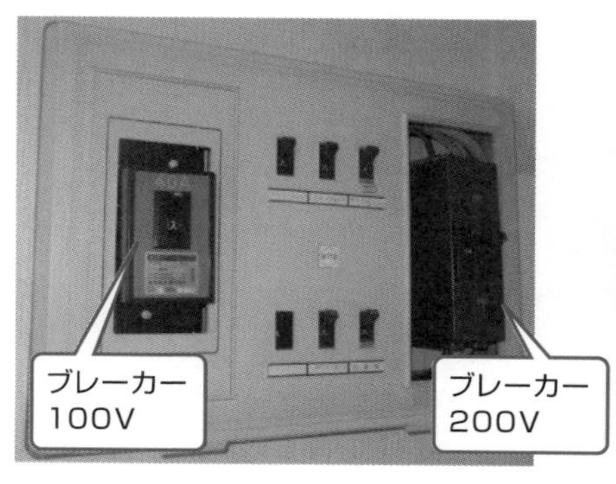

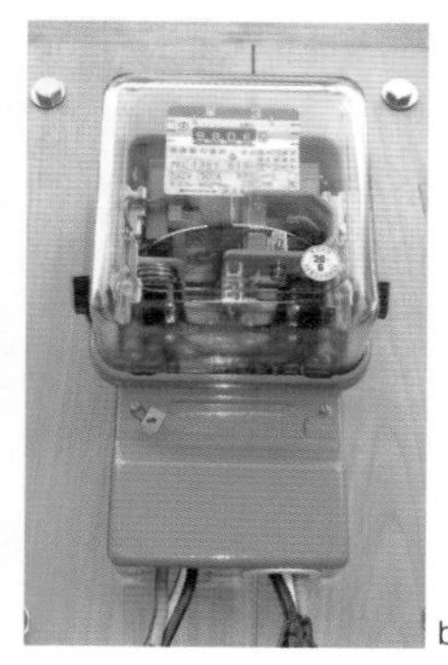

by KENPEI

積算電力計のしくみ

積算電力計を見ると、上の方に数字が表示されていますが、この値は電力の使用量（ワット×時間）です。中央にある円盤はゆっくり回っていますが、電気を多く使うと回り方が速くなるのがわかるでしょう。

円盤の上下にはコイルが巻かれた鉄芯があり、上側の鉄芯に巻かれたコイルには、電圧に比例した磁力線が交互に向きを変えて発生しています。また、下側の2つのコイルは互いに逆巻きで、電流に比例した逆向きの磁力線が発生しています。

円盤に磁力線が当たると、金属表面には**うず電流**が発生しますが、上下の鉄芯の磁力線との間に力が発生して、これが円盤の回転力になります。

左側の磁石は円盤のブレーキとして働き、円盤が速く回るほどブレーキが強くかかりますが、回転力とバランスがとれて電力に対応する回転数となります。軸に付いているギアは各桁に対応した指示針を回すので、使用した電力量が表示される、というしくみです。

積算電力計のしくみ（図1-6-2）

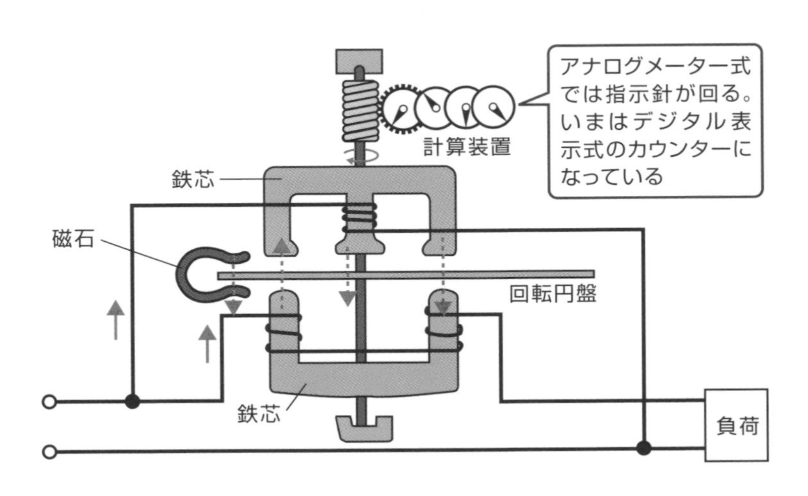

1.7 ワットチェッカーとは?

Point

- ワットチェッカーは消費電力を測定する。
- ワットチェッカーは瞬時電力を細かく測定している。

便利なワットチェッカー

ワットチェッカーは、冷蔵庫や暖房器具などの電源プラグと壁のコンセントの間に挿入して、消費電力を測定することができます。また、電力会社から公表されている値をもとに、電気料金とCO_2(二酸化炭素)排出量も表示してくれます。

電力は、電圧と電流の積で求められますが、家電によっては電圧や電流が時間とともに変化するため、単純には計算できません。そこで、ワットチェッカーでは瞬時電力を細かく測定して積算しています。

ハイブリッド車用のワットチェッカー

プラグインハイブリッド車は、家庭用のコンセントからも充電できます。充電コードの間に挿入するだけで、電気料金やCO_2削減量をリアルタイムに確認することができるワットチェッカーもあります。

ワットチェッカーの例(図1-7-1)

コンセント用
写真提供:サンワサプライ(株)

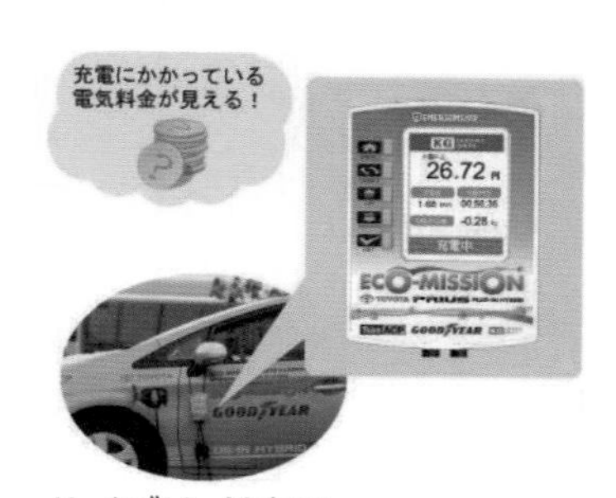

ハイブリッド車用
写真提供:(株)計測技術研究所

1.8 温度を測る計測器

Point

- 熱電対は温度測定プローブとして使われる。
- 抵抗温度計は金属の電気抵抗の熱変化を利用している。

熱電対

熱電対（ねつでんつい）（熱電対温度計）は、デジタルマルチメーターの**温度測定プローブ**としても使われています。熱電対は、2種類の金属の端を接合して、両端の温度差によって電圧が発生する**ゼーベック効果**を利用しています。この電圧によって、一方向に電流が流れますが、この電流の大きさを測って温度に換算しています。

抵抗温度計

抵抗温度計は、金属の電気抵抗が温度によって変化することを利用して、超低温から高温までの測定に使用されています。**測温抵抗体**は、金属に白金線を用いた温度センサーです。**サーミスタ**と呼ばれるセンサーも用いられ、こちらは感熱部に半導体素子が使われています。

熱電対温度計〈左〉と抵抗温度計〈右〉（図1-8-1）

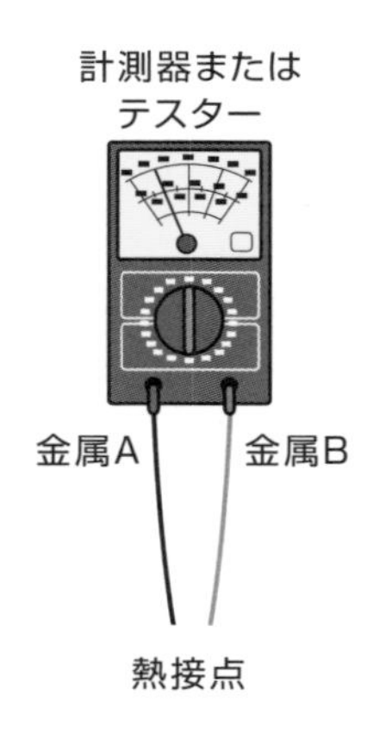

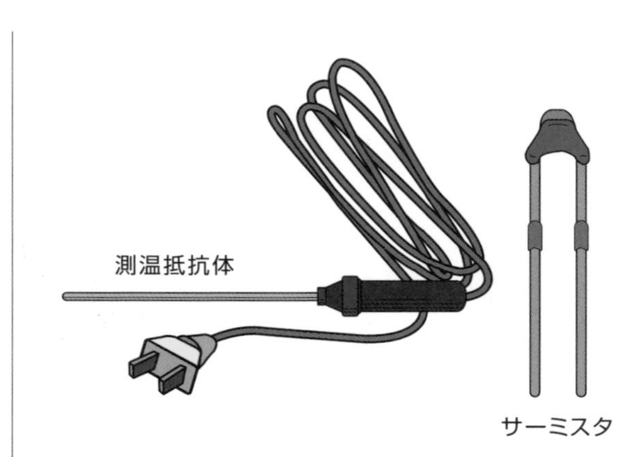

1.9 湿度を測る計測器

Point
- 湿度によって電気抵抗が変化する素子を使う。
- 湿度センサーには電気抵抗式と電気容量式がある。

湿度計のしくみ

昔の乾湿球湿度計には温度計が２本並んでいて、片方の温度計の下部にはガーゼが巻いてあり、常に水で湿らせてあります。湿度が低いと水が蒸発して気化熱で温度の指示が下がるので、両方の値の差から湿度を求めます。

一方、電気を使って**湿度**を測定するには、湿度によって電気抵抗が変化する素子を利用します。デジタルマルチメーターに内蔵された湿度センサーのうち、**電気抵抗式**は、湿度の変化によって電極間の電気抵抗が変化することを利用するもので、感湿材料に高分子材やセラミックが使われます。また、**電気容量式**は、湿度の変化によって電極間の電気容量が変化することを利用しています。

湿度センサーの構造と製品例（図1-9-1）

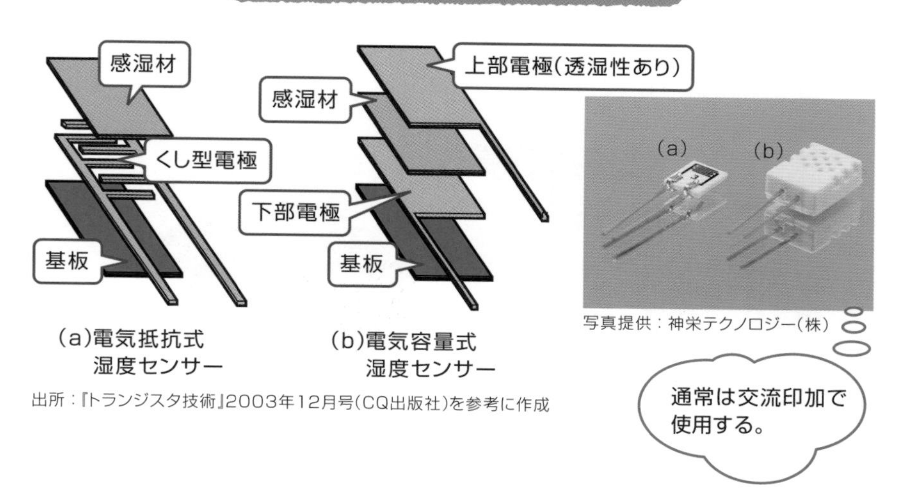

(a)電気抵抗式湿度センサー

(b)電気容量式湿度センサー

写真提供：神栄テクノロジー(株)

出所：『トランジスタ技術』2003年12月号(CQ出版社)を参考に作成

1.10 騒音を測る計測器

Point

- 騒音はコンデンサーマイクで検出する。
- 音圧レベルの単位には、dB（デシベル）が使われる。

騒音計のしくみ

デジタルマルチメーターに内蔵されている**騒音計**は、コンデンサーマイクで音を検出しています。マイクロフォンの膜が音を受けると振動して、コンデンサーの容量が変化することで、音の強さを電気信号に変換しています。

騒音とは人間の耳に入る不快な音のことですが、音圧を電気に変換したあとで、周波数に応じて人間が感じる音の強さに補正して表示します。

音の強さ（**音圧レベル**）の単位としては、**dB**（**デシベル**）が使われます。騒音計では基準の音圧P_0を20μPa（マイクロパスカル）として、騒音計による音圧をPとしたとき、つぎの式で騒音レベルのdB値を求めます。

$$騒音レベル〔dB〕= 20\log\frac{P}{P_0}$$

0dBは最小可聴音（やっと聞こえる音）です。20dBは木の葉の触れ合う音程度ですが、基準音圧の10倍です。また、100dBは電車が通るときのガード下程度で、これは基準音圧の100,000倍です。

コンデンサーマイクの構造（図1-10-1）

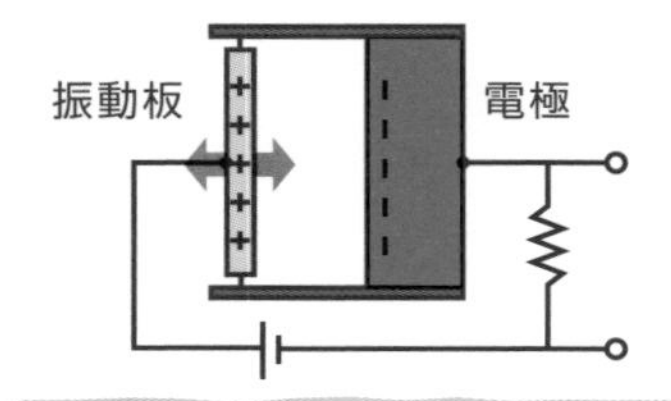

音の振動に応じて 2 枚の電極間の静電気量が変化するので、それを電気信号として取り出す。

1.11 放射線の量を測る計測器

Point
- 放射線は、物質を構成する原子核から放出されるエネルギー。
- GM計数管は、放射線によって生じた電流を検出する。

放射線の種類

放射性物質は、**放射線**を出す能力（**放射能**）を持つ物質です。また放射線は、物質を構成する原子核から放出されるエネルギーです。

原子核には安定しているものと不安定なもの（同じ元素だが異なる質量数を持つ同位体）があり、不安定な原子が安定な原子になるために放出されるのが放射線です。放射線は、種類や量によっては人体の細胞が傷付くので、どれだけ浴びたかを計測器で測定します。

放射線計測のしくみ

放射線が物質を通過するとき、その物質は電気を帯びます。**GM（ガイガー・ミュラー）計数管**は、これによって生じた電子が陽極で加速されて、さらに別の電子を作り、多数の電子の移動による電流を検出するというしくみです。

放射線にはいろいろな種類があるので、このほかにも**比例計数管**、**半導体検出器**、**シンチレーションカウンター**などの検出器があります。

GM計数管〈左〉と半導体検出器〈右〉（図1-11-1）

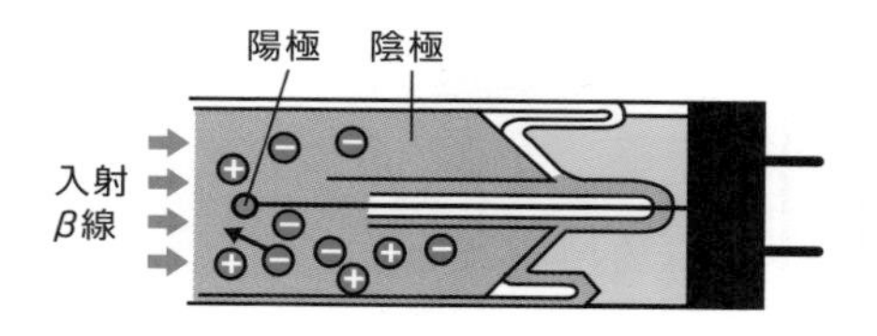

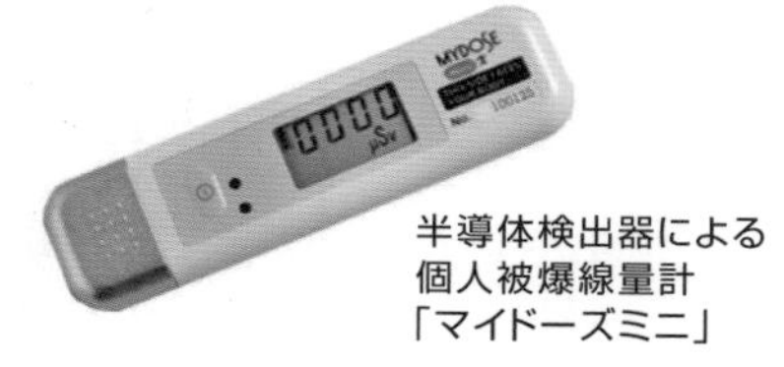

半導体検出器による
個人被爆線量計
「マイドーズミニ」

写真提供:日立アロカメディカル(株)

1.12 クランプメーターとは？

Point
- クランプメーターは、回路を切り開かずに電流を測定できる。
- クランプメーターは、電流トランスの原理で電流を検出する。

クランプメーターの使い方

テスターで電流を測定する場合、測定する回路に対して直列に接続するので、測定部をわざわざ切断して、その両端をテストピンに接続して計測します。

一方、**クランプメーター**を使えば、電線を切り開かずに、メーターの先端のクランプコアをはさみこむだけで電流を計測できます。このため大電流測定が安全に行えるので、電線工事や自動車の点検などで使用されています。

クランプメーターのしくみ

クランプコアにはコイルが巻いてあり、測定電流のまわりにできる磁力線に電磁結合させて、電流トランスの原理で交流電流を得たのちに、ダイオードで直流に変換します。また、コイルの代わりに**ホール素子**（磁力を検出する半導体）を用い、直流・交流両方の電流を計測できる方式もあります。

テスターとクランプメーターの測定方法（図1-12-1）

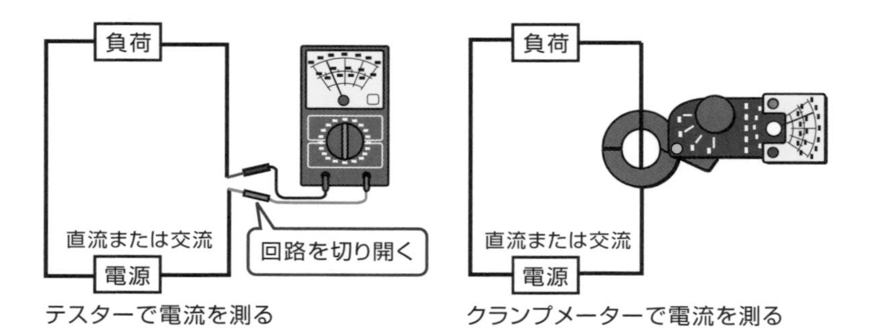

クランプメーターの製品例（図1-12-2）

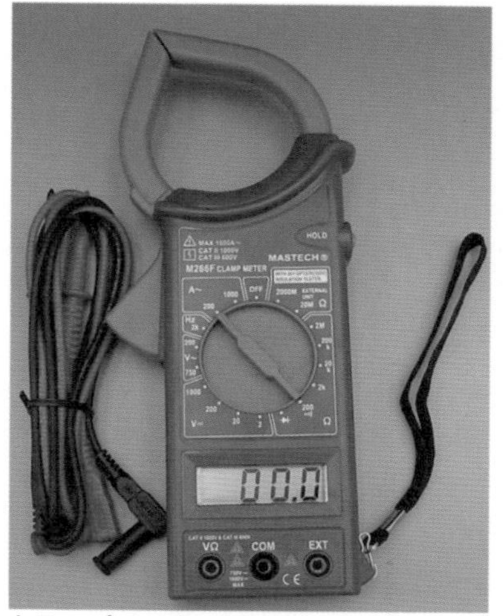

クランプメーター(MASTECH)

写真提供：(株)秋月電子通商

クランプメーターは、
わざわざ回路を切り
開く必要がないので
便利なんだ。

ホール素子で磁力を検出するしくみ（図1-12-3）

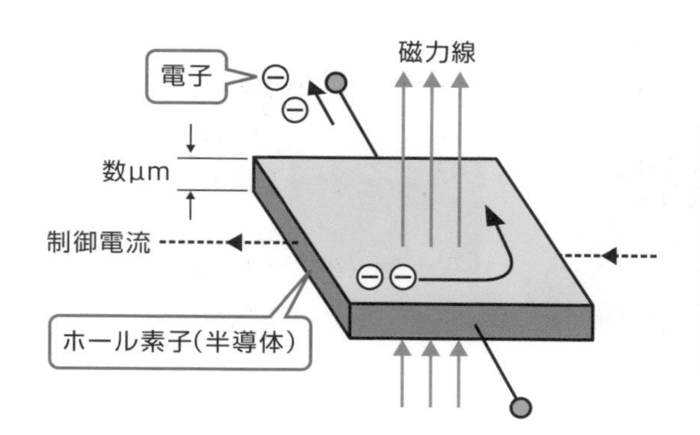

ホール素子の一面に制御電流を流し、面に垂直な磁場の中に置くと、電子が力を受けて電圧を発生する。この電圧は磁場の強さに比例するので、電圧を測れば磁場の強さがわかる。

出典：小暮裕明著『電気が面白いほどわかる本』(新星出版社)より

1.13 絶縁抵抗計とは？

Point

- 絶縁抵抗計はメガーとも呼ばれている。
- 検査電圧のレンジは高電圧だが、電流は弱い。

絶縁抵抗計とは

高電圧機器の絶縁破壊事故を防ぐためには、**絶縁抵抗計**を使って絶縁状態を監視する必要があります。電気機器はショート（短絡）を防ぐために導体間を絶縁しますが、雷や配線の間違いなどで高電圧が加わると、絶縁状態が破られます。

絶縁抵抗計は**メガー**とも呼ばれ、電力回路の絶縁抵抗試験に使われる計測器です。検査電圧のレンジは250V、500V、1000Vといった高電圧ですが、電流は弱いので安全です。測定の手順は次ページのとおりです。

絶縁抵抗計の例（図1-13-1）

アナログ式

写真提供：日置電機（株）

デジタル式

写真提供：横河メータ&インスツルメンツ（株）

①測定する回路を無電圧状態に……ブレーカーを切ってから、検電器等で無電圧を確認する。
②ワニグチクリップをアース端子に接続……アースにワニグチクリップをはさむ。
③アースチェック……プローブをアースされている部分に当て、メガーの測定ボタンを押して、メーターが0を指示することを確認する。
④測定……測定する回路にプローブを当て、メガーの測定ボタンを押す。
⑤残留電荷を放電……メガーの放電機能で放電する。

空気は良好な絶縁体

発電所で作られる電気を送る高圧電線は、むき出しのままで**絶縁体**に覆われていません。空気は良好な絶縁体なので、電線をプラスチックなどの絶縁体で覆う必要はありません。

一方、家庭用の電源線は互いに接近したペア（対）線なので、絶縁体（誘電体）で覆う必要があります。しかし、絶縁体に加わる電圧が大きくなり、ある限度を超えると絶縁性を失って大電流が流れます。これが**絶縁破壊**で、そのときの電圧を破壊電圧といいます。

空気中は＋（プラス）と－（マイナス）の電荷がほぼ同じ数なので中和状態ですが、高電圧がかかるとイオン化して中性ではなくなります。雷は、雲と大地の間でイオン化が際立っている場所を電気が通り、空中放電が発生するという現象です。

防災グッズとデジタルテスター

災害時には、懐中電灯やLEDランタン、ラジオといった、電池が必要な防災グッズが活躍します。もしもに備えて電池を備蓄しますが、定期的にチェックしないと、いざというときに役に立たないものが混ざっていて選別に焦ります。

デジタルテスターで電池の寿命を調べるときには、2.3節の中の「電池の検査」の項を参考にしてください。災害時にあわてていくつも電池を測定する場合は、テスターのテスト棒よりも、1.4節の電池チェッカーが便利です。

特に充電式の電池は、長期間使用せずに保管していると自己放電するので、数か月に1回は補充電が必要になります。

また、災害時には水道水や井戸水が少し濁ることがあります。電気やガスが使えなくなれば煮沸消毒もできないので、水質を測定できれば安心です。

TDS＊1測定器は、水の導電率を測定して水中の不純物の量を推定します。また**pH測定器**は、pH＊2の値がデジタル表示されるので、水道水の水質基準（5.8以上8.6以下）を満たしているかどうか確認できます。

pH測定器の例とpHの目安

デジタルpHメーター
精度：±0.01pH

写真提供：（株）佐藤商事

	pH	例
アルカリ	14	排水管洗剤
	13	漂白剤
	12	せっけん水
	11	アンモニア溶液
	10	消化不良タブレット
	9	重曹
	8	海水
中性	7	水
	6	尿
	5	ブラックコーヒー
	4	トマト
	3	オレンジジュース
	2	お酢
	1	胃液
酸	0	バッテリー酸

＊1 Total Dissolved Solids：総溶解固形物　＊2 pH（ペーハー）は溶液中の水素イオン濃度

入門編

第2章

テスターの基本のキホン

テスターには、測定結果を表示するためにアナログ式のメーターを持つものと、数字で表示するデジタル式の2種類があります。昔はアナログ式だけでしたが、デジタル式はアナログ式よりも製品の種類が多く、入門用の簡単なものから機能が豊富な高級機まであります。

本章では、自分に合ったテスターを選べるように、まずテスターの基本的な使い方を概観します。そして、何を測定できてどんな場面で役に立つのか、テスターの使い道を考えてみます。

2.1 テスターにはアナログとデジタルがある

Point

- テスターには安価なものから高級なものまで多くの種類がある。
- 測定したいレンジ（範囲）に応じたテスターを選ぶ。
- 電流測定のファンクションがないテスターもある。

テスターを選ぶ

テスターには、小型で安価なものからプロが使う高級なものまで、いろいろな種類の製品があります。近所の電気屋さんや家電量販店でも購入できますが、通信販売のWebページもたくさん見つかるでしょう。高級な機種は、機能が豊富で測定精度も高いという特徴があります。家庭で使う場合や携帯したいのであれば、必要最小限の機能を持った小型・薄型のテスターが便利です。

またテスターには、測定結果をアナログメーターで表示する**アナログ式**（アナログテスター、アナログ器）、および数字で表示する**デジタル式**（デジタルテスター、デジタル器）の2種類があります。昔はアナログ式しかなかったので、ひさしぶりに新しいテスターを買ってみようという方には、使い慣れたアナログ式がおすすめです。

一方、デジタル式はアナログ式よりも圧倒的に種類が多く、入門用の簡単なものから機能の豊富な高級機まで、選ぶのに困るくらいです。デジタル式にしかない機能がいくつかあるので、ほしい機能を優先して選ぶとよいでしょう。

アナログ式とデジタル式のテスターの例（図2-1-1）

アナログ式
（sanwa CX506a）

ソーラー充電のデジタル式
（sanwa PS8a）

写真提供：
三和電気計器(株)

アナログ式テスターの仕様

アナログ式のテスターは、本体前面に半分くらいの大きさの**アナログメーター**が付いています。下半分には大形の**ロータリースイッチ**があり、多くの**ファンクション**（測定機能）とそれぞれの**レンジ**（測定範囲）が設定できます。

備わっているファンクションの種類と配置、それぞれのレンジは、機種によってさまざまです。通信販売のWebページには製品の仕様（性能などの規定）が載っているので、測定したい範囲を確認しておくとよいでしょう。

アナログ式テスター sanwa CX506a の仕様（図2-1-2）

CX506a		測定レンジ	許容差
ファンクション	直流電圧	120m（4kΩ）/3/12/30/120/ 300（50kΩ/V）/1000V（15kΩ/V）	120m：±4%　±2.5%以内
	交流電圧	3/12/30/120/300/750V （8kΩ/V）	±3%以内 （12V以下：±4%以内）
	直流電流	30μ/0.3m/3m/30m/0.3A	±2.5%以内
	抵抗	5k/50k/500k/5M/50MΩ	目盛長の±3%以内
	コンデンサ容量	C1：50p〜0.2F　C2：0.01μ〜20μF C3：1〜2000μF	C1/C2：目盛長の±6%以内 C3：概略値
	直流電流増幅率hFE	トランジスターhFE：0〜1000	概略値
周波数特性		12Vレンジ以下：40Hz〜30kHz　30Vレンジ以上：40Hz〜10kHz	
内蔵電池		R6P（単3形）×2、6F22（積層形）9V×1	
内蔵ヒューズ		Φ5.0×20mmセラミック管（250V/0.5A）	
寸法/重量		H165×W106×D46mm/約370g	
付属品		テストリード（TL-21a）、ワニグチクリップ付リード（CL-506b）、 取扱説明書、予備ヒューズ	

※電圧レンジの（ ）内は1Vあたりの入力抵抗

仕様の周波数特性は、交流の周波数を測定できる範囲で、これを超える周波数では誤差が大きくなるんだ。

デジタル式テスターの仕様

デジタル式のテスターは、アナログ式に比べるとロータリースイッチのファンクションが少なくて単純です。これは、ほとんどの機種で、測定の瞬間にレンジが自動的に調整されるからです。

また、デジタル式のテスターには「電流の測定ができないタイプ」が多いので、製品の仕様に電流のファンクションがあるか確認しておきましょう。

デジタル式に限らず、小型や薄型のテスターの多くは、内蔵の電池がボタン電池です。「電池を交換する際に、小さいプラスネジを回す必要があるテスター」を携帯するときは、念のため精密ドラーバーセットも持っていると安心です。

内蔵電池の消耗は、デジタル表示部にマークが点灯することでわかります。「しばらく使わないと自動的に電源が切れる」という**オートパワーオフ**の機能が付いている機種であっても、電池をムダに消耗しないよう、使い終わったらロータリースイッチの位置を忘れずにOFFにしましょう。

デジタル式テスター sanwa PS8a の仕様（図2-1-3）

PS8a		測定レンジ	最高確度	分解能	入力抵抗
ファンクション	直流電圧	400m/4/40/400/500V	±(0.7%+3)	0.1mV	DCV：10M～100MΩ ACV：10M～11MΩ
	交流電圧	4/40/400/500V	±(2.3%+5)	0.001V	
	抵抗	400/4k/40k/400k/4M/40MΩ	±(2.0%+5)	0.1Ω	
	導通	10～120Ω以下でブザー音　開放電圧：約0.4V			
	ダイオードテスト	開放電圧：約1.5V			
周波数特性		40～400Hz			
内蔵電池		アモルファス太陽電池＋二酸化マンガンリチウム二次電池			
寸法/重量		H115×W57×D18mm/約85g			
付属品		取扱説明書			

2.2 テスター各部の名称と役割は？

Point

- 測定レンジはロータリースイッチで切り替える。
- アナログテスターの表示部は複数の目盛を持っている。
- テスターは、使用後忘れずにスイッチをOFFにする。

アナログテスターの測定レンジ部

アナログテスターの**測定レンジ**は、ロータリースイッチで切り替えます。選べる測定項目はいくつかに区分されており、例えばDCV、DCmA、ACV、Ωなどがあります。それぞれの項目の意味はつぎのとおりです。

DCV…………直流電圧、単位V（ボルト）
DCmA………直流電流、単位mA（ミリアンペア）
ACV…………交流電圧、単位V（ボルト）
Ω………………抵抗、単位Ω（オーム）

各項目の数字はレンジの値で、例えばDCVの500は目盛の最大が500Vです。

アナログテスターのロータリースイッチ（図2-2-1）

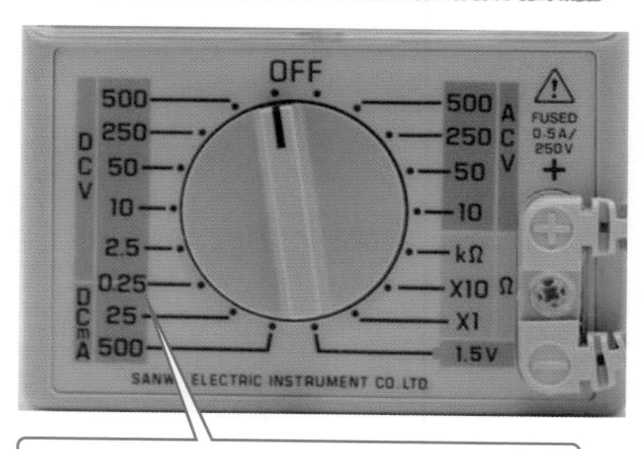

0.25はDCVとDCmA共通で、DCVのときは0.25V、DCmAのときは0.25mA（sanwa CP-7Dの例）

アナログテスターの表示部

アナログテスターの**表示部**は、メーター指針の振れで多くの種類の測定値を読めるように、複数の**目盛**を持っています。

測定値は、ロータリースイッチで設定したレンジに応じた目盛を読む必要があります。目盛の**最大値**（**フルレンジ**）の数字は、ロータリースイッチの刻印数字と一致していないものもあります。

DCVの測定レンジの刻印は、0.25、2.5、10、50、250、500ですが、メーターの方は10、50、250だけです。そこで、例えば2.5のレンジでは、フルスケール（目盛がいっぱいに振れた状態）が250の目盛を読んで、その値を100で割ることになります。

アナログメーターの目盛（図2-2-2）

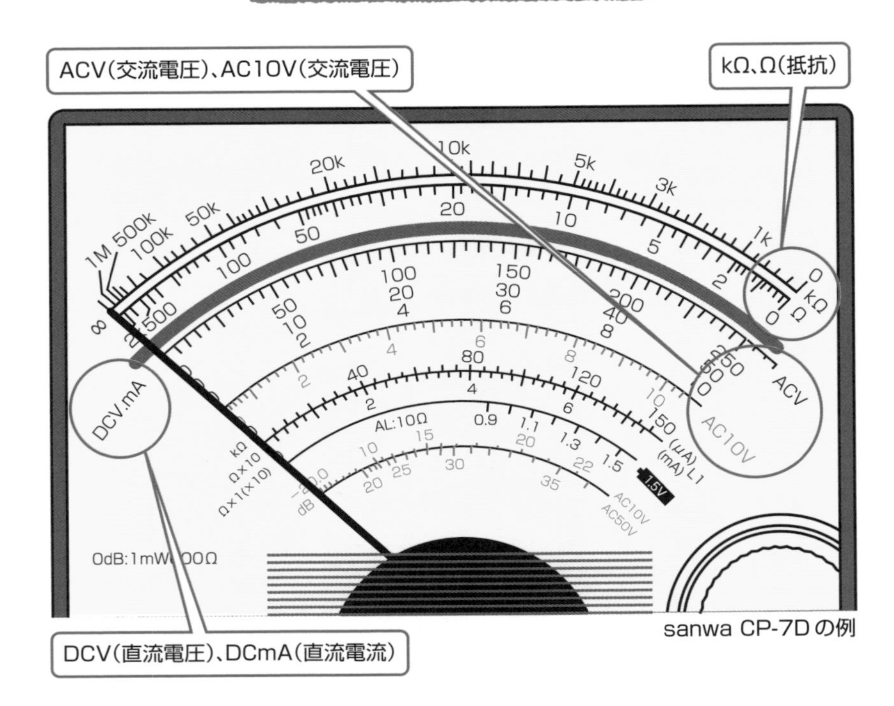

sanwa CP-7Dの例

デジタルテスターの表示部と各種スイッチ

デジタルテスターの**表示部**には、4桁あるいは5桁の数字、および測定レンジや測定単位、内蔵電池の残量などが表示されます。

ロータリースイッチで設定するレンジは、sanwa PM3のようにDCV、ACV、Ωだけというシンプルな製品もあります。また、電圧についてはVと刻印されたものが1つだけという製品もあり、直流と交流は自動的に切り替わります。ロータリースイッチの脇にはレンジの表示がないため、例えば「直流の電圧は500Vまで」といったように、測定できる最大の値は覚えておく必要があります。

デジタルテスターは、どのファンクションでも内蔵の電池を使っているので、使用後は忘れずにファンクションスイッチをOFFにしてください。

デジタルテスターの表示部とファンクションスイッチ（図2-2-3）

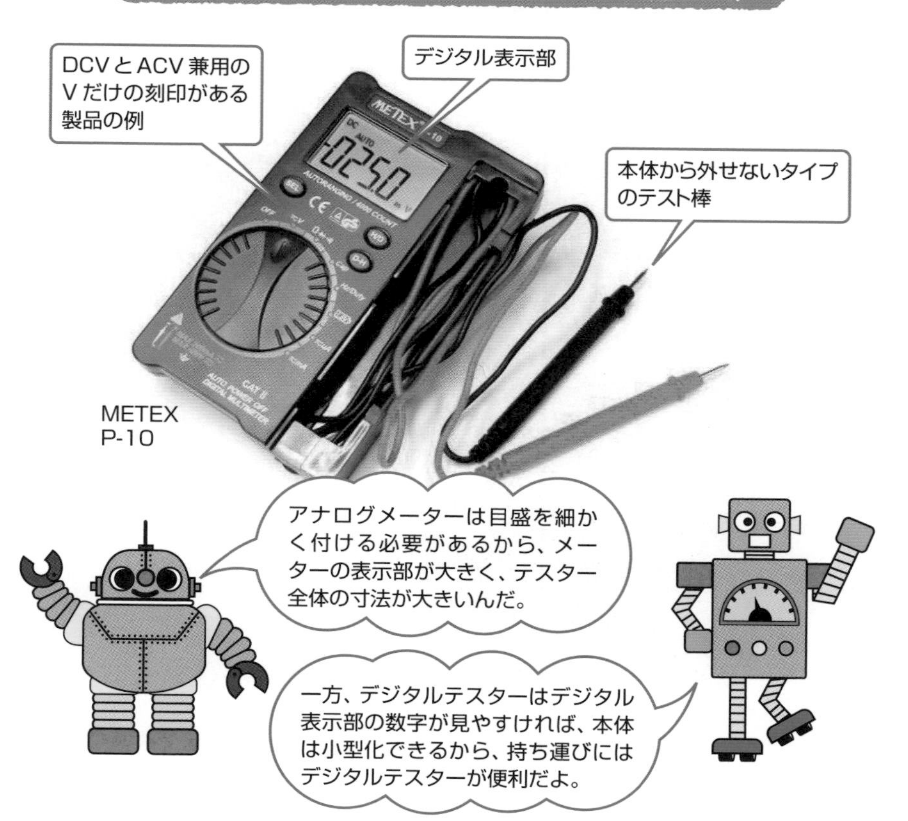

2.3 機種によって違う測定機能

Point
- テスターは電圧、電流、抵抗の３つの測定が基本。
- マルチメーターには多くのファンクションがある。
- 温度、湿度、騒音、照度の機能は内蔵のセンサーを使っている。

電圧、電流、抵抗以外の機能

テスターは、デジタル式もアナログ式も、**電圧**、**電流**、**抵抗**の３つの測定が基本です。一部のデジタル式テスターには、電流が測れない機種もありますが、これらが測れれば基本的な測定には十分でしょう。

これらのほかに、便利なファンクション（測定機能）として、**コンデンサーの容量**や**周波数**、**導通テスト**などがあります。

デジタルマルチメーターのファンクション例（図2-3-1）

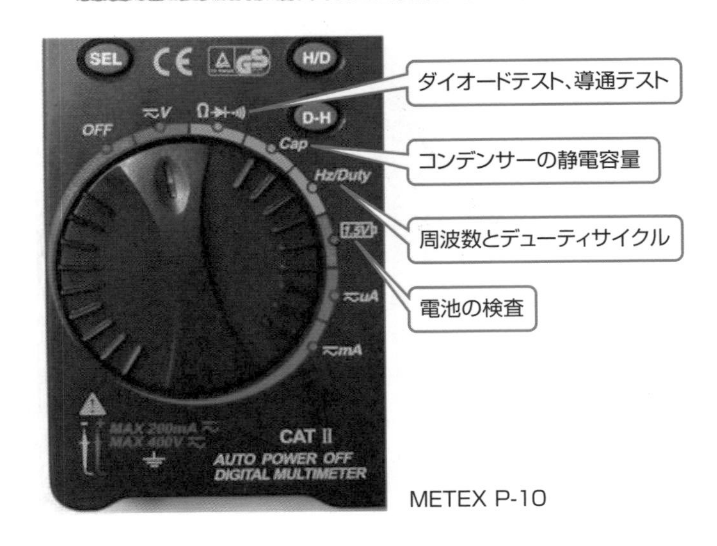

METEX P-10

ダイオードテスト（METEX P-10 の例）

ダイオードテストでは、まずファンクションスイッチを選んで、つぎにSELボタンを押すと、ダイオードマークが表示されます。

測定では、黒のテストピンを**カソードマーク**が付いている方に接続し、赤を**アノード**に接続して、**順方向電圧**を確認します。つぎにテストピンを入れ替えて、電流が流れないこと（つまりテストピンを接続しない場合と同じ表示であること）を確認します。

導通テスト（METEX P-10 の例）

導通テストでは、まずファンクションスイッチを選んで、つぎにブザー音のマークになるまでSELボタンを押します。

線路が導通しているか検査するため、黒のテストピンを一方の端子に、赤を他方の端子に接続します。この時点で**ブザー**が鳴れば、導通していることがわかります。ただし、回路の導通を検査するときには、測定している回路の抵抗が約50Ω以下のときにブザーが鳴るので、注意が必要です。

コンデンサーの静電容量（METEX P-10 の例）

コンデンサーは電気を保持する部品なので、充電されているコンデンサーを測定するとテスターが壊れることがあります。そのため、端子間をショート（短絡）して放電してから測ります。また、電気を保持したままの大容量のコンデンサーに触れると、感電の恐れがあるので要注意です。

電解コンデンサーは極性があるので、コンデンサーのプラス端子を赤のテストピン、マイナス端子を黒のテストピンで接続します。

電解コンデンサーの例（図2-3-2）

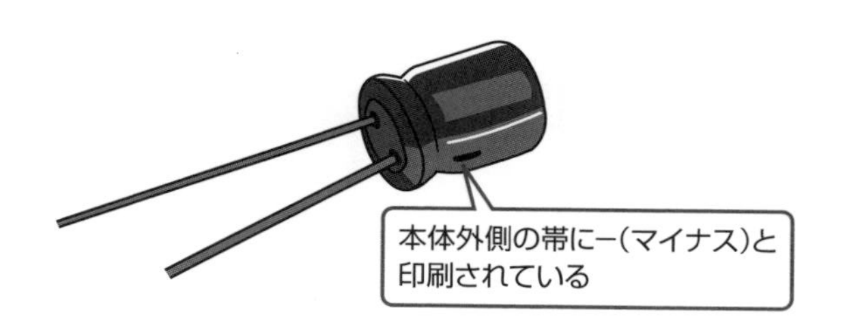

周波数とデューティサイクル（METEX P-10 の例）

周波数または**デューティサイクル**を測定するには、まずファンクションスイッチをHz/Dutyにセットします。つぎにH/Dボタンを押して周波数（Hz：ヘルツ）かデューティサイクル（%）を選ぶと、Hzまたは%が、デジタル表示部の右端に表示されます。測定のレンジは10Hzから10MHz（メガヘルツ）までです。

電池の検査（METEX P-10 の例）

1.5Vの**電池の寿命**を検査するには、まずファンクションスイッチを電池のマークの位置にセットします。つぎに電池のプラス極を赤のテストピン、マイナス極を黒のテストピンで接続します。

ファンクションスイッチがVのときと同じく、電圧が表示されるのですが、電池の消耗度合いによっては値が異なります。これは、Vのときは単に電池の端子電圧を測定しているのに対し、電池用のファンクションでは電池に負荷抵抗をかけて測るため、テスター内部にある抵抗器が使われていることが原因です。

9Vの006P型乾電池も測れますが、テスター内部の負荷抵抗が1.5V用だと思われるので、9Vの電池での測定値はやや不正確かもしれません。

その他のファンクション（測定機能）

デジタル式のマルチメーターでは、以上のほかに**温度**、**湿度**、**騒音**、**照度**なども測れる機種があります（1.3節「マルチメーターとは？」を参照）。

照度はテスターに内蔵されているフォトダイオードで測定しますが、測定レンジは例えば4,000 lux、40,000 lux（1.3節のMASTECH製の場合）です。

フォトダイオードの例（図2-3-3）

色温度誤差低減タイプ。
視感度とほぼ同じ分光感度の
照度センサー。

写真提供：浜松ホトニクス(株)

2.4 テスターと「オームの法則」

Point

- 「オームの法則」は電圧、電流、抵抗の関係を表している。
- 「オームの法則」は回路設計の基本。

「オームの法則」とは

電流は水の流れで説明できます（1.2節「テスターで測る電圧・電流とは？」）。同じ能力のポンプ（電池）でも、ホース（導線）が太いほど水の流れ（電流）がよくなります。電球と電池をつなぐ導線も、太いほど大きな電流が流れてくれるので、導線の太さが「**抵抗**（の小ささ）」に相当します。

抵抗が大きい（導線が細い）ほど電流は小さく、抵抗が同じときには電圧が高い（ポンプの圧力が高い）ほど、電流は大きく（流れる水は多く）なります。

ドイツの物理学者**オーム**（1789～1854年）は、この関係を図2-4-1中に示す式で表しました。これは「**オームの法則**」と呼ばれています。

「オームの法則」の覚え方（図2-4-1）

E(電圧)を上に、
I(電流)とR(抵抗)を下に書く

電圧を知りたいときは
Eを手で隠すと…

$E=I\cdot R$

電流を知りたいときは
Iを手で隠すと…

$I=\frac{E}{R}$

抵抗を知りたいときは
Rを手で隠すと…

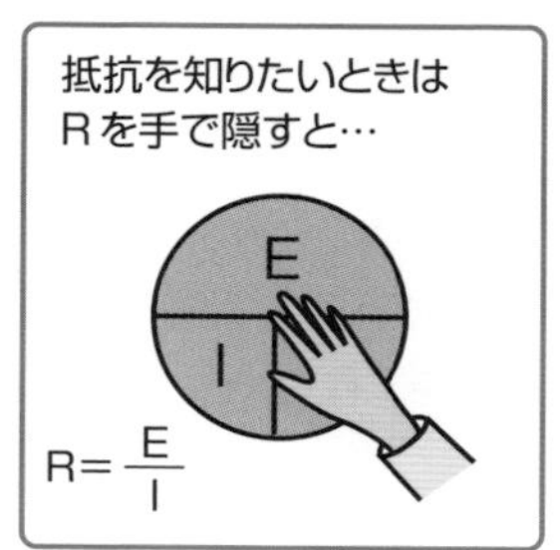

$R=\frac{E}{I}$

テスターと「オームの法則」

電気回路の三要素は、「**電源**」・「**線路**」・「**負荷**」です。実際の電気回路はさまざまな部品から構成されていますが、おおもとの電源から供給された電気は、複雑な線路（配線）を通って多くの部品（負荷）を動かしています。

これらが正しく動作するように配置するためには、加える電圧を決め、各デバイス（電子部品）の抵抗値から、流れる電流を知ることが大変重要で、これが「**電気回路の設計**」です。

「オームの法則」を使えば、実際にを組み立てる前に、電圧・電流・抵抗の値を計算して電気回路を設計できます。そして、実際に作った回路が設計どおりに動作しているかどうかは、テスターを使って調べることができます。

また、電気製品の動作がおかしいと気付いたら、電圧や電流、抵抗を測定することで故障の箇所を発見できるので、その意味でもテスターの役割は重要なのです。

テスターの使い道

筆者が電気工学科の講義で、テスターを持っているか学生に聞いたところ、持っているのは90人中3人でした。また、仕事仲間にもたずねたところ、「家のどこかにあったかもしれない」と頼りない返事です。理由を聞くと、「ハイテク家電は、箱を開けただけで保証が効かなくなるからなぁ……」とのこと。元ラジオ少年でさえも、最近の家電は直せないというのがホンネのようです。

筆者は、子供のころに父の大切なテスターを壊して以来、買い替えを繰り返して何代目かを使っています。最新のテスターの中には、測定データをUSB接続などでパソコンに取り込める機種もあるので、ちょっとした監視システムの実験もおもしろいと思います。

デジタル式のマルチテスターの中には、1000円前後で販売されている機種もあるので、元ラジオ少年という方は昔を思い出して「使い方の再発見」をしてみてはいかがでしょうか？

子供たちの理科離れが進んでいるといわれて久しいですが、親子でテスターを使い、電子工作にチャレンジするのも楽しいでしょう。

2.5 便利なペン型テスター/ペン型通電テスター

Point

- ペン型テスターは、本体の先にテストピン(赤色)がある。
- ペン型通電テスターは非接触で検出できる。

ペン型テスターは小型・軽量

箱型のテスターにはテスト棒が2本あるため、両手を使います。また、箱を机や床などに置くと、テストリードが届かない場所を測るのは困難です。

ペン型テスターは、本体の先にテストピン(赤色)があり、テストリードは黒色(アース側)の1本なので、箱型のテスターでは測定しにくい箇所にも使えます。

ファンクションは電圧(直流・交流)、抵抗、ダイオード、導通などです。

ペン型テスターHIOKI 3246-60(図2-5-1)

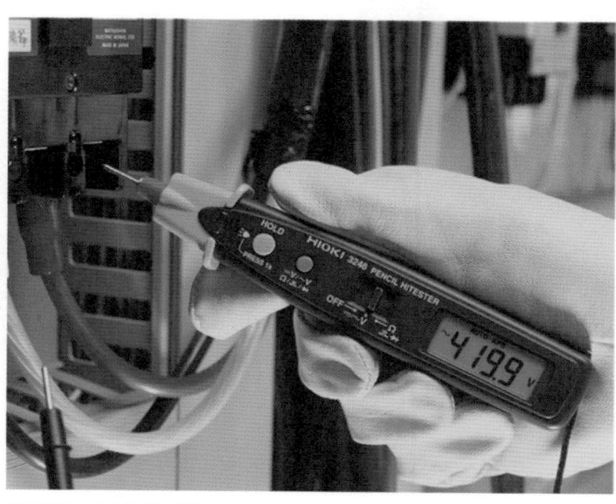

写真提供:日置電機(株)

ペン型通電テスター

検電ドライバー(8.10節)はドライバーの金属端を100Vのコンセントに差し込むので、使うのをためらうかもしれません。**ペン型通電テスター**の中には、先端の検出部がプラスチックでカバーされているものがあります。金属端は絶縁されているので安心です。先端部にLEDライトが付いている機種は、コンセントのまわりが暗い場所で使うのに便利です。

交流電源ケーブルの被覆に触れるだけで電圧が測れる機能は、製品によって測定できる電圧の範囲が異なります。

KAIWEETS検電テスター 電圧検出器(図2-5-2)

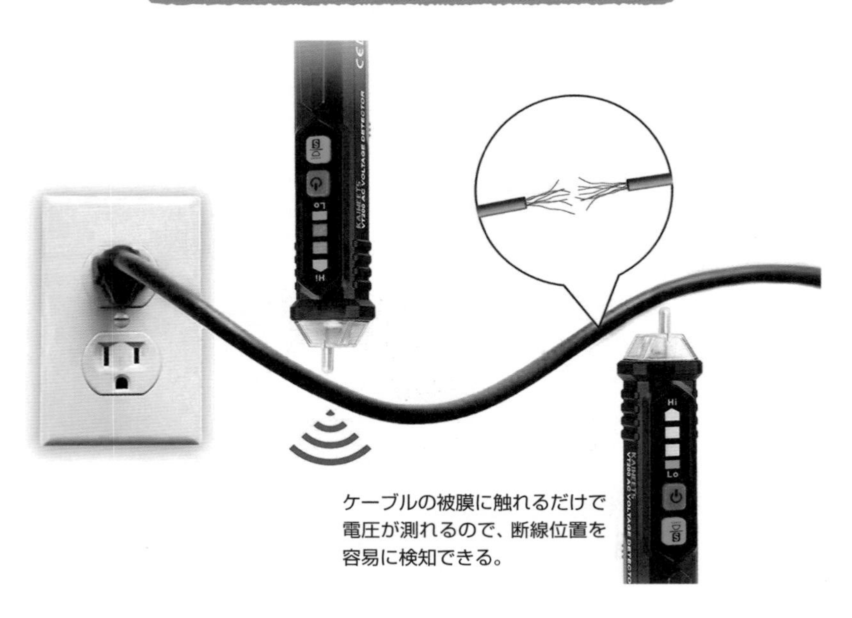

写真提供:Kaiweets Technology Limited

入門編

第3章

アナログとデジタルの違いは？

テスターを使いこなしているベテランには、アナログ派とデジタル派の技術者がいます。デジタル器は、アナログ器のような細かいスイッチの設定がなく、レンジ設定を間違ってもメーターが振り切れるような心配はありません。一方、アナログ器は、測定値が安定せずにゆれ動いていても、デジタル器のように表示がコロコロ変わったりせず、指針の位置で大まかな値を読み取れます。

どちらにも一長一短はありますが、本章では両者を比較しながらそれぞれの特徴をまとめています。

3.1 アナログ派のすすめ

Point
- アナログメーターの指針は反応が速い。
- 電圧や電流自体が変化している場合は、指針がゆれる。
- 指針がゆれていても、おおよその値は読み取れる。

アナログメーターは反応が速い

筆者は、昔からある**アナログ器**（アナログ式テスター）の方が、デジタル器よりも使い慣れています。デジタル器では、ファンクションによっては、測定を始めた瞬間に表示の数字がコロコロ変わり、測定値が定まるまで少し時間がかかります。また、選んだレンジによっては、表示が安定しないままの場合もあります。さらに、測定している電圧・電流自体が変化している場合は、数値が定まらないので、値を読むことができません。しかしアナログ器であれば、このようなときにも、指針がゆれている位置付近を読めば、おおよその値を知ることができるので便利です。

アナログメーターの指針のゆれを読む（図3-1-1）

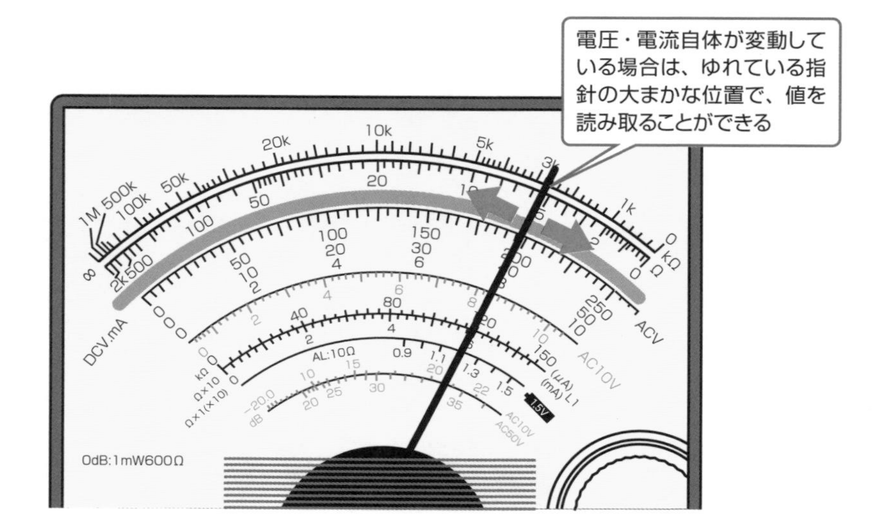

3.2 デジタル派のすすめ

Point

- デジタル式テスター（デジタル器）は、間違ったレンジ設定でメーターが振り切れるようなことはない。
- デジタル器は、テスト棒の極性を逆にしても壊れない。

デジタル器は壊れにくい？

デジタル器（デジタル式テスター）は、アナログ器のような多くのファンクションとレンジの設定がないので、間違ったレンジ設定でメーターが振り切れるようなこともありません。

また、テスト棒は赤をプラス、黒をマイナスの端子に当てるようになっているので、アナログ器では逆にするとメーターが定位置よりも左に振り切れて、故障する恐れがあります。一方、デジタル器ではテスト棒のプラスとマイナスを逆にしても、表示部に－（マイナス）のマークが現れるだけで、故障することはありません。そのため、「電気を学ぶ学生にはあえてアナログ器を使わせて、故障を経験させたい」という先生もおられるくらいです。

アナログメーター故障の原因（図3-2-1）

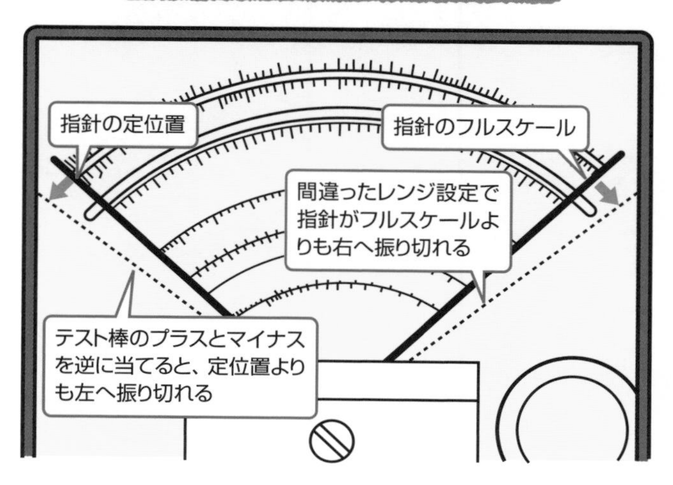

アナログ器とデジタル器の比較表

	アナログ器	デジタル器
表示	アナログメーター ・変化している電圧も指針の振れで読める。 ・テスト棒のプラスとマイナスを逆に当てると、定位置よりも左へ振り切れる。	デジタル表示 ・変化している電圧は数値表示が変化して読めない。 ・テスト棒のプラスとマイナスを逆に当てると、－（マイナス）が表示される。
レンジ	ロータリースイッチで多くのファンクションとレンジを選ぶ。	ファンクションはシンプルで自動レンジ調整。
直流電圧	0.25V～500Vくらいのレンジ。1000Vレンジの製品もある。120mVレンジの製品もあるが、これ以下の電圧は不正確。	0.4V～500Vくらいのレンジ。1000Vくらいのレンジの製品もある。安価な製品でも、分解能は0.1mVくらいある。
交流電圧	10V～500Vくらいのレンジ。1000Vくらいのレンジの製品もある。	10V～500Vくらいのレンジ。1000Vくらいのレンジの製品もある。安価な製品でも分解能は0.1mVくらいある。
直流電流	数百μA～500mAくらいのレンジ。	数百μA～500mAくらいのレンジ。10Aくらいのレンジの製品も。 ＊電流のファンクションがない製品が多い。
交流電流	一般にはファンクションがない。	一般にはファンクションがないが、数百μA～200mAくらいのレンジ、10Aくらいのレンジの製品もある。
抵抗	1～10kΩくらいのレンジ。測定前に指針の0Ω調整が必要。	400～40MΩくらいのレンジ。
その他	導通テスト、コンデンサーの静電容量、hFEなど。	導通テスト、コンデンサーの静電容量、hFE、周波数、温度、湿度など。

1台ですべての要望を満たすのは難しい。安価で多機能な製品もあるので、主に使うものと携帯するものとで2台持っていると、同時に2箇所を計測するのに便利である。

入門編

第4章

テスターで測る電子部品あれこれ

家電製品の内部には、たくさんの小さい部品が使われています。抵抗やコンデンサー、コイルなどですが、テスターではそれぞれの電気的な特性値を測ることができます。

また、ダイオードやトランジスターもよく使われる部品ですが、本章ではこれらの代表的な電子部品について、その動作のしくみや使い方について学びましょう。

4.1 電気回路の部品

Point

●家電製品の内部には、たくさんの小さい部品が配線されている回路基板が入っている。

そもそも回路とは

テレビや冷蔵庫などの家電製品の内部には、たくさんの小さい部品が配線されている**回路基板**が入っています。よく見ると似たような部品がいくつもあって、それらは1本の配線を切り開いた部分にハンダ付けされています。豆電球を点灯させるには、乾電池と配線があれば十分ですが、それは最もシンプルな**電気回路**といえます。では、家電にはなぜ、こんなに多くの部品が必要なのでしょうか？

電気を使って実行したい機能の数によって、**回路**は単純にも複雑にもなります。一般に機能が多いほど、回路に必要な部品の数や種類は多くなるといってよいでしょう。電気機器は多くの部品を組み合わせて設計しますが、その設計図が**回路図**です。

回路図の例（図4-1-1）

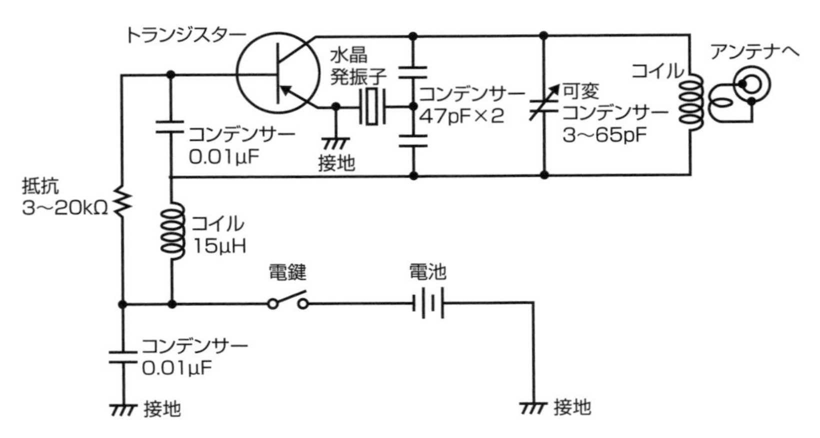

小電力送信機の回路図の例：抵抗、コイル、コンデンサーなどが組み込まれている。

回路は多くの部品でできている

回路は、部品とそれをつなぐ配線とからなっています。豆電球を点灯させる回路は、だれが作っても同じになりますが、テレビのように機能が増えると部品も増え、回路はとても複雑になります。また、メーカーによってテレビの機能が異なるように、設計する人が違えば使う部品も変わってきます。回路図は電気機器の設計図ですから、建物と同じように、作る前に図面を描いて十分検討する必要があります。回路図を見ると電池（電源）から配線が延びていますが、この配線はそれぞれの部品に電気を運ぶ線路の役割を果たします。数が多い部品は**抵抗器**（**抵抗**）、**コイル**、**コンデンサー**ですが、これらは回路を支える重要な部品として多用されるので、このあとの節で、それぞれの役割を調べてみましょう。

回路図のグラウンド（GND）

前ページの回路図では、電池のプラス極から出た配線がいきなり接地されています。ただし、回路図における接地（グラウンド、GND）は、一般に、実際に地面に**接地**（**アース**）するのではなく、金属板を地面に見立てた**人工の地面**（**グラウンドプレーン**）に接地することを意味します。これは7.13節で述べるグラウンド導体です。これを回路図では図4-1-1や図4-1-2のように描くことができますから、回路図の接地は、実際にはすべてつながっています。

グラウンド（GND）の描き方（図4-1-2）

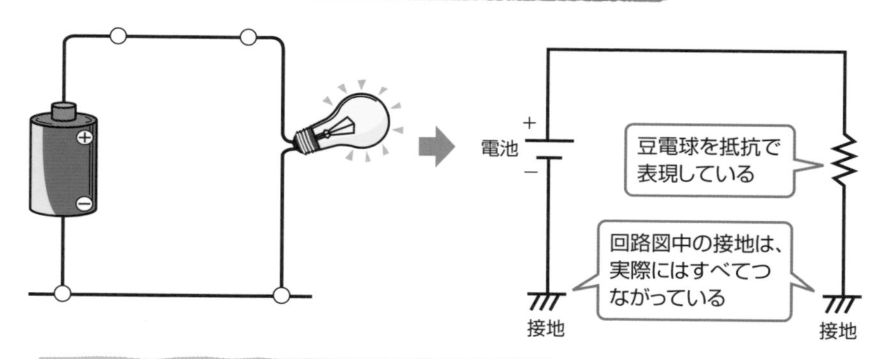

ワンポイント 部品が増えると回路図もどんどん複雑になっていく中で、接地を1か所にまとめようとすると余計な線が増えるので、このような描き方をする。

4.2 抵抗器

Point

- **抵抗器は、その種類によってカラーコードや数値表記から値を読み取る必要がある。念のためテスターで測ってから使う。**

抵抗の役割

抵抗器（単に**抵抗**とも）には、携帯電話などの回路に使われている小さな**チップ抵抗**、リード線が付いている**ソリッド抵抗**、回転して値を変える**可変抵抗**などがあります（図4-2-1）。可変抵抗は**ボリューム**、あるいは**ポテンショメーター**、**バリアブルレジスター**とも呼ばれています。

８章で詳しく説明しますが、抵抗には、電子の移動に制限をかけるという役割があります。抵抗が大きいと電子が進みにくくなり、ジュール熱を発するので、トースターや調理鍋のような家電に応用されます。

しかし、一般の回路で使われる小さな抵抗は、電圧を調整するために使われます。これは大変重要な役割です。トランジスターやICなどの部品は、動作するときの電圧がそれぞれ異なるので、電圧の調整役としての抵抗が数多く使われているのです。

いろいろな抵抗（図4-2-1）

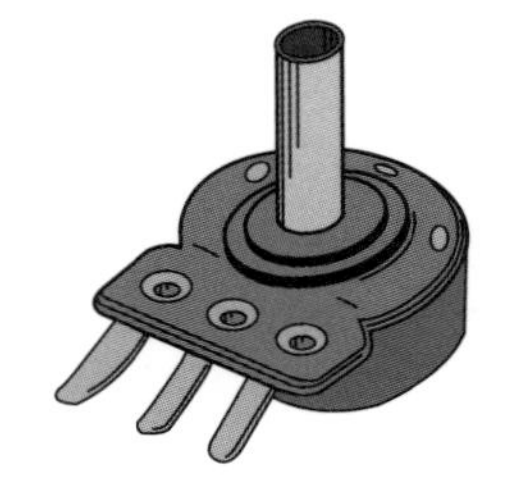

左から、チップ抵抗、カラーコード付きのソリッド抵抗、可変抵抗。チップ抵抗は極めて小さいので、拡大表示している。

カラーコード付きの抵抗

カラーコードで抵抗値が表示されている抵抗器は、図4-2-2のように値と精度を読みます。ただし、紛らわしい色（茶・赤・橙など）があるので、念のためにテスターでチェックしてから使ってください。

例えば赤が5本の場合、数値は222で乗数は10^2なので、22200Ω＝22.2kΩ、誤差は ±2%以内の抵抗です。

カラーコードによる抵抗値の読み方（図4-2-2）

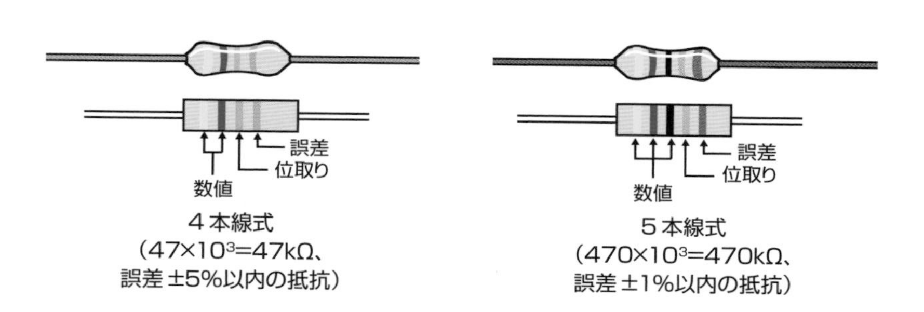

カラー	数値	乗数	誤差（記号）
茶	1	10^1	±1% (F)
赤	2	10^2	±2% (G)
橙	3	10^3	
黄	4	10^4	
緑	5	10^5	±0.5% (D)
青	6	10^6	±0.25% (C)
紫	7	10^7	±0.10% (B)
灰	8	10^8	±0.05% (A)
白	9	10^9	
黒	0	10^0	
金		10^{-1}	±5% (J)
銀		10^{-2}	±10% (K)

チップ抵抗の読み方（図4-2-3）

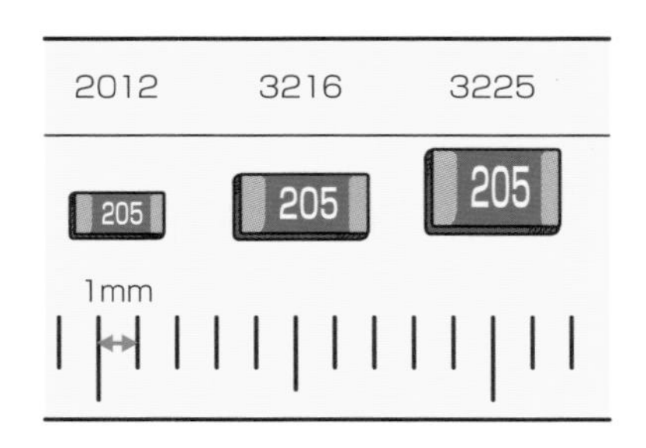

チップ抵抗の読み方の例

表記	Ω
R47	0.47
1R0	1.0
1R5	1.5
2R0	2.0
4R7	4.7
100	10

表記	Ω
101	100
151	150
102	1.0K
152	1.5K
103	10K
154	150K

チップ抵抗

携帯電話などの薄い基板で使用される小型の抵抗器は、リード線がない**チップ抵抗**です。これらは非常に小さい直方体で、両縁の導体部分にハンダ付けします。

チップ抵抗のサイズは、例えば0402（ゼロヨンゼロニ）ならば、チップの長さが0.4mm、幅が0.2mmと非常に小さいサイズです。0603（ゼロロクゼロサン）は長さ0.6mm、幅0.3mmで、携帯電話などで使われています。

抵抗値は、3桁表記の場合、1桁目と2桁目の数字に、3桁目の数だけ0を付けます。また、小数点がある場合はRで表します。数字はすべて抵抗値（Ω）を意味します。

抵抗のワット数

抵抗R〔Ω〕に電流I〔A〕が流れると、R×I〔W〕の電力が消費されます。抵抗器には「加えることができる電流の最大値」があり、**定格電力**で分類されます。

例えば100Ωの抵抗に10Vの電圧を加えると、抵抗に流れる電流は0.1A、電力は1Wとなります。この場合、定格電力は2倍以上の余裕を見て、2～3Wの抵抗を選びます。抵抗器そのものには定格電力の表示はないため、購入のときに確かめてください。

4.3 コンデンサー

Point
- ●コンデンサーは、2枚の金属板の間に絶縁体をはさんだ構造をしている。
- ●コンデンサーは高周波の電気を通す。

コンデンサーのしくみ

コンデンサーは、2枚の金属板（電極板）の間に絶縁体をはさんだ構造をしています。絶縁されているので電気は通さないはずですが、電気をためておくことができます。

コンデンサーに直流の電圧を加えると、電極板にある電子が移動するので、図4-3-1（左）に示すように、電極板がプラスとマイナスに帯電するまで電流が流れます。

1.2節で学んだとおり、電圧（電位差）は、ダムの水位で説明できます。図のコンデンサーの電極板の間には1.5Vの電位差がありますが、これを同図（右）のような電位の傾斜で示すと、この部分は絶縁体が詰まった空間なので電流が流れません。そこで、ここに水の流れを描くわけにはいきません。

しかし、電位差は水位とは別の表現で、ダムから流れ出る水の傾斜の高低差とも考えられます。

コンデンサーのしくみ（図4-3-1）

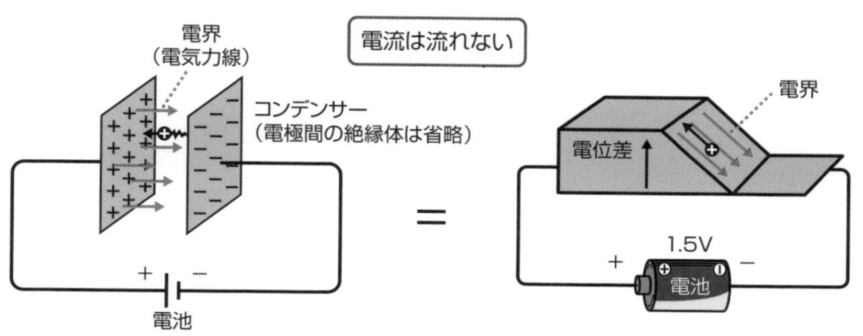

コンデンサーの充電

斜面の下から上へ物を運ぶには（力学上の）仕事が必要です。同じように、プラスの電荷を坂の下（マイナス極）から上（プラス極）へ持ち上げるのに必要な仕事を考えてみます。このとき、プラスの電荷は、電界（電気力線）方向の力に逆らい続けて運ぶ必要があるので、**電位差**は、コンデンサーの電極間の空間をプラス極へ進むにつれて大きくなることがわかります。

図4-3-2は、同じ大きさの電極板間の距離を短くしたときと長くしたときの違いを示しています。プラスの電荷を傾斜に沿って押し上げようとすると、急な傾斜ほど強い力が必要です。そこで、同じ寸法の電極板であれば、「電極板間の距離が短いほど電界の強さは大きい」ことがわかります。

さらに詳しく説明すると、絶縁体内部では、電極板がプラスに帯電した側でマイナスの電荷が、マイナスに帯電した側でプラスの電荷が、それぞれたまります。絶縁体の原子は見かけ上、一方にマイナス電荷、他方にプラス電荷が偏りますが、これを**分極**といいます。

このように、コンデンサーが帯電すると、電極板に発生した電荷と絶縁体内部の電荷が引き合い、電気を蓄えられるので、これを**充電**といいます。

コンデンサーに交流を加えると？

それでは、コンデンサーに**交流**を加えるとどうなるでしょうか？ 傾斜で考えれば、電池をつないだ瞬間から斜面の傾斜角が徐々に大きくなって、充電されると図4-3-2（左）のような角度になります。しかし電流の向きが反対になると、充電した電荷を放電し、こんどは逆の状態で同じことが繰り返されるので、斜面は反対向きになります。

このように、時間の経過とともに電流の向きが変わる交流では、充電と放電が繰り返され、コンデンサーには電流が流れているように見えます。

コンデンサーに蓄えられる電気の量を**静電容量**といい、電極の面積が広いほど、電極の間隔が狭いほど、静電容量は大きくなります。また、**誘電体**は「電気を誘う」と書きますが、**誘電率**が高い方が、静電容量は大きくなります。

コンデンサーの役割

回路に急速な電圧の変化があると、出力の電圧が短時間に変動を繰り返す高周波が発生します。コンデンサーは高周波の電気を通してしまうので、電源とグラウンドの間に**バイパスコンデンサー**（**パスコン**）として使われます。

電解コンデンサーにはプラスとマイナスの極性があり、電圧を逆に加えると壊れます。交流を直流にする電源回路では、電圧波形の余計な振動を取り除いて波形を滑らかにするために用いられ、これを**平滑コンデンサー**といいます。

コンデンサーの分極と電界の強さ（図4-3-2）

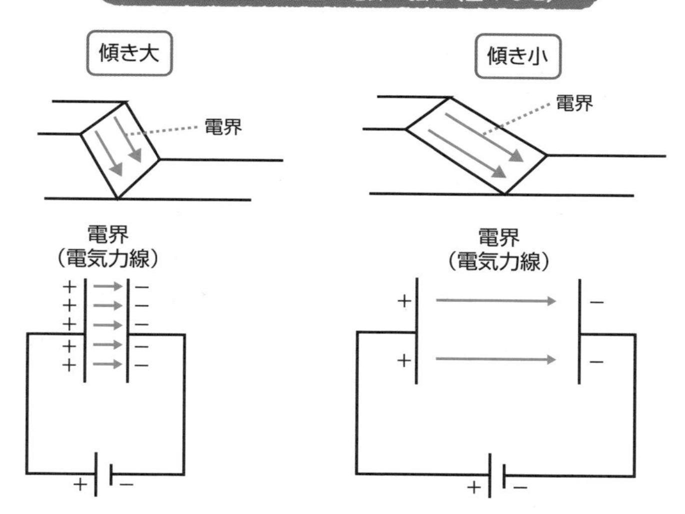

いろいろなコンデンサー（図4-3-3）

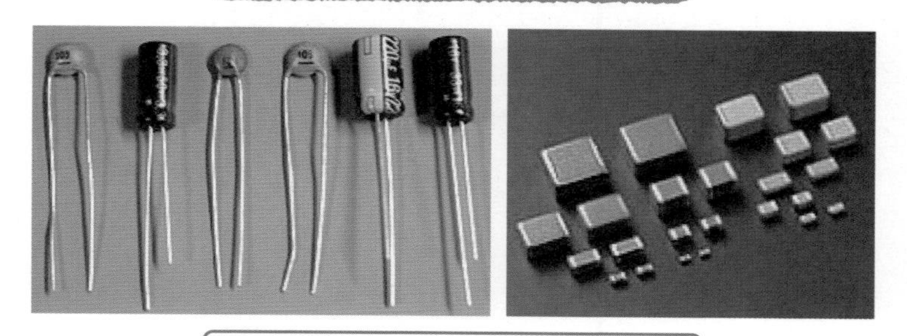

円筒状のコンデンサーは電解コンデンサー、
それ以外はセラミック型コンデンサー。

4.4 コイル

Point
- コイルに電流を流すと電磁石ができる。
- コイルとコンデンサーで発振回路や同調回路ができる。

電磁石が作る磁界（磁力線）

電線を何回も巻いた**コイル**に電流を流すと、図4-4-1に示すように、強い**磁力**が発生して磁石ができます。電流が流れている間だけ磁力が発生するので、**電磁石**と呼ばれています。

コイルに電流を流して**磁力線**が発生しているときは、コイルのまわりに**磁気エネルギー**が集まっているともいえます。一方、**コンデンサー**は**電気エネルギー**を集めますから、コイルとコンデンサーをつないで交流の電気を加えると、互いのエネルギーをやりとりする現象が起こります。これは**共鳴**あるいは**共振**と呼ばれていますが、電気回路の**発振器**（**発振回路**）はこの現象を利用しています。また、ラジオの周波数を選ぶ**同調回路**も、コイルとコンデンサーを利用しています。

コイルの役割

コイルは、交流の周波数が高ければ高いほど電流を通しにくくなるので、「不要な高周波が他の回路に結合しないようにする」という役割の高周波チョークコイル（図4-4-2）として、携帯電話やパソコンの回路でも使われています。

コイルの電線をゆるく巻くと、巻き線間に望ましくない電荷がたまって、一部がコンデンサーのように働くことがあります。そこで、高周波用に設計されている**チョークコイル**は、密巻きで小型化することで、コイル本来の性能を引き出しています。

アンペアの右ネジの法則

フランスの物理学者**アンペア**（フランス語読みではアンペール、1775～1836年）は、電線の近くに置いた磁針の動く方向が、電流の流れている方向に関係することを発見しました。**アンペアの右ネジの法則**（右手の法則）は、図4-4-1（下）に示すように、ネジの進む方向に電流の向きをとると、ネジの回転方向が磁力線の向きになるというものです。

コイルに電流を流すと電磁石ができる（図4-4-1）

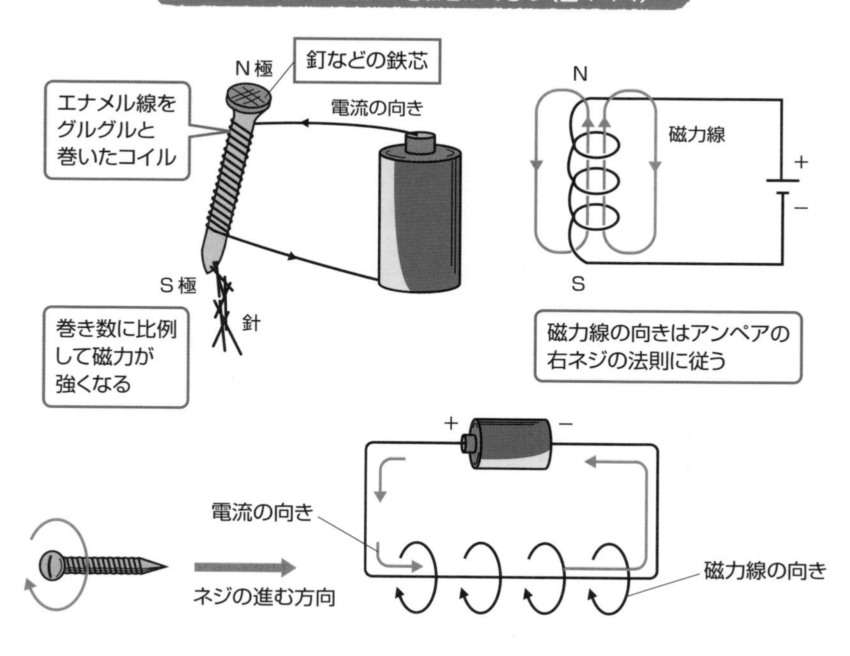

いろいろなコイル（図4-4-2）

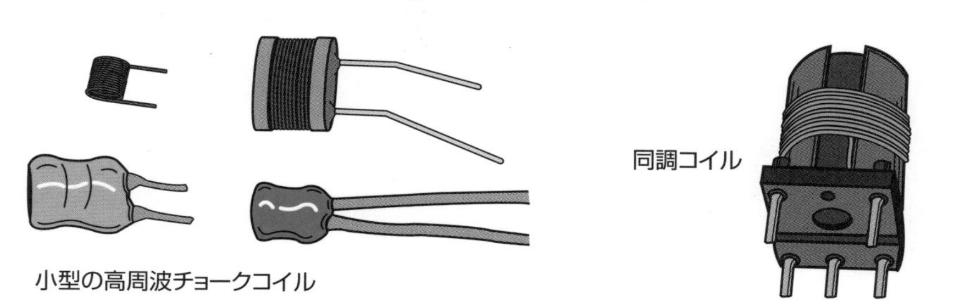

4.5 トランス

Point

- トランスは、ファラデーの発見した電磁誘導を利用している。
- トランスで変圧やインピーダンス変換ができる。

磁石を動かすと電気ができる

前述のとおり「コイルに電流を流すと磁力が発生」しますが、逆に「コイルと磁石で電気が発生」しないだろうかと考えて実験した物理学者が、イギリスの**ファラデー**（1791～1867年）です。彼は図4-5-1に示すように、磁石をコイルの中で出し入れし、わずかな電流に反応する**ガルバノメーター**という**検流計**で計測しました。

ファラデーの実験（図4-5-1）

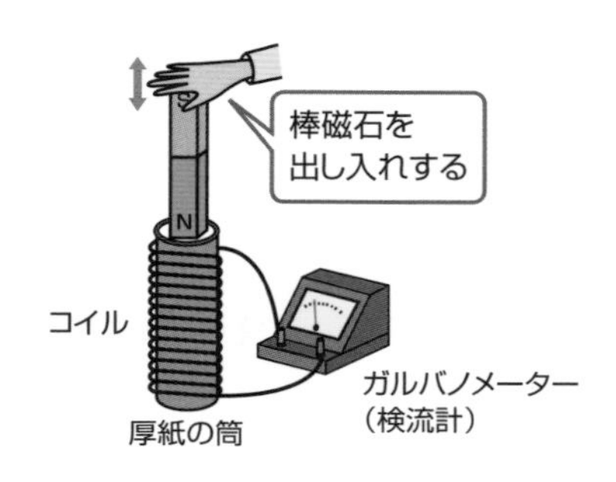

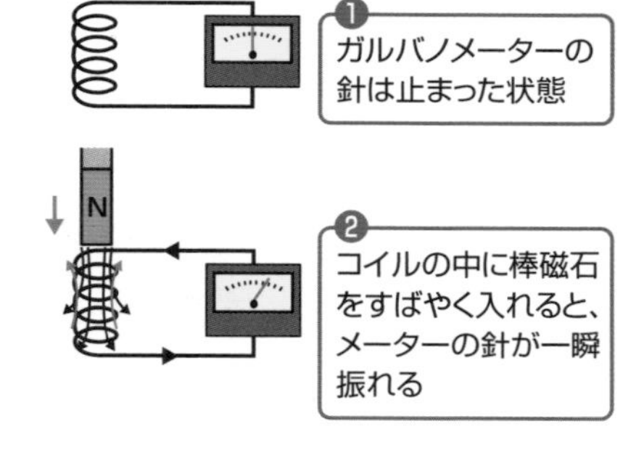

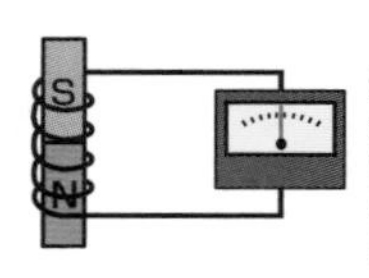

❸ コイルの中に磁石を入れた状態にしておくと、針は振れない

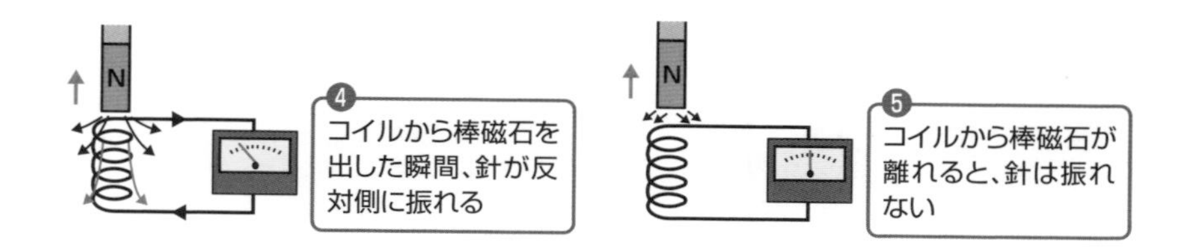

ファラデーが発見した電磁誘導

磁石をコイルに近付けると、コイルの中の磁力線が増加します。このときコイルには、この磁力線を打ち消すような磁力線が発生して電流（これを**誘導電流**という）が流れます。

つぎに、磁石をコイルから引き抜くと、磁力線が減るので、こんどは磁力線を増やそうと、先ほどとは逆向きの磁力が発生して、コイルには逆方向の誘導電流が流れます。

このように「コイルの中の磁力線が変化しようとする向きとは反対の磁力をコイルが作ることによって、電気が発生する」現象を、**電磁誘導**といいます。

ファラデーが自作した実験用のコイル（図4-5-2）

ロンドンのファラデー博物館にて筆者撮影

ファラデーの変圧器の実験

コイルに電気が発生するのは、磁石が動いているときだけです。どんなに強い磁力を持った磁石でも、コイルの中で静止していては電気は発生しません。

ファラデーの時代は、実験装置の電源として**ボルタの電堆**（8.5節）が使われていましたから、これは直流電源です。そこで当時の物理学者たちは、図4-5-3に示す**変圧器**の実験で、直流電源の電圧をより高くすることに専念したそうです。しかしファラデーは、電池を付けたり外したりする瞬間だけ、つまり**交流**のときだけガルバノメーターが動いたのを見逃しませんでした。

電磁誘導の原理は、その後、タービンに取り付けた磁石を回転させるという形で、今日の**発電機**に応用されており、ファラデーには感謝しなければなりません。

ファラデーが自作した実験用の変圧器と実験内容（図4-5-3）

ロンドンのファラデー博物館にて筆者撮影

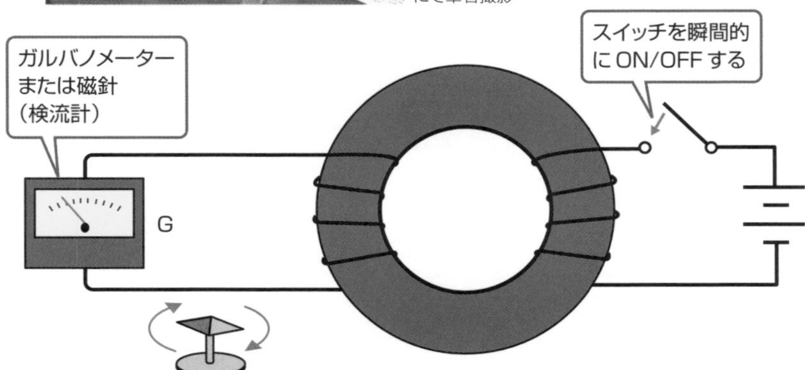

トランス（変圧器）の役割

図4-5-4では、「2つのコイルを使って電圧の大きさを変える」という**変圧**のしくみを説明しています。この装置を**トランス**または**変圧器**といいます。鉄芯に導線を巻いた2つのコイルがあり、左が1次側コイル、右が2次側コイルです。

1次側コイルに交流の電圧を加えると、それによってできる磁力線が刻々と変化して、2次側コイルに起電力を発生させることができます。

これはファラデーが発見した**電磁誘導**であり、このとき1次側コイルの電圧と2次側コイルの電圧の比は、1次側コイルの巻き数と2次側コイルの巻き数の比に一致します。つまり、巻き数を調整することで希望する電圧が得られるので、交流を使うと容易に希望の電圧に変圧できます。

また、図の巻線比nは100/20=5ですが、2次側のインピーダンス（9.8節参照）は「nの2乗分の1」すなわち1/25倍になり、**インピーダンス変換器**としても使われます。

トランス（変圧器）のしくみと形状例（図4-5-4）

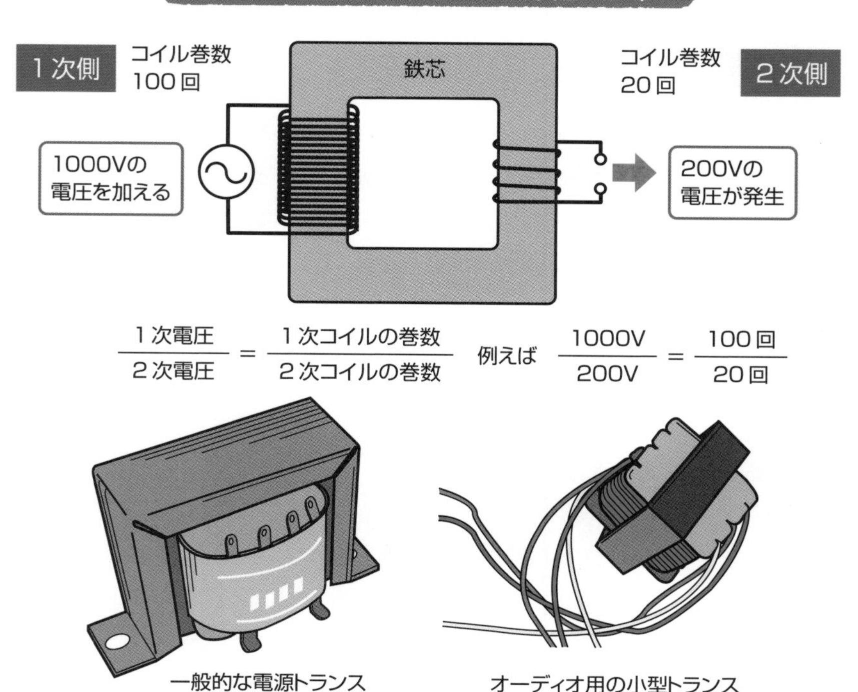

4.6 ダイオード

Point

- ●ダイオードは二極真空管のことだったが、今日では半導体素子を指す。
- ●ダイオードは、ラジオの検波や交流の整流に利用される。

ダイオードと呼ばれた二極真空管

エジソンは1879年に炭素フィラメントの**電球**を発明していますが、彼はこれを使って「電球にもう1つ電極を入れた実験」をしました。そして、「電極から検流計を通して、電池の負極につなげると電流が流れないのに、正極につなげると電流が流れる」ことを発見しました。これをエジソン効果といいますが、**フレミング**はエジソンから実験球を譲り受けて、**二極真空管**(**二極管**)の発明に至りました。

図4-6-1の中央は二極管の構造図です。エジソンの実験球と同じで、**フィラメント**を基準に**プレート**側に正電圧を加えると、放出された電子(これを**熱電子**という)はプレートに向かって飛び、プレートからフィラメントに向けて電流が流れます。また、プレートに負電圧を加えると、電子は負電荷に反発してプレート側には達しないので、プレートからフィラメントに向かう電流のみを通す整流効果が得られます。二極真空管はダイオードと呼ばれましたが、今日では同じ機能を持った半導体素子を**半導体ダイオード**あるいは単に**ダイオード**と呼んでいます。

半導体の性質

導体は電流を流しますが、その抵抗については8章で述べます。電気を伝えにくい物質を絶縁体あるいは不導体といいますが、その中には熱を加えると電流を通すようになる物質があり、**半導体**と呼んでいます。

半導体のうち、不純物のない**真性半導体**は、低温のときには自由電子がないため電流は流れません。しかし、温度を上げると電子が激しく運動して自由電子となり、電流が流れるようになります。不純物のない純粋な**シリコン**(Si)には、このような性質があります。

しかしながら、使用するときに熱でコントロールするのは、電子部品としては実用的ではありません。そこで開発されたのが**不純物半導体**です。不純物半導体は、真性半導体に不純物を微量に加えた（ドーピングした）ものです。図4-6-2のように、自由電子が1つ余った不純物半導体を**n型半導体**といいます。また逆に、電子が1つ足りなくなってホール（正孔）ができている不純物半導体を**p型**といいます。

二極真空管と整流効果（図4-6-1）

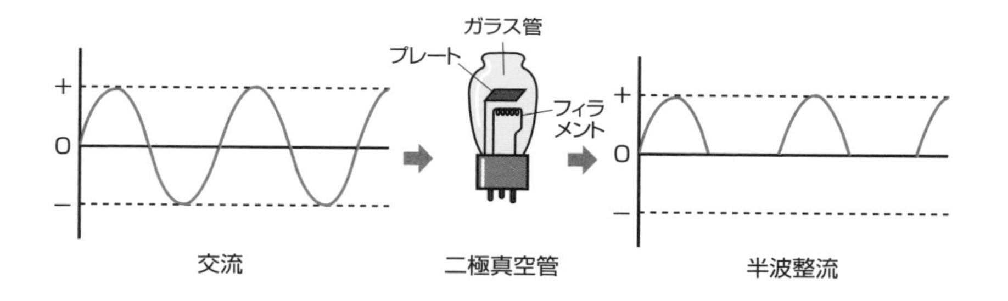

不純物半導体の種類（図4-6-2）

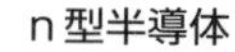

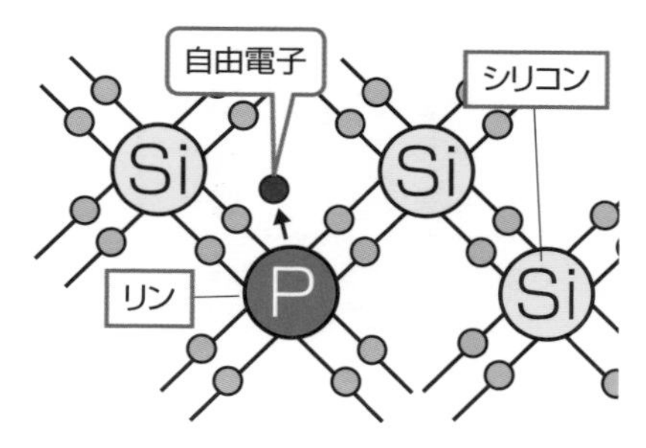

リン(P)を混入した不純物半導体。
余った電子は自由電子になる

p型半導体

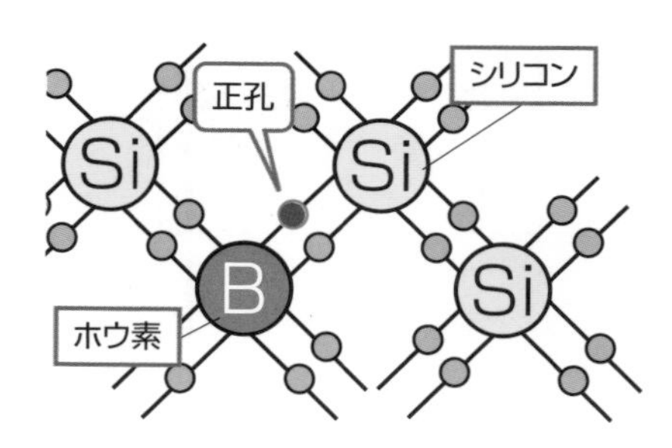

ホウ素(B)を混入した不純物半導体。
正孔(ホール)ができる

半導体ダイオード

半導体ダイオードは、図4-6-3に示すように、**p型**と**n型**の半導体を組み合わせたものです。左側のように、p型にプラス、n型にマイナスの電圧（**順方向電圧**）を加えると、n型内の自由電子はマイナス極に反発して、p型の方に移動します。またp型内のホールはプラス極に反発して、n型の方に移動します。電子がn型からp型の方へ移動しますから、電流はp型からn型の方へ流れたことになります。

つぎに電池を逆につなぐ（**逆方向電圧**）と、n型内の電子はプラスの電極に引かれ、p型内のホールはマイナスの電極に引かれて、両極に電荷がたまって、電流は流れなくなります。

ダイオードは、順方向電圧で電流が流れ、逆方向電圧では電流が流れないという働きをします。そこで、ラジオの**検波**や、交流を直流にする**整流**に利用されます。

半導体ダイオードの性質と整流（図4-6-3）

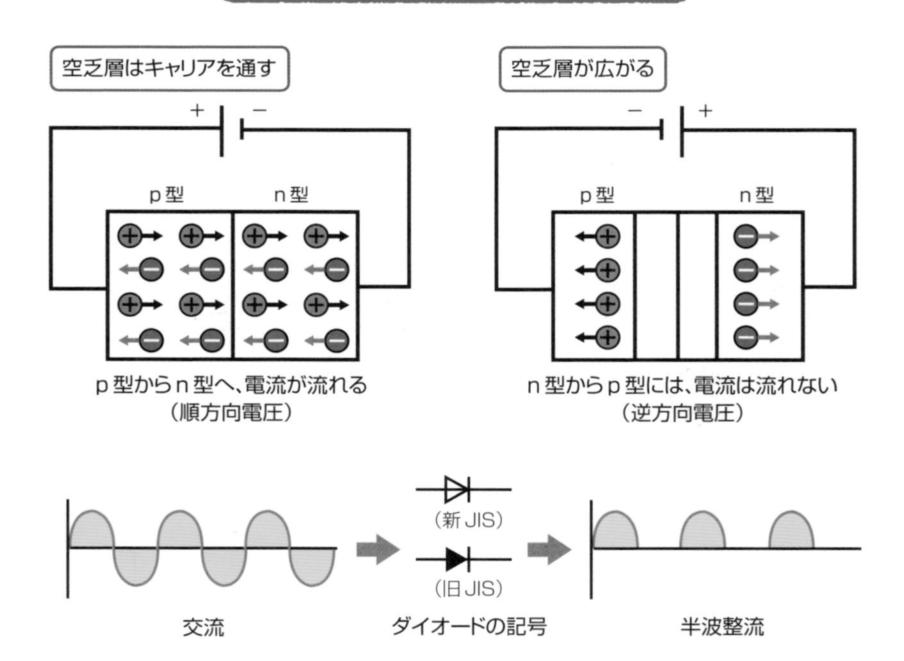

4.7 発光ダイオード(LED)

Point

- 発光ダイオードはLED(Light Emitting Diode)とも呼ばれている。
- LEDにはピン挿入型(砲弾型)と表面実装型(SMD型)がある。

発光ダイオードのしくみ

前節で述べた、不純物半導体のp型とn型の領域が接しているダイオードを、pn接合ダイオードといいます。

図4-7-1のように、pn接合ダイオードのp型半導体側(アノード)にプラス、n型半導体側(カソード)にマイナスの電圧を加えると、p型とn型の接合面付近では、p型半導体のホール(正孔)とn型半導体の電子が再結合しながら電流が流れます。

このとき、再結合で余ったエネルギーが光として放出されます。発光する半導体は、**GaAs**(**ガリウム砒素**)や**GaN**(**ガリウム窒素**)などです。前節で述べた**Si**(**シリコン**)あるいは**Ge**(**ゲルマニウム**)などの半導体は、再結合で余るエネルギーがほとんどないので、発光しません。

発光ダイオードの種類

発光ダイオードは**LED**(**Light Emitting Diode**)という呼び方が一般的になっています。白熱電球に代わるLED電球は、小さな白色LED素子が数多く並んでいます。

LEDは、発光する光の波長により図4-7-2のような種類があります。街頭広告の大型ディスプレーに使われるのは可視光LEDで、青、緑、黄、赤の色は、半導体材料の違いによって発光します。

半導体でできているLEDチップは、**砲弾型**の樹脂に入れられます。**アノード**と**カソード**のリード線が付いた**ピン挿入型**(図4-7-2の左下写真)は、電子部品として販売されています。

LED照明のように、基板の表面に数多く並べるために、**表面実装型**(**SMD型**)のLEDも開発されています(同右下写真)。

発光ダイオードのしくみ（図4-7-1）

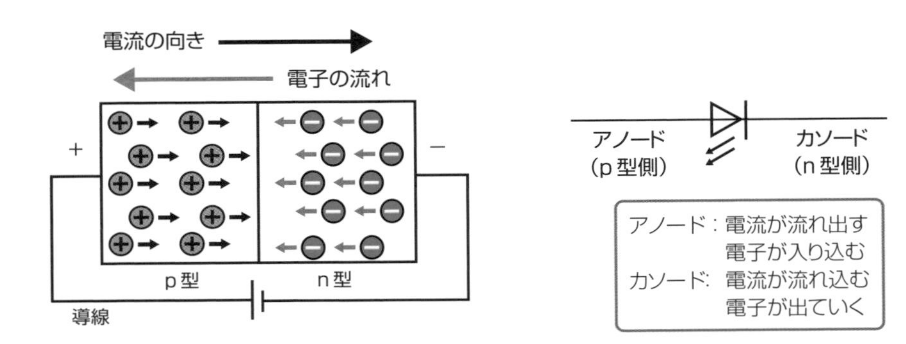

ワンポイント 半導体はすべて発光するわけではなく、適している半導体（GsAs、GaN）と、適していない半導体がある。

発光ダイオードの種類（図4-7-2）

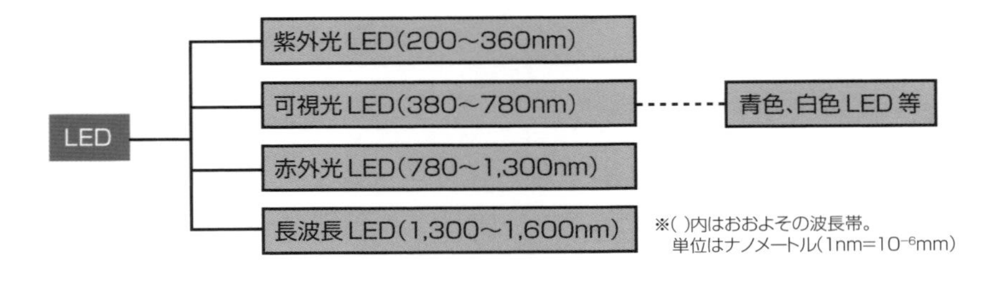

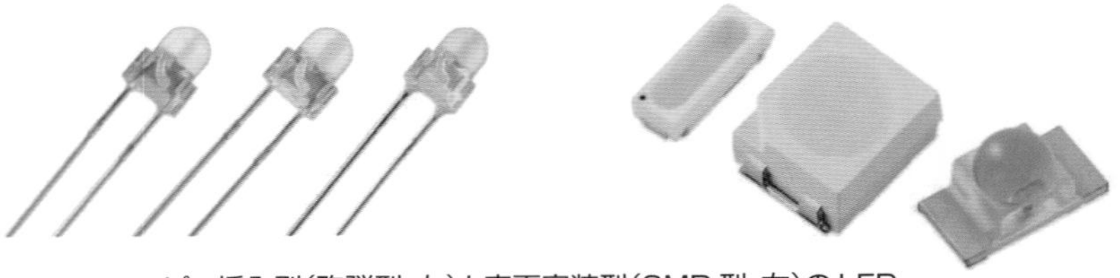

ピン挿入型（砲弾型、左）と表面実装型（SMD型、右）のLED

写真提供：スタンレー電気（株）

4.8 太陽電池

Point
- 太陽電池は、光のエネルギーを電気に換える半導体を使う。
- 太陽電池にはいくつかのタイプがある。

太陽電池のしくみ

太陽電池は**ソーラーバッテリー**とも呼ばれ、太陽光のエネルギーを電気に換える電池です。**携帯電話**や**携帯音楽プレーヤー**などのモバイル機器用に、小型の太陽電池も開発されています。

図4-8-1は太陽電池のしくみを説明しています。光によって電流を発生させるためには、光のエネルギーを電気に換える特別な半導体（シリコンなど）を使います。

現状では、光のエネルギーを電気に換える効率（これを**変換効率**という）が十分とはいえないので、その改良が続いています。また、光が当たらないと発電できないので、いったん別の二次電池に充電して使うこともあります。

シリコン太陽電池のしくみ（図4-8-1）

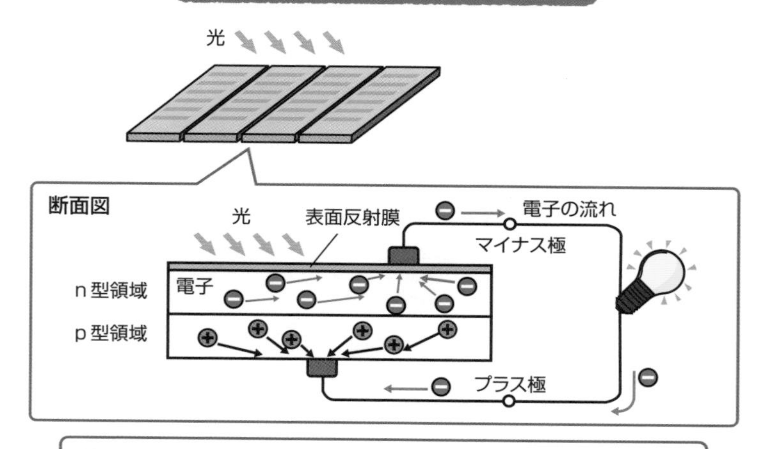

太陽電池のタイプと特徴（図4-8-2）

タイプ（型）	主な原料	主な特徴
単結晶シリコン型	シリコン	・変換効率：高い ・生産コスト：高い
多結晶シリコン型	シリコン	・変換効率：高い ・単結晶型よりコスト低い ・材料調達に難
アモルファス型（薄膜型）	シリコン	・シリコン使用量：少 ・変換効率：低い
化合物半導体型	化合物半導体	・レアメタルを使用 ・生産時の消費エネルギー：少
色素増感型	有機色素	・生産コスト：低い ・変換効率：低い

太陽電池の比較

太陽電池にはいくつかのタイプがあります。**結晶シリコン型**のうち、多結晶のシリコン基板を使用した**多結晶シリコン型**は、単結晶型よりも製造コストが低いという特長があり、量産されています。

ガラスに薄膜状のアモルファスシリコンを成長させて作る**アモルファス型**は、フィルム基板上に作って折り曲げができるタイプも開発されています。ソーラー腕時計は太陽電池から二次電池にも充電しています。また、**化合物半導体型**は、いくつかの元素を原料としており、単結晶のタイプの中には人工衛星などで使われているものもあります。**色素増感型**の太陽電池は、「一部の波長の光を吸収して電子を放出する」という色素の性質を利用して発電します。結晶シリコン型に比べて安価に作れますが、やはり発電効率が低いことが課題です。

太陽光発電は、太陽の光をエネルギーとして電気に変換する発電方式です。エネルギー変換には太陽電池を使いますが、太陽電池で得た直流電気は、二次電池である蓄電装置にためられます。一般家庭では交流の電気を使っているので、**インバーター**によって、直流を交流に変換します。

4.9 トランジスター

Point

- トランジスターはダイオードが組み合わされたものと見なせる。
- トランジスターは、電流を増幅する量をコントロールできる。

接合型トランジスターの構造

単体のトランジスター部品で一般的な、**接合型トランジスター**の構造を図4-9-1に示します。薄いp型半導体をn型半導体ではさんだ構造で、(a)のように電池をつなぐと、電流は流れません。ダイオードではp型からn型へは電流が流れ、反対方向へは電流が流れませんでした（4.6節）。トランジスターもダイオードが組み合わされたものと見なせるので、やはりn型からp型へは電流が流れません。

接合型トランジスターの構造（図4-9-1）

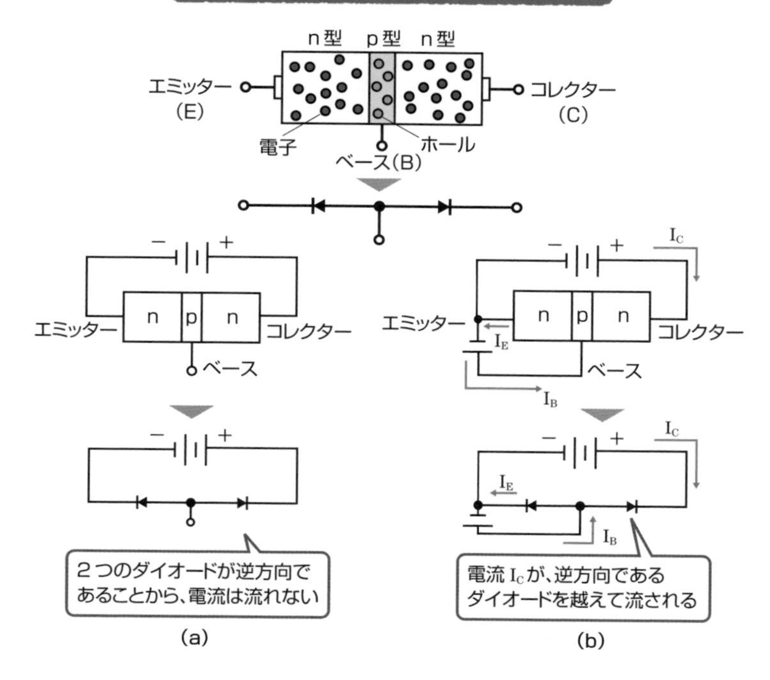

接合型トランジスターの構造

しかし図4-9-1(b)のように、**ベース**と**エミッター**間にも電池をつないで、順方向の電圧をかけると、それまで電流が流れなかった**コレクター**とエミッターの間に、電流が流れるようになります。

ここで注目すべきは、ベースに流す電流が、コレクターとエミッターの間の大きな電流に変化するということです。そのことを利用して、ラジオでは、微弱な受信電流を、最終的にはスピーカーを鳴らす大電流の音声信号に**増幅**しています。

三極真空管に代わって、トランジスターで増幅できるようになったので、ラジオは、一気に小型化されました。

なお、ここまで述べてきた接合型トランジスターはp型をn型ではさんだ**npn**型でしたが、逆にn型をp型でサンドイッチした**pnp**型もあります（図4-9-2）。

npn型とpnp型の接合型トランジスター（図4-9-2）

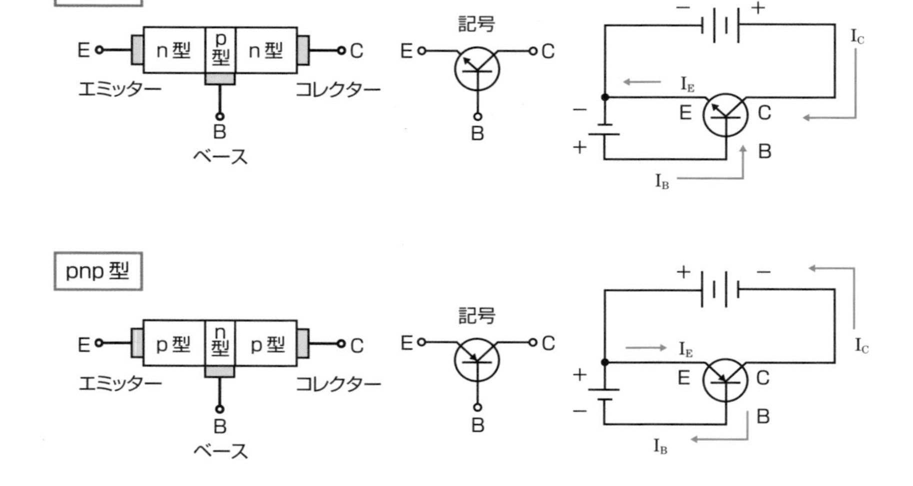

ベース層の役割

図4-9-3（上）はpnp型トランジスターです。エミッターとベース間には、図のような電圧が加えられているので、エミッターのホール（正孔）はベースへ向かって移動します。

ここで、ベースの層が厚いと、ホールは**ベース層**の電子と中和されて、ベース層を通り抜けることができません。しかし、実際にはベース層は非常に薄いので、ほとんどのホールはコレクター側へ進みます。

コレクター内に進んだホールは、コレクターにかかっているマイナスの電圧によって加速され、コレクター電流I_Cが流れます。

ベース層では、ホールとベース内の電子がわずかに結合し、この電子を補うためにベース電流I_Bが流れますが、エミッター電流I_Eは、図4-9-3（下）に示すように$I_E = I_B + I_C$という関係があります。

エミッターとコレクターに電流が流れるしくみ（図4-9-3）

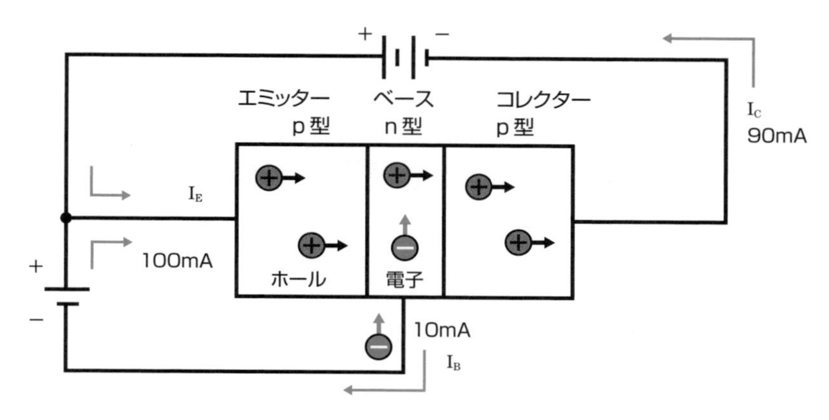

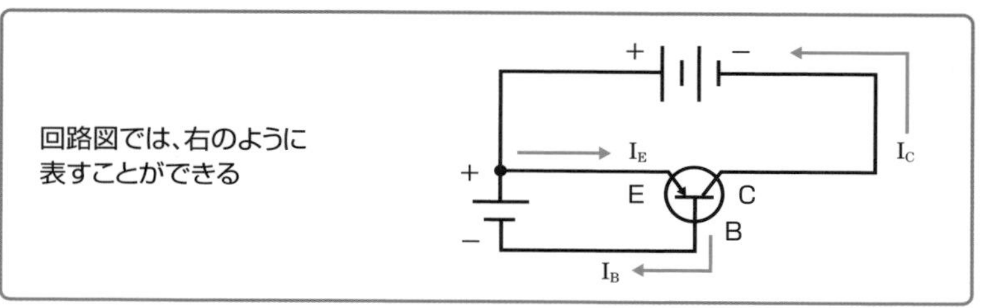

ここでベース電流をΔI_B（Δはわずかな量を表す）だけ変化させると、コレクター電流とエミッター電流はΔI_CとΔI_Eだけ変化しますから、これらの間にはやはり$\Delta I_E = \Delta I_B + \Delta I_C$という関係があります。

図4-9-3ではベースに10mAの電流が流れているとしていますが、エミッターの電流は100mAで、コレクターの電流は90mAになります。

いま、ベースの電流を入力として、コレクター電流を出力とすれば、ベース電流によってコレクター電流は大きく影響を受けることがわかります。そしてこのとき電流の**増幅率**は、$\frac{\Delta I_C}{\Delta I_B}$で表され、この例では9になります。

増幅回路の例

近年、プログラムで機能を変更できる「ソフトウェアラジオ」なるものが登場していますが、筆者は小学生のころ、ゲルマニウムダイオードで検波する「ゲルマラジオ」を作りました。トランジスターラジオも作りましたが、当時はトランジスターを**石**と呼んでいました。

図4-9-4は1石ラジオの**低周波増幅回路**で、左側の低周波信号をトランジスターで**増幅**して、スピーカーやイヤホンを鳴らすことができます。

1石ラジオの低周波増幅回路（図4-9-4）

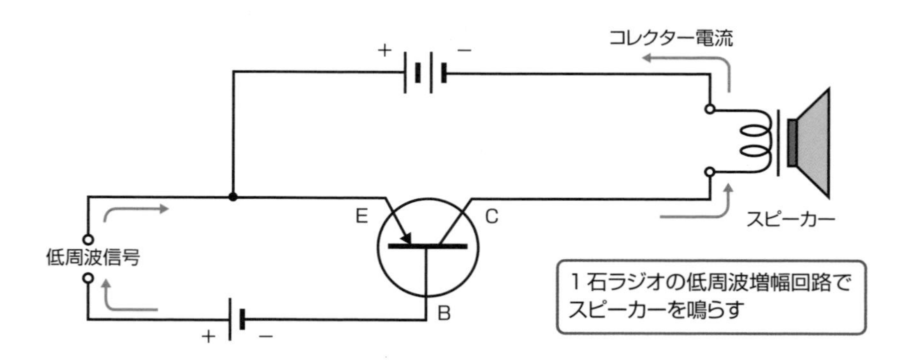

入門編

第5章

アナログとデジタルテスター

アナログ器は、表示に可動コイル型の電流計を使っています。そこで、電流はもちろん電圧の測定でも、電流の値を測って電圧の値に変換しています。また、交流を測るときには、ダイオードで整流した上で直流を測っています。

一方、デジタル器では、分圧器とA/D変換器で直流電圧を測定します。直流電流を測定するときには分流器とA/D変換器を用いています。また、交流電圧を測定するときには、分圧器、整流回路、A/D変換器を用いており、整流回路を除けば、直流電圧を測定する回路と同じです。

5.1 アナログテスターのメーター

Point
- アナログテスターは可動コイル型の電流計（アンメーター）で表示する。
- 電流の測定では、アンメーターを回路に直列に接続する。

アンメーターとは

アナログテスターは、**可動コイル型**の**電流計**（図5-1-1）を使っています。電流計は**アンメーター**（Ammeter：Ampere meterの略）ともいいます。

図5-1-1は外観および内部の構造を示しています。(a)は主要な部品ですが、N、Sで示す永久磁石、磁極片、円柱形の軟鉄芯とそこに巻かれた可動コイル、制御バネ、可動コイルに付いた指針などです。(b)は可動コイルの取り付け方を示したものです。

アンメーターによる電流の測定

図5-1-2（左）に示す回路の電流を測定するときには、電流の流れをアンメーターの中に引き込む必要があります。このため、同図（右）のように回路を切り開いて、アンメーターを回路に直列に接続します。

可動コイル型アンメーター（図5-1-1）では、永久磁石の中にある可動コイルに、測ろうとする電流を流します。可動コイルは、永久磁石によって発生する磁界の中にあり、9.10節「スピーカーを調べる」で述べる「フレミングの左手の法則」による力で、可動コイルに回転力が生じて、指針を回転させます。可動コイルが回転するに従って、制御バネが巻き込まれ、可動コイルに生じる回転力と制御バネによる力が釣り合った位置で静止しますが、この位置は可動コイルに流れる電流に比例します。このため等分目盛にできるので、精度の高い標準値を測ってから等分することで、精度の高いメーターが作れます。

可動コイル型の電流計は、高精度で安定した測定ができるので、標準計器とされています。なお、4.5節「トランス」で述べたガルバノメーター（検流計）も、同じ構造をしています。

可動コイル型アンメーターの構造（図5-1-1）

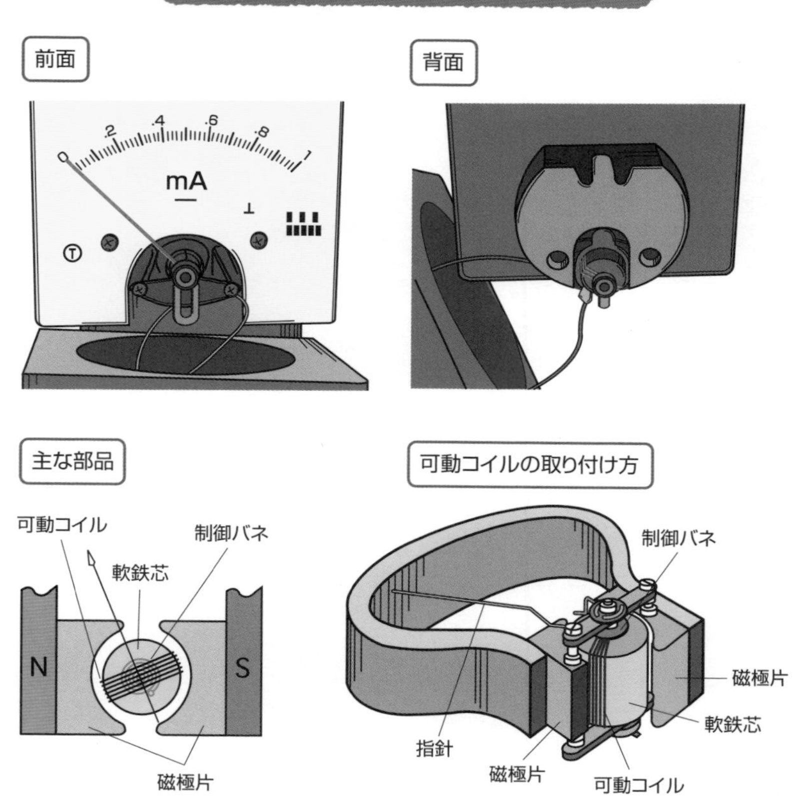

回路に流れる電流を測定する（図5-1-2）

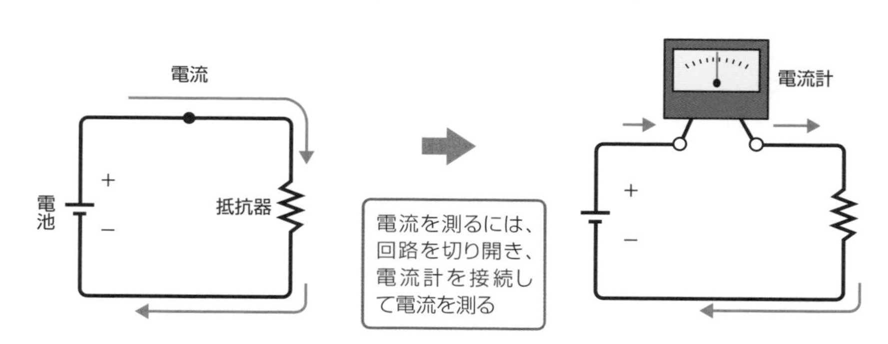

5.2 アナログテスターのしくみ

Point
- 直流電流計は、分流器によって大電流を測定できる。
- 直流電圧もアンメーターを使って測定できる。

直流電流計のしくみ

アンメーターの可動コイルは微細な銅線でできているので、流せる電流量には限りがあります。アナログテスターに内蔵されたアンメーターだけを使って測定できるのは、数百μA程度までなので、これだけでは測定範囲に限りがあります。

そこで、大電流を測るためには、図5-2-1のような**分流器**（**シャント**ともいう）を用いています。

電流Iはa点で分かれて、内部抵抗R_aを持つ電流計へI_aが流れ、また分流器の抵抗R_sへI_sが流れます。

そこで、この分流器の抵抗値を調整することによって、R_sとR_aで決まる倍率で、大きな電流が測定できることになります。

「電流計の指針の値I_aのm倍の電流Iを測定できる」とき、mを「分流器の倍率」といいます。倍率mは図の右側の式で求められるので、テスター内に用意されているいくつかの分流器に切り替えることで、複数の測定レンジが得られる――というわけです。

電位を知る方法

電位については、1章で水位の考え方を使って説明しました。電位差のことを電圧といいましたが、この大きさを測定する電位差計があります。

図5-2-2は電位を知るための装置です。左側の電源のつまみを回すと、目盛に示された電圧に変えることができます。また右側はこれから電圧を測りたい対象で、しばらく使ったあとの電池です。そして、両方の間には**検流計**（**ガルバノメーター**）があります。

いま、電位をダムの水位と考えてみましょう。左側の電位（水位）が右側の電位（水位）よりも低いときには、右側から左側へ電流（水流）が流れ、このとき検流計は中央位置からどちらかへ振れます。逆に左側の電位が右側の電位より高いときにも、検流計は先ほどとは反対側に振れます。

そこで、左側の電源のつまみをゆっくり回していくと、どこかで検流計の針が中央で止まります。このとき、左右の電位（水位）が等しくなって電流（水流）が流れなくなったのですから、左側の電源の目盛を読めば、その値が測りたい電池の電位（電圧）ということになります。

回路に流れる電流を測定する（図5-2-1）

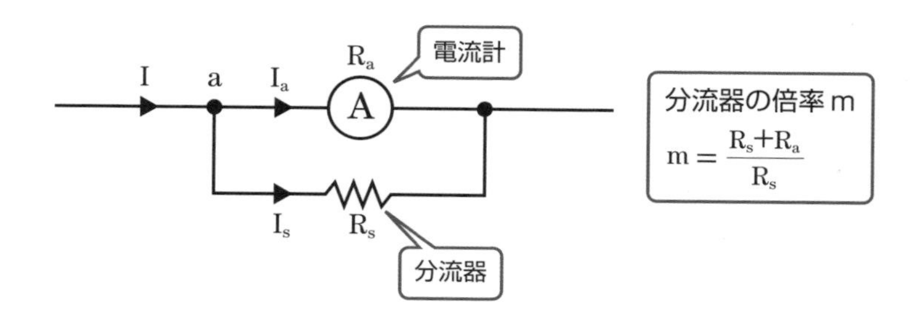

電位を知る方法（図5-2-2）

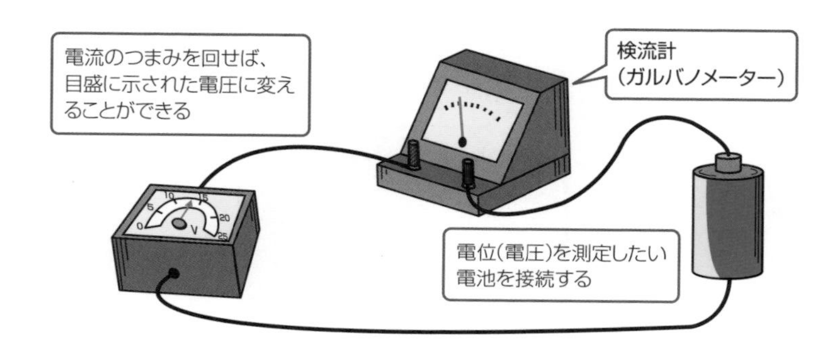

電圧測定装置のしくみ

図5-2-3は**電圧測定装置**とその回路図を示しています。Rは精密な抵抗器で、一定の電流Iを流しています。またE_sは**標準電池**といって、正確な値が得られる電池です。

電圧を測定するには、スイッチSを標準電池E_sの方にして、抵抗器のスライドブラシを移動し、先に述べた方法で検流計Gの電流がゼロになるようにして、このときの抵抗を読んでR_sとします。

つぎに、スイッチSを測定したいE_kの方にして、同じように電流をゼロにして、このときの抵抗をR_kとします。R_kとR_sの比をE_sに掛けると、電圧E_kが得られます。

測定したい電圧E_kは、つぎの式で求めることができます。

$$E_k = E_s \frac{R_k}{R_s}$$

初期の標準電池

下の図は、ウェリントンが1884年に開発を始めたカドミウム標準電池です。この標準電池は、1990年にジョセフソン効果電圧標準電池が採用されるまで、約100年間にわたり国際基準として活躍しました。

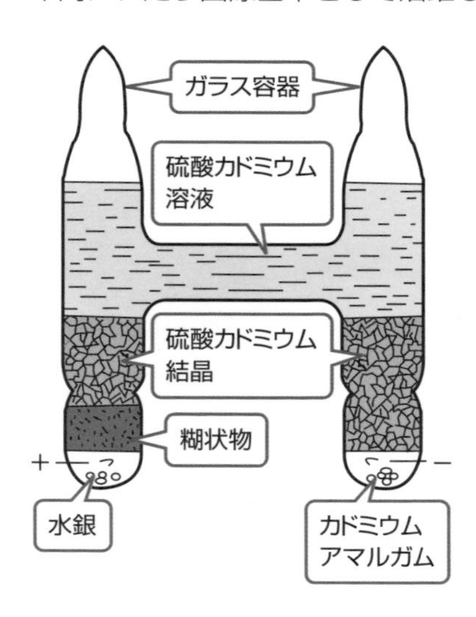

電圧測定装置とその回路図（図5-2-3）

電圧測定装置　スライドさせることによって抵抗の増減が可能

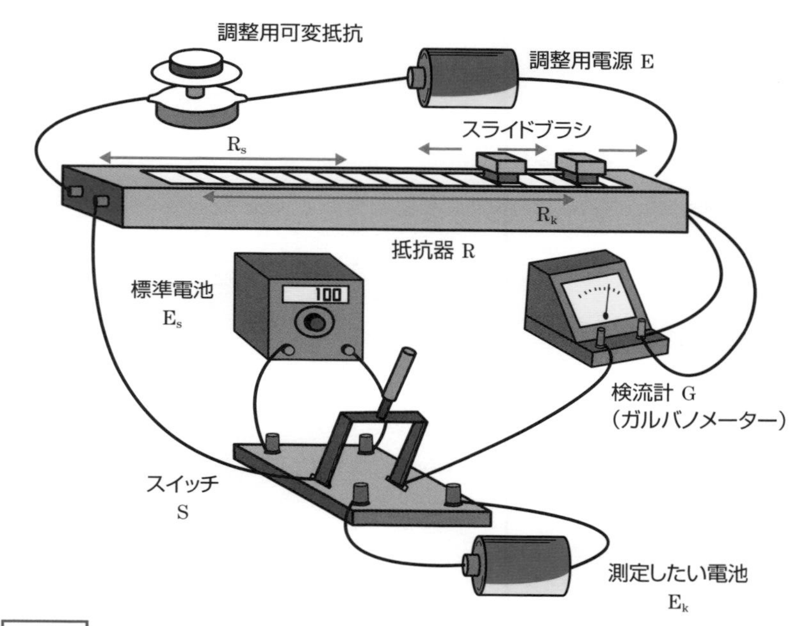

回路図

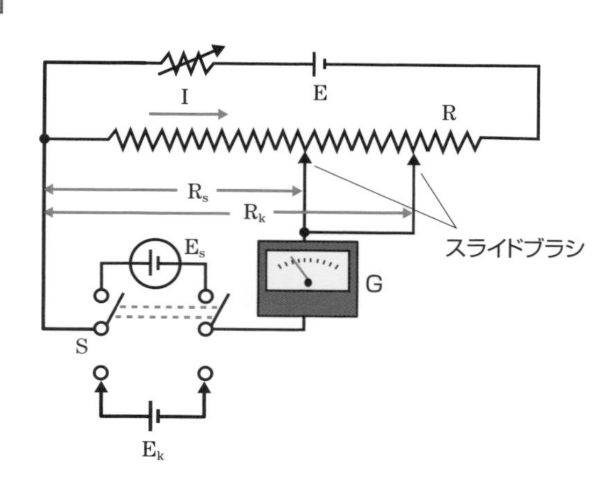

◯絶対単位とは

標準電池の電圧単位は**絶対ボルト**とされています。1908年にようやく国際的に電気の単位を統一するための会議が開催され、そこで決まったのが国際アンペアと国際オームです。

ところが40年も経たないうちに測定法が進歩して、電磁気学の理論と合わないことがわかり、そこで登場したのが絶対ボルトや絶対アンペアなのです。

◯V（ボルト）という単位

電圧の単位は**V（ボルト）**ですが、ボルトで表す量は、つぎの3種類に使い分けられています。

1) **電位**

2) **電圧**

3) **起電力**

まず、「電位」は電位差ともいいますが、コンデンサー（4.3節）のように、プラスの電荷とマイナスの電荷が帯電している間、あるいはプラスに帯電した物体の持つエネルギーを山の高さ（空間的な位置）にたとえたものです。

電気量の単位を使うと「1C（クーロン）の電気量を移動させるのに、1J（ジュール）の仕事が必要である2点間の電位差が1V（ボルト）」です。

つぎに「電圧」は、水位と川の流れのたとえで説明したように、電気を流そうとする力に相当します。したがって電圧は、そもそも線路に電流が流れていることが前提です。

一方、電位という言葉は、線路がなくても帯電した物体があれば使えるので、ある場所と別の場所の間といったように、空間を指す場合にも用いられます。

最後に「起電力」ですが、これは電池などの電源によって発生する電圧のことです。新しい1.5Vの乾電池をテスターで測ってみると、例えば1.6Vといったように、公称電圧より大きな電圧が発生していることがあります。

このとき、この乾電池の起電力は1.6Vということになります。

直流電圧計のしくみ

ここでようやく**直流電圧計**のしくみについて説明します。電圧計は、**アンメーター**と、それに直列につないだ**抵抗**で構成されています。

図5-2-4(a)に示すように、抵抗Rに電圧Eを加えると、電流Iは**オームの法則**から、つぎの式で求められます。

$$I=\frac{E}{R}$$

また、抵抗Rに電流Iが流れていれば、抵抗Rの両端の電圧Eはつぎの式で求められます。

$$E=I\cdot R$$

図5-2-4(a)に示した具体的な数値を使って説明すれば、I=1mA、R=1kΩから、電圧Eは1mA×1kΩ=0.001A×1000Ω=1Vとなります。

したがって、抵抗Rの値を決めておけば、アンメーターで電流を測定することで電圧を求めることができますから、同図(b)のように目盛を付けておけばよいことがわかるでしょう。この抵抗Rを、倍率器ともいいます。

このように、電流目盛を抵抗のR倍にした目盛で電圧が読めることになるので、電流用のアンメーターを電圧の測定にも使えるというわけです。

電圧計のしくみ(図5-2-4)

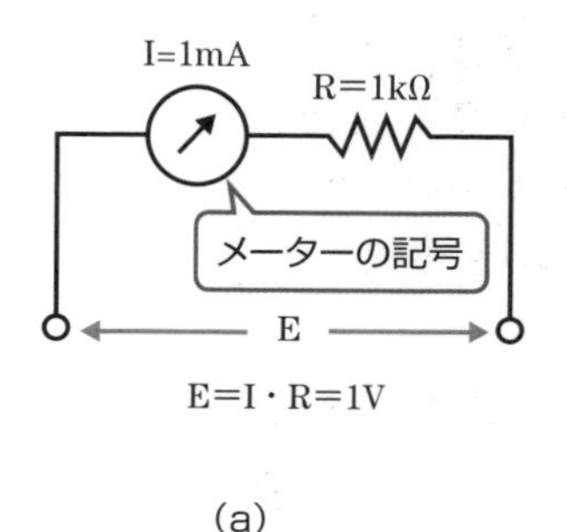

(a)

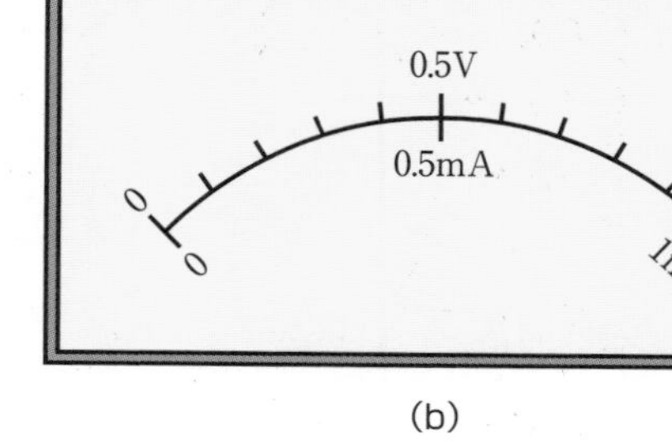

(b)

ワンポイント アンメーターには内部抵抗があるので、指針をフルスケールに振らせるためには、内部抵抗とアンメーターの電流を掛けた電圧を加える。

直流電流計と直流電圧の兼用？

ここで、**直流電流計**と**直流電圧計**のしくみをおさらいしておきましょう。図5-2-5（上）のように、両者は挿入される抵抗の位置が異なりました。そこで、写真のようなDCVとDCmAの境にある兼用のレンジは、どんな回路になっているのか不思議です。

微弱な電流を測るときには分流器が要らず、また低い電圧の測定では測定する回路が低抵抗なので、メーターの**内部抵抗**だけで十分ということで、図のような抵抗（分流器や倍率器）を付加しなくてもよいというわけです。

直流電流計と直流電圧計（図5-2-5）

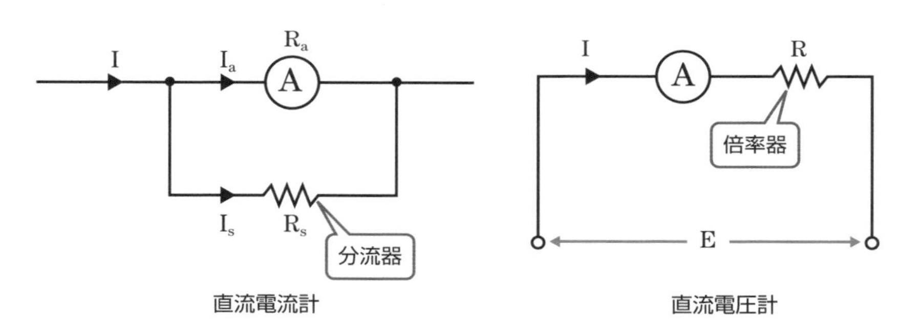

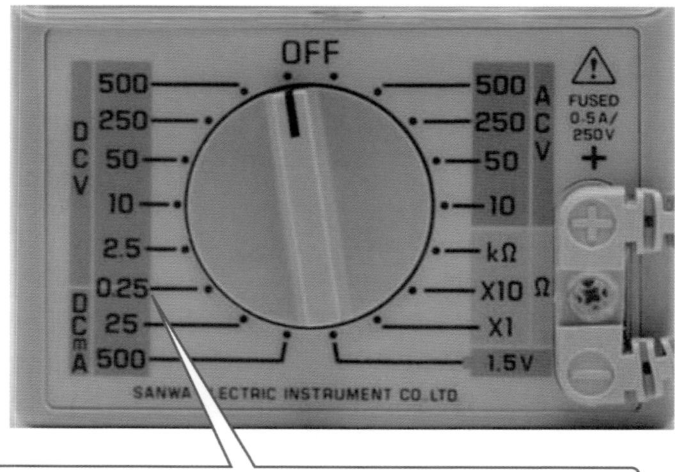

DCVとDCmAの境にあるレンジ。直流電流計と直流電圧計を兼ねている。

5.3 交流を測るしくみ

Point
- 交流に直流用のアンメーターをそのまま使うことはできない。
- 可動鉄片型アンメーターは交流専用として使われる。
- 直流用のアンメーターで交流を測定するため、整流器を使っている。

交流に直流用のアンメーターを使うと…

交流の電流を測るために、直流用の可動コイル型アンメーターをそのまま使うと、指針はほとんど振れません。それはなぜでしょうか？

直流用アンメーターの可動コイルは、永久磁石によって発生する磁力の中にあり、**フレミングの左手の法則**による力で、可動コイルに回転力が生じて指針が回転します。メーターの目盛は左端が電流ゼロで、指針が右に振れるほど強い電流値です。このため、指針が右に振れるように、直流のプラス極とマイナス極を接続するわけです。

一方の交流は、時間が経過するとともにプラス極とマイナス極が変化します（図5-3-1）。交流の電圧または電流の変化を表したグラフを見ると、プラスのときに指針が右に振れれば、マイナスのときには左に振れそうです。しかしながら、指針が付いている可動部は、制御バネが戻る力でゆっくり動くので、指針を動かそうとする力の方向がすばやく（交流の半周期ごとに）切り替わると、指針の動きはこの変化の速度に追い付いていけず、指針はほとんど振れないのです。

可動鉄片型アンメーターのしくみ

図5-3-2(a)は、交流用に使われている**可動鉄片型アンメーター**の構造を示しています。固定コイル内に固定鉄片と可動鉄片があって、コイルに電流が流れると、コイル内には電流の大きさに比例した磁界が発生します。

図5-3-2(b)は、磁場ができている場所にある鉄片が磁化される原理を説明しています。コイルに電流が流れると、鉄の棒にコイルを巻いた電磁石と同じように、それぞれの鉄片は図に示すような極に磁化されます。固定鉄片と可動鉄片は極性が同じなので、互いに反発し合います。固定鉄片は動かないので、この反発力によって可動

鉄片の付いている軸が回転し、軸に付いている指針も反発力の強さに応じて動くことになります。

電流の向きが変わって図5-3-2(b)とは逆向きの磁力線ができると、両方の鉄片の極性は、上がS極、下がN極となり、やはり反発し合います。このように、鉄片は常に反発し合うため、同じ方向に回転力が発生することになります。このような原理のため、可動鉄片型アンメーターは交流専用として使われています。

交流の電圧または電流の時間変化（図5-3-1）

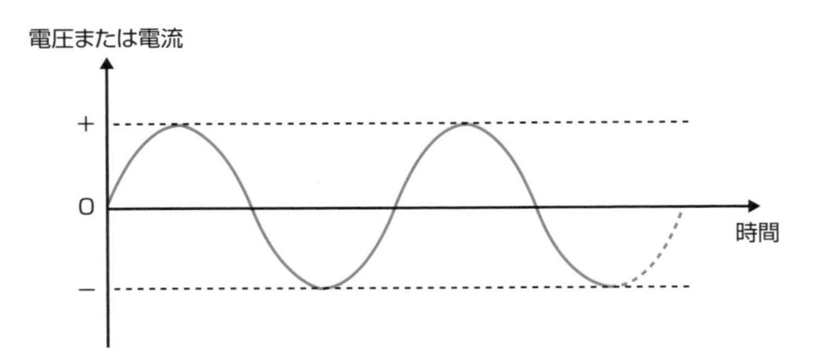

可動鉄片型アンメーターの構造と原理（図5-3-2）

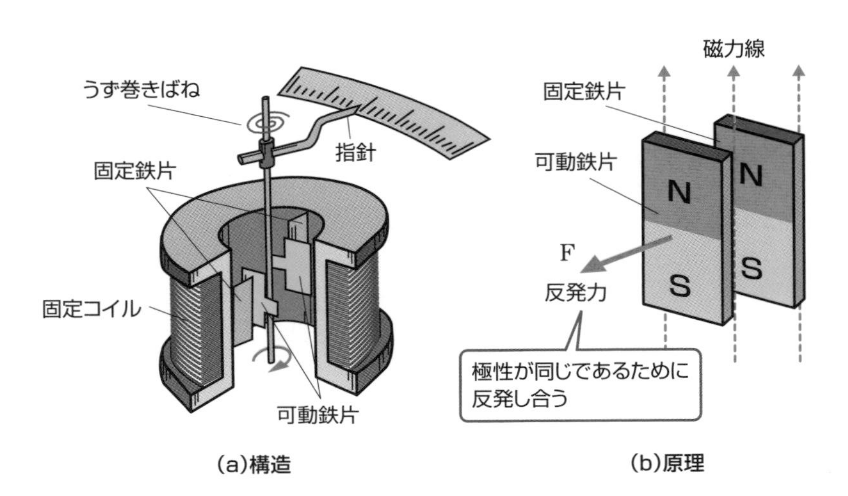

テスターで交流を測るしくみ

交流の特徴を知るために、可動鉄片型アンメーターのしくみを見てみました。しかしながら、アナログテスターは直流用の可動コイル型アンメーターを使っているので、交流を測定するためには整流器を使っています。

これを**整流器型電圧計**といい、前節で述べた直流電圧計に整流器を付けた構造です。整流器としては4.6節で学んだ**ダイオード**が使われますが、図5-3-3(a)のようにメーターには整流後の電流が流れて、指針が電流の平均値I_{av}を指すようになります。そして、I_{av}は交流電圧Eに比例するので、目盛から電圧を読み取れるというわけです。

実際のテスターでは、1個のダイオードではなく、図5-3-3(b)のような2個の**半波整流**、あるいは4個使った**全波整流**が用いられます。

交流は時間とともに大きさと向きが変化するので、7.10節「交流の実効値とは？」で説明するように、テスターの交流電流や交流電圧の表示は、交流の実効値です。

交流の平均値と整流回路の例（図5-3-3）

(a)半波整流の平均値

I
ダイオード
R
E
＋
電流 0
（平均値＝I_{av}）
－

(b)半波整流回路の例

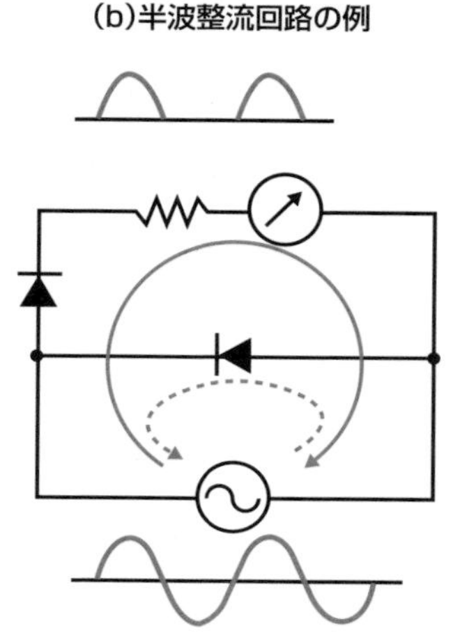

5.4 抵抗計のしくみ

Point

- 抵抗計はオームの法則を利用している。
- 抵抗を測定する前に零オーム調整をしよう。

抵抗を測るしくみ

図5-4-1の回路でスイッチをONにし、ボリュームを調整してメーターを**フルスケール**にすると、電流Iは$\frac{E}{R}$です。Rはメーターの**内部抵抗**rとボリュームの和です。

抵抗計のしくみ（図5-4-1）

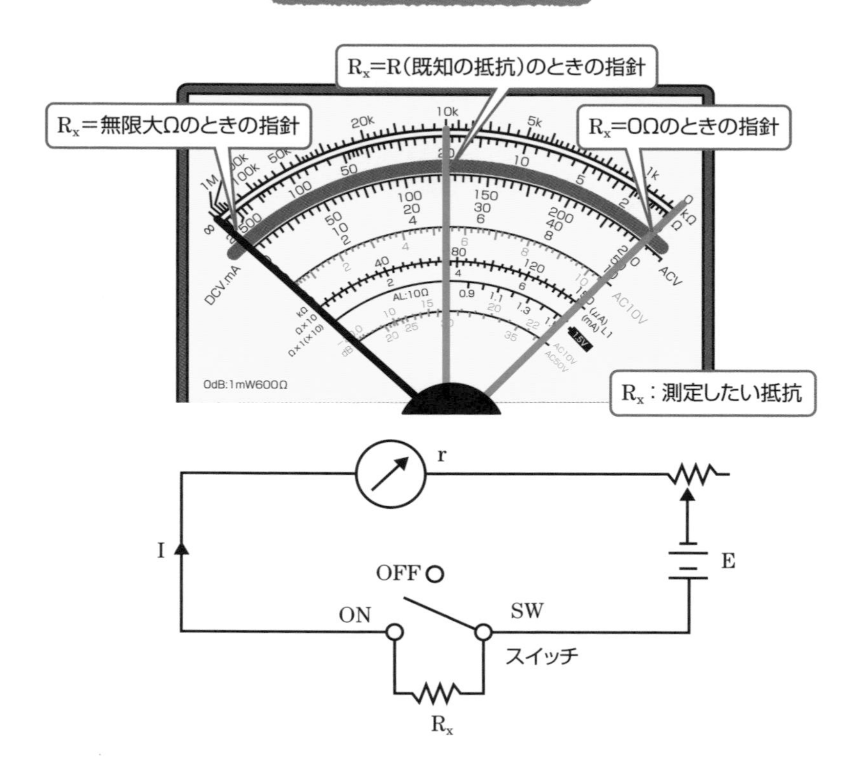

つぎに、スイッチをOFFにすると、R_xが加わり、電流はI_xに減少します。

I_xは$I_x=\dfrac{E}{R+R_x}$で求められるので、これらの式からつぎの関係が得られます。

$$R_x=R(\frac{I}{I_x}-1)$$

ここで、測りたい**抵抗**R_xを接続したときの電流計の指針が、フルスケールIの半分になったとすると、$I_x=(1/2)I$を上式に代入して、$R_x=R$となります。

このとき、R_xの値は既知の抵抗Rになるので、目盛の中央の値をRにすればよいことになります。右端はR_xが0Ω、また左端はR_xが無限大です。

このようにして途中も同様に目盛ったメーターがあれば、抵抗計になることがわかるでしょう。

零オーム調整のツマミ

7.2節「アナログメーターの零位調整」で述べるように、**測定レンジ**を**抵抗**にセットしてからテストピン同士をショートし、**零オーム調整**ツマミをゆっくり回して、指針が0Ωを指すようにセットします。

電池が消耗していると電圧が低下しているので、メーターの指針がフルスケールの位置からずれてしまいます。そこで、零オーム調整ツマミをゆっくり回して、指針が0Ωを指すようにセットします。

抵抗のレンジ（図5-4-2）

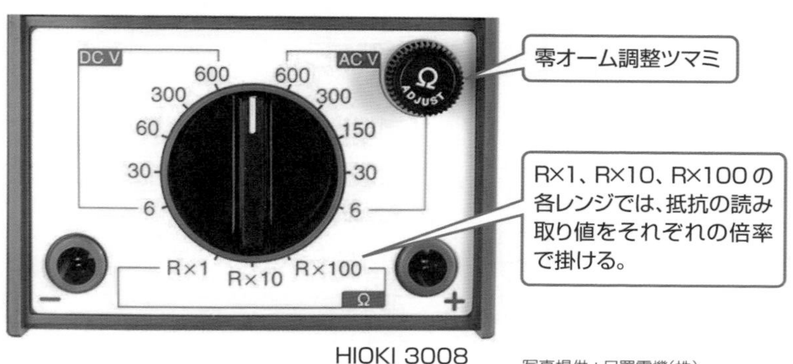

HIOKI 3008

写真提供：日置電機(株)

5.5 デジタルマルチメーターのA/D変換

Point
- A/D変換器は、アナログ量をデジタル量に変換する。
- デジタルマルチメーターではV-T型が多く使われている。

アナログ・デジタル変換器

デジタルマルチメーターの内部にあるアナログ・デジタル変換器（**A/D変換器**）は、測定した電圧や電流などの**アナログ量**を**デジタル量**に変換するために使われます。A/D変換にはいくつか方式がありますが、デジタルマルチメーターでは、図5-5-1に示すような**V-T型**（**デュアルスロープ型**）が多く使われています。

積分回路と**比較回路**（**コンパレータ**ともいわれる）は**OPアンプ**（**オペアンプ**）で、実際にはLSIになっている回路が多く使われています。

A/D変換器の構成（図5-5-1）

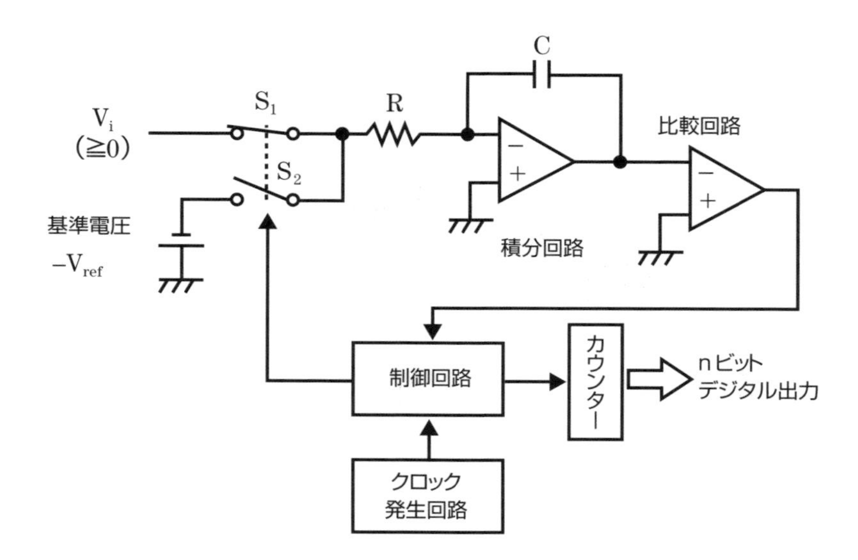

◯アナログ・デジタル変換の動作

図5-5-1で、はじめはS_1はOFF、S_2はONで、積分回路のコンデンサーCは放電されています。A/D変換をするときには、図に示されているように、制御回路からS_1をON、S_2をOFFにして、積分回路にステップ入力電圧V_iを加え、時定数（RとCの積です）の積分波形を出力します。

T_c時間後にS_1をOFF、S_2をONにして、基準電圧$-V_{ref}$をかけてコンデンサーCを放電します。図5-5-2に示すとおり、このとき同時に、制御回路のゲートを通過するクロックをカウンターに入力して、放電電圧が0Vになる時間T_pまでカウントします。

T_pはV_iに比例し、計数パルスもV_iに比例するので、図に示すように、カウンターで得たパルス数をもとに、電圧値がデジタル出力されます。

A-D変換器の動作（図5-5-2）

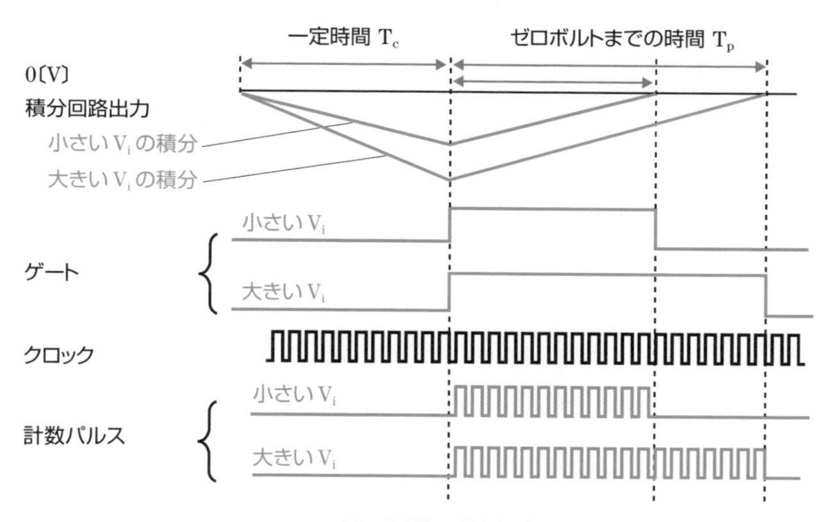

出典：谷本哲三・常深信彦『集積回路の基礎と応用』(森北出版)より。

5.6 デジタル表示のしくみ

Point

- カウンターは、2進数をBCD（2進化10進）の形で記憶する。
- デコーダーは数値を7セグメントの液晶表示器に出力する。

デコーダーとデジタル表示器

A/D変換器の**カウンター**は、**計数パルス**の電圧のH（ハイレベル）またはL（ローレベル）の2進数を、**BCD**（**2進化10進**）の形で記憶します。

デコーダーはBCDを10進に変換しますが、7セグメントの液晶表示器の7つの端子に出力することで、数値が数字の形で表示されます。

デコーダーと7セグメントの表示（図5-6-1）

10進法	デコーダー入力				デコーダー出力							表示器の表示
	D	C	B	A	a	b	c	d	e	f	g	
0	L	L	L	L	H	H	H	H	H	H	L	0
1	L	L	L	H	L	H	H	L	L	L	L	1
2	L	L	H	L	H	H	L	H	H	L	H	2
3	L	L	H	H	H	H	H	H	L	L	H	3
4	L	H	L	L	L	H	H	L	L	H	H	4
5	L	H	L	H	H	L	H	H	L	H	H	5
6	L	H	H	L	H	L	H	H	H	H	H	6
7	L	H	H	H	H	H	H	L	L	H	L	7
8	H	L	L	L	H	H	H	H	H	H	H	8
9	H	L	L	H	H	H	H	H	L	H	H	9

デコーダー出力がH（ハイレベル）のとき、該当のセグメントが点灯する

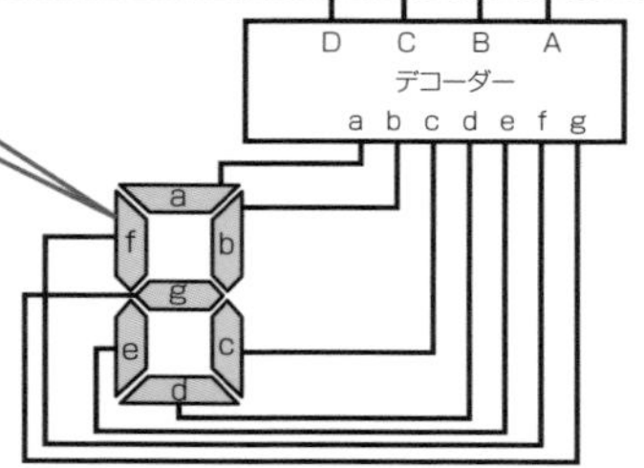

5.7 デジタルマルチメーターのしくみ

Point

- デジタル器はA/D変換器でデジタル量に変換する。
- 交流電圧や交流電流は、整流回路を通してからA/D変換する。

直流電圧の測定

アナログ器では、倍率器とアンメーターで直流電圧のレンジを調整しました。デジタル器では、図5-7-1のような**分圧器**と**A/D変換器**で直流電圧を測定します。

分圧器は、直列接続の抵抗の和が10MΩです。入力電圧E_iとA/D変換器に加える最大電圧E_0は、つぎの式が成り立ちます。

$$\frac{E_0}{E_i}=\frac{R_n}{10M}$$ （ここでR_nは、n番目のレンジのときの分圧器の抵抗）

例えばレンジが④のときは、R_n＝10kΩなので、E_0を＝0.1Vとすれば、E_iは1k×0.1V＝100Vの電圧レンジになります。

分圧器のしくみ（図5-7-1）

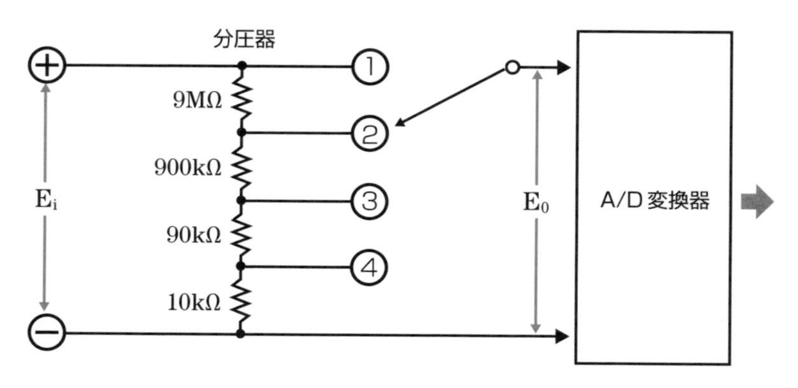

E_0を0.1Vとすれば、電圧レンジは①0.1V、②1V、③10V、④100Vとなる。

直流電流の測定

デジタル器で**直流電流**を測定するときには、図5-7-2のような**分流器**と**A/D変換器**を用いています。

A/D変換器に加える最大電圧E_0を0.1Vとすれば、分流器に流すことができる最大電流は、つぎの式で得られます。

$$I_n = \frac{E_0}{R_n}$$ (ここでR_nは、n番目のレンジのときの分流器の抵抗)

例えばレンジが②のときは、R_n＝100Ωなので、E_0を＝0.1Vとすれば、I_nは0.1V/100Ω＝0.001A＝1mAの電流レンジになります。

交流電圧の測定

デジタル器で**交流電圧**を測定するときには、図5-7-3のような**分圧器**、**整流回路**、**A/D変換器**を用いています。中央の整流回路を除けば、直流電圧を測定する回路と同じであることがわかるでしょう。

整流回路は、5.3節「交流を測るしくみ」で説明したような、ダイオード2個の半波整流回路などが使われます。

図の左に交流電圧e_iが入力されると、分圧器で交流電圧e_0になります(小文字のeは交流電圧を示す)。この交流電圧e_0は、整流回路の入力電圧となり、直流電圧E_0になり、さらにA/D変換器でデジタル信号を出力します。

交流電圧の実効値

デジタル器もアナログ器と同じように、7.10節「交流の実効値とは?」で述べる正弦波交流の実効値を表示します。したがって、一般のデジタル器では、正弦波以外の交流を測定すると正しい値にはなりません。

測定できる周波数の上限はテスターによって異なるので、取扱説明書で確認してください。

分流器のしくみ（図5-7-2）

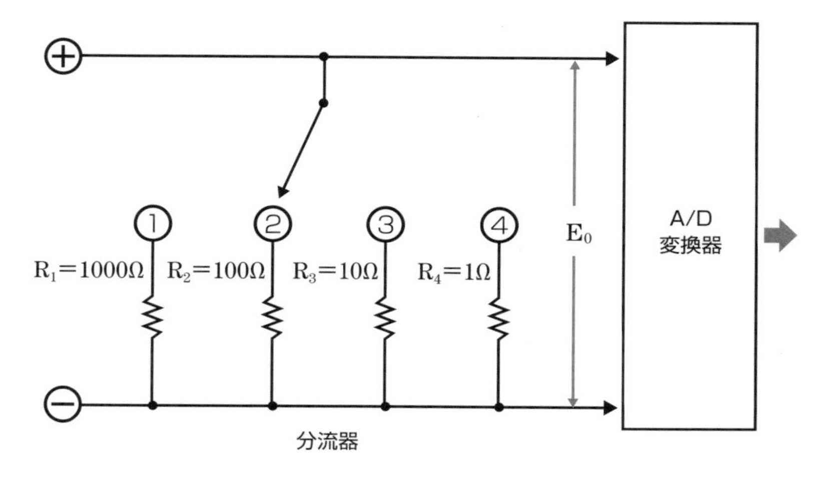

E_0 を 0.1V とすれば、電流レンジは①0.1mA、②1mA、③10mA、④100mA となる。

交流電圧を整流する（図5-7-3）

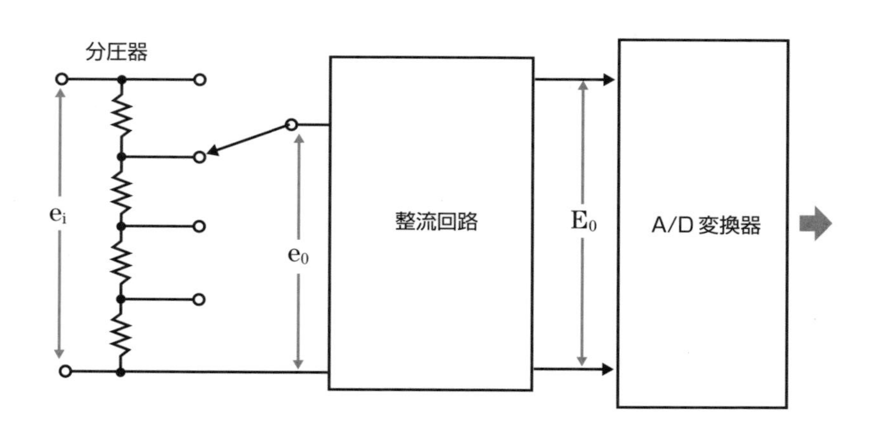

◯ 交流電流の測定

デジタル器で**交流電流**を測定するには、図5-7-4に示すように、**直流電圧測定回路**に**整流回路**が付いています。整流回路は、交流電圧と同様に、ダイオード2個の半波整流回路などが使われます。

◯ 抵抗の測定

デジタル器で**抵抗**を測定するには、つぎの式でR_xを求められます。

$$R_x = \frac{R_{sn}}{E_s} \cdot E_x$$

ここでE_sは低電圧基準電源の電圧、R_{sn}はレンジnの基準抵抗です。これらは既知の値なので、E_xを測定することで、上式からR_xを知ることができます。

交流電流の測定（図5-7-4）

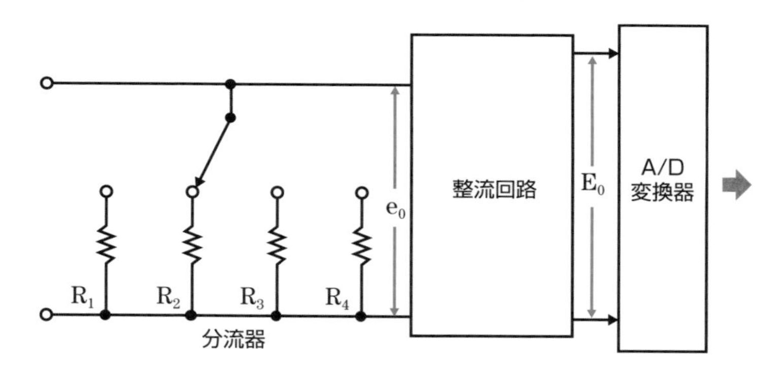

交流抵抗の測定（図5-7-5）

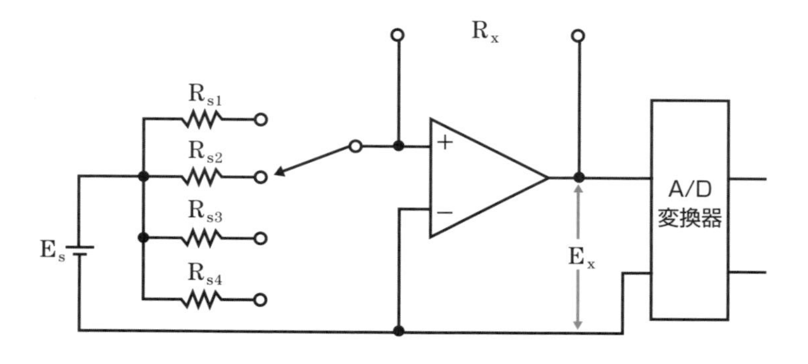

5.8 コンデンサーの測定

Point
- デジタル器は、充放電時間でコンデンサーの容量を計算している。
- アナログ器でコンデンサーの良否を調べられる。

デジタル器でコンデンサーの容量を測るしくみ

デジタル器で**コンデンサー**の**容量**を測定するには、まず基準となる電圧までコンデンサーを充電します。その電圧になったら、つぎにコンデンサーを0Vになるまで放電します。**充電時間**と**放電時間**は、コンデンサーの容量が大きいほど長いので、この時間から容量を計算しています。

アナログ器でコンデンサーの良否を調べる

アナログ器のレンジを抵抗にセットして、小容量の**コンデンサー**の両端にテストピンを当ててみます。正常なコンデンサーなら電流はほとんど流れないので、指針は振れません。しかし、もし針が大きく振れたままであれば、不良品でしょう。数十μF以上の大容量の場合は、正常なコンデンサーなら指針が振れてから戻ります。

デジタル器でのコンデンサー測定のレンジ設定例（図5-8-1）

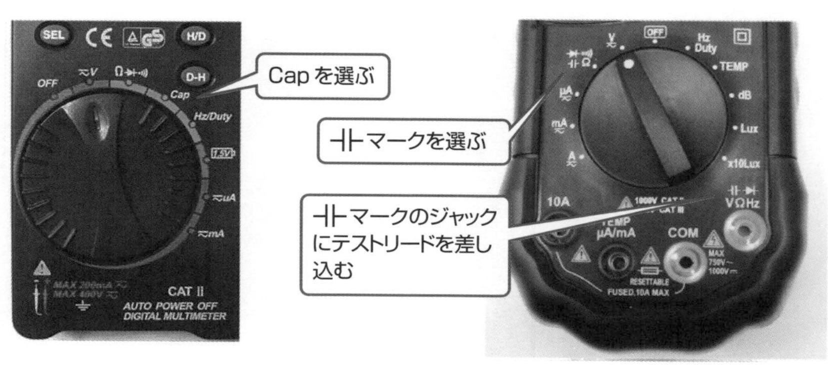

METEX P-10

MASTECH MS8229

コンデンサーは測定前に必ず放電する。ハンダごてを抵抗代わりにして、こてのプラグの両端でショートするとよい。

有効桁数と誤差

デジタル表示の桁(けた)数はテスターによって異なりますが、測定値を使うときに要求される正確さに必要な限度、すなわち有効桁数（有効数字）までで十分です。

123000と書くと、どこまでが有効数字なのかわからないので、例えば1230の4桁分が有効数字であれば、1230×10^2あるいは1.230×10^5と書きます。

このとき、電気の世界では乗ぜられる倍数に応じた接頭語を用いた表現が多く、例えば2.45×10^9Hzは2.45GHzと表記します。なお、123MHzなどと比較する場合には、接頭語をそろえて2450MHzと書くこともあります。

主な接頭語

記号	名称	単位に乗ぜられる倍数
Q	クエタ	10^{30}
R	ロナ	10^{27}
Y	ヨタ	10^{24}
Z	ゼタ	10^{21}
E	エクサ	10^{18}
P	ペタ	10^{15}
T	テラ	10^{12}
G	ギガ	10^{9}
M	メガ	10^{6}

記号	名称	単位に乗ぜられる倍数
μ	マイクロ	10^{-6}
n	ナノ	10^{-9}
p	ピコ	10^{-12}
f	フェムト	10^{-15}
a	アト	10^{-18}
z	ゼプト	10^{-21}
y	ヨクト	10^{-24}
r	ロント	10^{-27}
q	クエクト	10^{-30}

入門編

第6章

交流・高周波へのかけ橋

無線（ワイヤレス）システムやIoT機器の急速な普及で、身のまわりには高速な電気信号や電波があふれています。このため、特に電気技術者は「交流・高周波」を扱う機会が増えてきました。

テスターは主に直流の測定に用いられますが、交流電圧も測れます。また、11章で紹介するRF（高周波）電流計は数十MHzまでの高周波電流を測定できますが、通信の世界では数十GHzの電波も使われるようになってきました。

テスターのつぎは、高周波の世界に向けて旅立ちましょう！

6.1 交流と高周波

Point

- **高周波とは、周波数が高い交流の電気を指す。**
- **ハイビジョンの情報を伝えるには、高周波の電気が必要。**

どこから高周波になるのか

交流の電気は、時間とともに電圧のプラスとマイナスが変化しています。また、**高周波**とは「周波数が高い交流の電気」を指しますが、商用の配電線で使われている50または60Hz（ヘルツ）も、高周波として扱われることがあります。つまり、「何Hz以上」といった明確な決まりはありません。商用の交流電気は、1886（明治19）年に東京電灯会社が開業して以来、1秒間に50回または60回のゆっくりした変動です。しかし、現代のパソコンの電気はGHz（ギガヘルツ）つまり1秒間に10億のオーダーで振動しており、想像の域をはるかに超えてしまいました。

2Kハイビジョンから8Kへ

ハイビジョン放送（**2K**）は、**8K**では画素数が16倍になり、1秒間の変化（すなわち周波数）はパソコン並みとなっています。電気の変化として1秒間に詰め込んで伝えなければならない情報が10の9乗以上になるので、まさに高周波（＝高い周波数）の信号をコントロールする特別な技術が必要なのです。

一定の周期T〔秒〕で繰り返す信号の周波数〔Hz〕には、図6-1-1のような関係があるので、この式から、高周波信号の特徴をよく考えてみましょう。

周期と周波数の関係（図6-1-1）

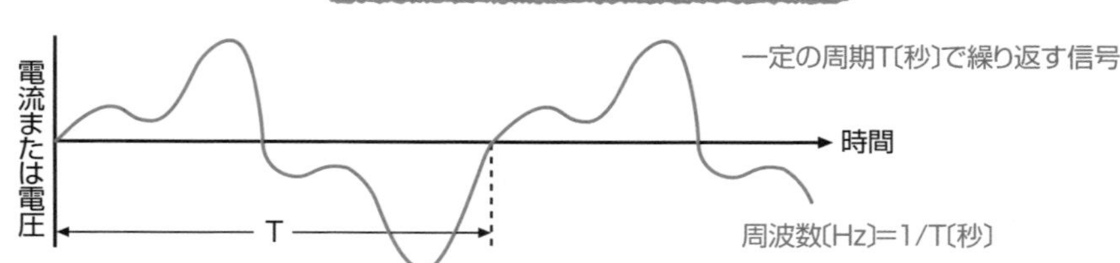

6.2 電気は「仕事」をする

Point
- 電力は、電気が単位時間あたりにする仕事量。
- 電波は空間を介した先で仕事をする。

電気の仕事とは

1.5節で述べたように、電気回路は電源・線路・負荷の3つで構成されます。LED電球などの照明器具は負荷の代表例ですが、電気エネルギーは光や熱に変換されるとも考えられます。**電力**は「電気が単位時間あたりにする仕事量」ですが、明るくしたり暖めたりといった具体的な「仕事」で、働きぶり（?）を理解できます。

人間が仕事をするためには、食事によってカロリーを摂取する必要があります。一方、電気エネルギーとカロリーにはつぎの関係があります。

1W·s（ワット秒）≒0.239cal（カロリー）

高周波の電気の仕事

豆電球は乾電池から流れる直流電流による仕事で点灯し、家庭の照明は交流電流が仕事をします。また、放送塔から放射される地デジの**電波**（高周波の電気エネルギー）は空間を伝わり、テレビ受像機で「仕事」をしているとも解釈できます。

電子乗車券や電子マネーなどの非接触型の**ICカード**（**RFIDタグ**とも呼ばれる）では、リーダーライターで発生する磁界（磁力線）がタグを貫通すると、ファラデーの電磁誘導（4.5節）によって起電力が発生します。ICはこの交流を検波して、動作に必要な電圧を得ています（図6-2-1）。

電磁誘導方式のICカード（RFIDタグ）システム（図6-2-1）

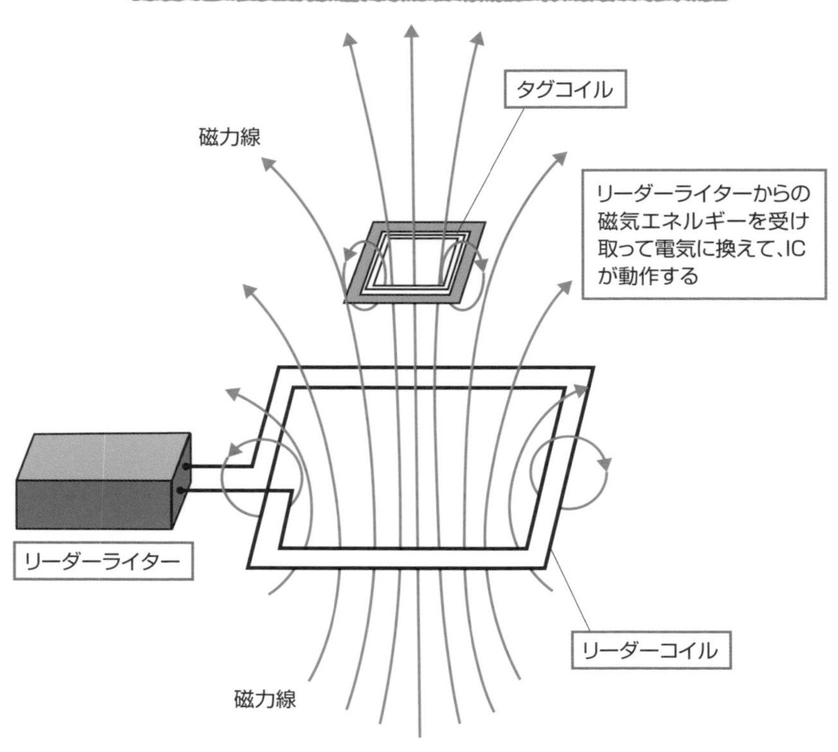

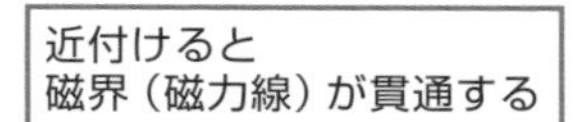

by　Helen Cook

6.3 配線の影響とは

Point

- 開発途中の高周波回路は不具合が発生しやすい。
- 高周波の信号はクロストークが起きやすい。

高周波は手ごわい？

パソコンの性能が急速に向上し始めた1990年代、「回路の結線はすべて正しいのに、まったく動作しなくなってしまった」という不具合が、開発中の試作基板で多発しました。

デジタルコンピューターは、扱うデータのひとかたまりが4ビットや8ビットから始まって、16、32、64ビットへと進化しました。それに伴って配線の数も増え、互いに接近することになり、「電気エネルギーの一部が別の線路に飛び移る」ことも多くなりました。これを**クロストーク**（漏話、混線）と呼んでおり、**ネットワークアナライザー**という測定器で、その大きさを計測・評価できます。

クロストークの事例とネットワークアナライザー（図6-3-1）

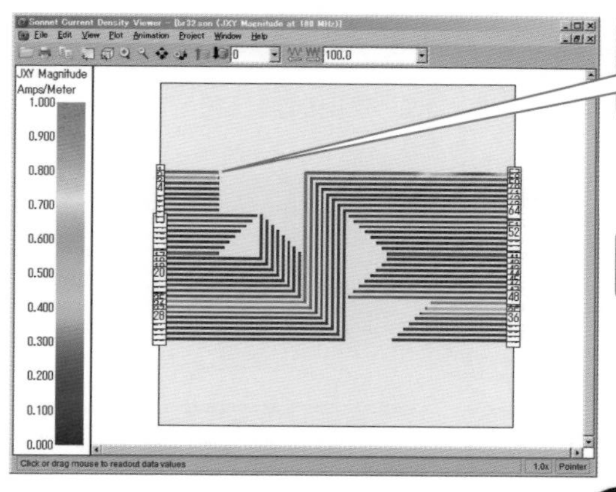

左上の線路の信号は隣りに漏れている（電磁界シミュレータSONNETによる事例）

ネットワークアナライザーの例（アンリツ製）

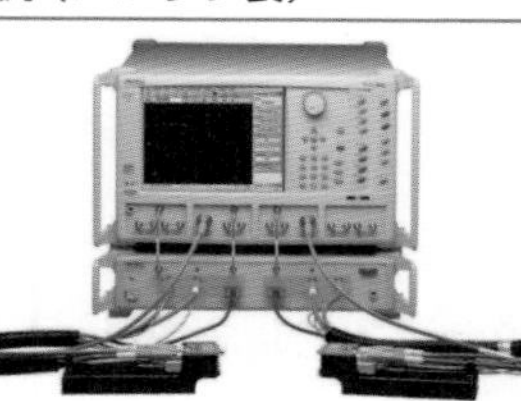

6.4 お行儀のよい電気・わるい電気

Point

- 導体内の電子が移動する速度は、人の歩く速度よりも遅い。
- 電気の「情報」が空間を伝わる速度は光速に等しい。
- 電界と磁界は配線をガイドとして進む。

電子の移動速度は遅い？

私たちは、「**電流**は配線の金属内にある自由電子によるものである」と学びます。電子は導線内で動き出すと加速されますが、すぐに金属内の原子に衝突してしまいます。走っては止まりという繰り返しで、1個1個の電子が実際に移動する速度は、人の歩く速度よりも遅いのです（例えば銀の導線1cmに1Vの電圧を加えたときに移動する電子の速度は、1秒間に約67cm)。しかし、瞬時にテスターで値が読めるのは日ごろ経験しているとおりで、仮に1mのテストリードで測っても、1秒かかることはありません。

配線は電気のガイドである

実は、もっと長い配線の先にある電球でも瞬時に点灯します。電池から導線に新たに入った電子は、導線内に元からあった電子を隣りへ隣りへと押し出すようにして、あたかも一瞬のうちに電球まで移動したように見えるわけですが、その「情報」が伝わる速度は、自由空間に置かれた線路では、光速（電波の速度）に等しいのです。

ファラデーが決めた電流の向きと電子の流れ（図6-4-1）

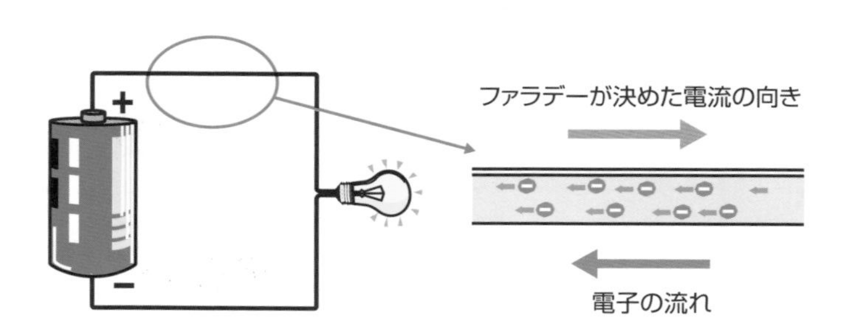

配線は電気のガイドである

配線に電圧を加えると電流が流れますが、このとき空間に広がる電位（5.2節）を計算すると、図6-4-2(a)のような結果が得られます。空間の電位の勾配を**電界**（**電場**）といいますが、それを小さい円錐形の向きと大きさで表しています。

また、同図(b)は**磁界**（**磁場**）の様子で、電流が流れるまわりにループ（環）状に見える無数の円錐をつなげると、磁力線（4章）をイメージできます。

配線まわりの空間には電界（電気的エネルギー分布）と磁界（磁気的エネルギー分布）が広がりますが、このまま負荷に入るので、「お行儀のよい電気」（？）といえるでしょう。つまり、配線は電力を伝えるためのガイドの線ともいえるわけです。

配線に電圧Vを加え、電流Iが流れれば、これらを掛けた電力Pが負荷に運ばれます。一方、「電圧Vによって分布する電界と、電流Iによって分布する磁界とを掛けた電力が負荷へ向かう」という考え方も、同じ現象を説明しているのです。

状況によっては、途中でガイドを離れて空間へ旅立つ「お行儀の悪い電気」もありますが、その場合、線路に相当するのは「空間という名の線路」なのです。

配線まわりの空間に分布する電界と磁界（図6-4-2）

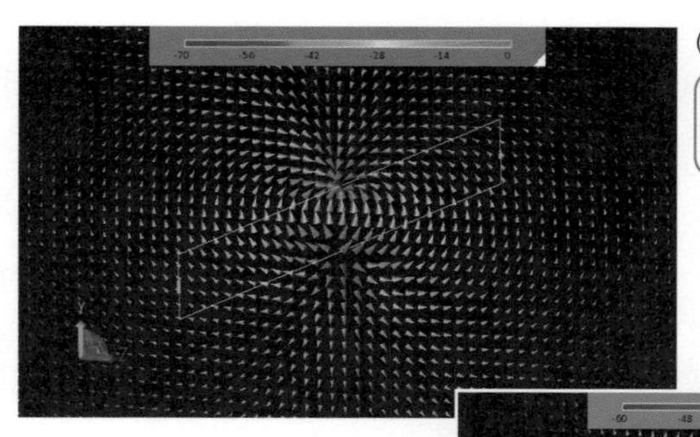

(a) 配線まわりの電界

小さい円錐形の向きと大きさで電界を表している（50Hz）

(b) 配線まわりの磁界

小さい円錐形の向きと大きさで磁界を表している（50Hz）

6.5 電気と磁気について

Point

- 電気の正体は電荷。電荷の正体は電子（素粒子の1つ）。
- 磁気は電流（電子の移動）のまわりに発生する。
- 変化する磁界は電界を生み、変化する電界は磁界を生む。

電気の正体は？

2600年ほど前にギリシアの哲学者**タレス**（紀元前624～前546年ごろ）は、毛皮で琥珀（こはく）をこすって羽毛を引き付ける実験を行ったのだそうです。しかし、摩擦電気（静電気）はその後長い間活用されず、実験で扱われるようになったのはようやく18世紀になってからです。

フランスの技師クーロン（1736～1806年）は、電気の量と力の関係を式にまとめました。この式は、電気量が「力」というはっきりした量として測定できることを意味しており、電気量（または電荷）の単位は、彼の苗字にちなんでC（**クーロン**）と定められました。また、電荷の正体は電子（素粒子の1つ）ですが、発見したイギリスの物理学者J. J. トムソン（1856～1940年）は、1906年にノーベル物理学賞を受賞しました。

磁気の正体は？

1600年ごろ、イギリスの医師・物理学者**ウィリアム・ギルバート**（1544～1603年）は、磁針が北を指すのは「地球が磁石になっているから」との結論に達しました。千葉県市原市にある「地球磁場逆転期の地層」は、約77万年前に地球磁場のN極とS極が逆転していた痕跡ですが、地球磁場（地磁気）の原因は完全には明らかになっていません（1950年代にはダイナモ理論が登場した）。

「電磁石」は小学校の理科の実験で作りますが、「コイルに流れる電流が磁力を生む」と学びます。**ファラデー**は、逆に「コイルと磁石で電気が発生する」ことを発見したのでした（4.5節）。それまで、電気と磁気は同質のものとする論と異質とする論が争っていましたが、18世紀から19世紀にかけて、ようやく電気と磁気の関連性が解明されたのです。

変化する電気と磁気は互いに伴っている？

ファラデーの発見をもとに、イギリスの物理学者**J. C. マクスウェル**（1831～1879年）は、「電流によって電線のまわりに磁界が生じる」ときに、電流が流れる電線を切り開いて、そこに平行平板コンデンサーを接続したらどうなるか考えました（図6-5-1〈左〉）。直流の場合、極板の間は空間で電子の移動はないので電流は流れません。しかし交流の場合は電流が流れるので、磁界がコンデンサーの部分だけ途切れていることになり不自然です。そこで彼は、極板間にも電流と同じように磁界が発生する、と考えたのです（図6-5-1〈右〉）。

何もない電極間にも「磁界を発生させる何か」がある。電流が流れている間、コンデンサー内では電極にたまる電荷が変化しています。そして、電荷がたまるにつれてクーロンの発見した力が強くなり、電界の強さが変化します。つまり、「何か」とは「**電界**（電気力線）**の変化**」でした。

このことから、磁界が発生するのは電流のまわりだけではなく、「変化する電界」のまわりにも磁界が発生することがわかったのです。これは電界と磁界の波（電磁波）が発生することを予言した瞬間ですが、彼が計算したその速度は光のそれと一致したので、「光は電磁波の一種」と考えられるようになりました。

マクスウェルの思考実験（図6-5-1）

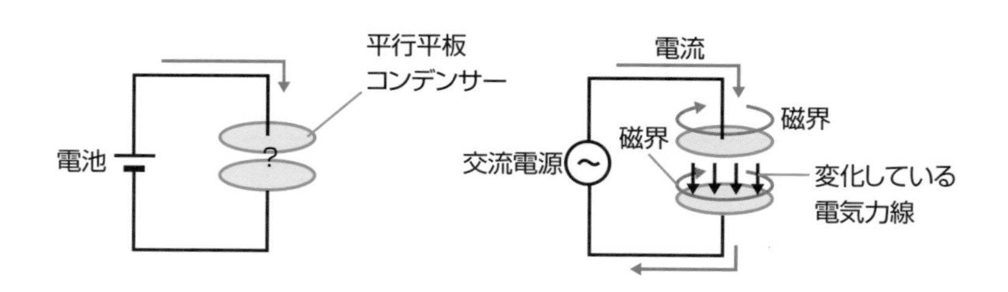

1. 直流電源では、電線を切り開いて平行平板コンデンサーを接続すると電流は流れない（左図）。
2. 交流電源では電流が流れるので、極板間にも磁界が発生すると考えた（右図）。
3. 変化する磁界は電界を生み、変化する電界は磁界を生む。

6.6 電気から電波へ

Point

- マクスウェルが予言した電磁波はヘルツが実証した。
- 身のまわりの空間は、電波が充満する「電磁環境」ともいわれる。

電気はついに空間へ旅立つのか？

マクスウェルが予言した**電磁波**（**電波**）は、ドイツの物理学者**ハインリッヒ・ヘルツ**（1857〜1894年）の実験装置で実証されました。ギャップを設けた小さな金属球に、誘導コイルの2次側にできる高い電圧を加えると、火花が発生します。この放電によって発生した高周波は、さらに導線を伸ばした先の金属球体に達し、マクスウェルの思考実験で使われた平行平板コンデンサーと同じ役割を果たして、空間に電波が旅立つ、というしくみです。

この装置は**ヘルツの電波送波装置**ともいわれますが、今日の送信機とアンテナに当たります。さらに1900年ごろには、両端の球体が取り除かれた単なる金属棒であっても電波を放射することがわかり、その後の変遷を経て今日のアンテナに至っています。

電波はお行儀の悪い電気なのか？

マクスウェルからヘルツへのリレーによって、私たちは電波を操る術を手に入れました。その後、多くの先人たちの努力で、ラジオやテレビ、ケータイ、スマホと、当たり前のように電波の恩恵を受けています。いまでは空気のような存在になってしまいましたが、電波（電磁波）の不思議はいや増すばかりです。

IoT機器や5Gの通信には電波が不可欠で、地球上の空間は電波が充満する「電磁環境」ともいわれるようになりました。電子機器から勢い余って飛び出す電気（ノイズ）はお行儀の悪い電気かもしれませんが、それが通信に使われれば「よい電気」です。一方で、電子回路に飛び込んで妨害するのは「悪い電気」なので、電気を扱う皆さんは、これから両方の電気（電波）とお友達になる必要があるでしょう。

悪化する電磁環境

明治時代の逓信省電気試験所で、アメリカ初の放送局KDKAの電波を鉱石ラジオで受信した、という記録があるそうです。昔は空間のノイズが極めて少なかったため、アメリカの中波放送が受信できたのでしょう。ノイズだらけの現代ではとても再現できません。

身のまわりで影響を受ける「電気が原因のノイズ」は、その発生源がさまざまです。火花放電である雷のような自然現象、高圧送電線のコロナ放電のように自然に発生するもののほか、例えば電気機器の部品であるインバーターからも、空間へ向けてノイズが放出されます。

インバーターエアコンは、モーターの回転数を細かくコントロールすることで消費電力を低減できます。また太陽光発電装置では、発生した電気をバッテリーにためて（直流）、インバーターを使って100Vの交流に変換しています。

インバーター回路では、非常に短い時間でプラスとマイナスの極性を替える「スイッチング」を行います。間隔が短いほど広い周波数帯にわたるノイズが発生しますが、長い配線がアンテナのように働くと、空間へ電磁波ノイズが放射されます。

遠方まで届くと、防災無線や船舶無線などの業務に妨害を与えることにつながります。出荷基準を明確にして、ますます悪化する電磁環境を守る取り組みが望まれています。

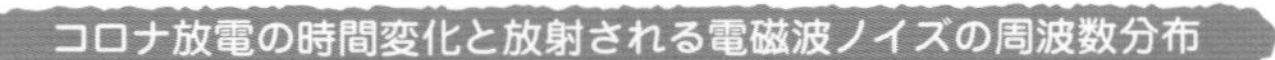

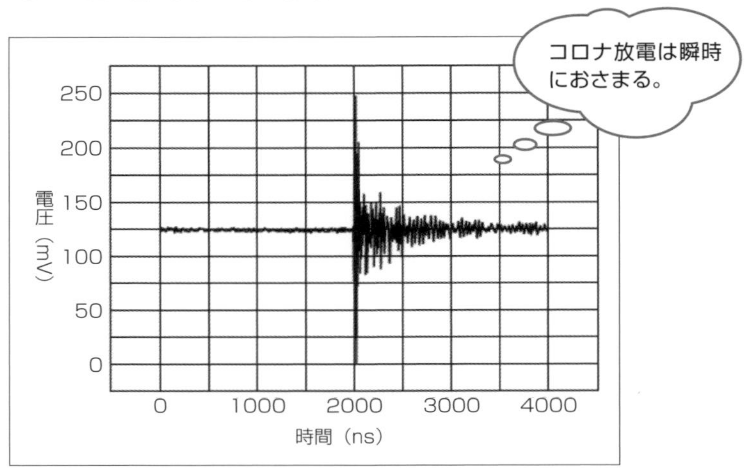

ノイズ源の時間変化（コロナ放電）

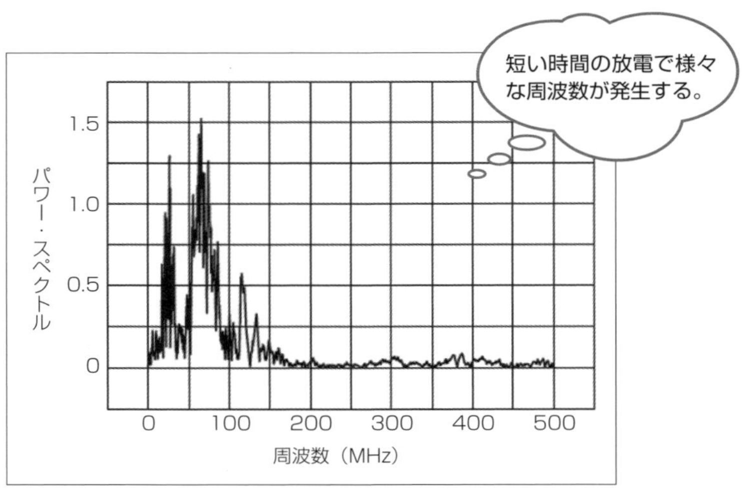

コロナ放電による放射電磁波をフーリエ変換したグラフ

実践編

第7章

いよいよテスターを使おう！

いよいよテスターを使ってみることにしましょう。アナログ器でもデジタル器でも、赤と黒のテスト棒を使って測定します。手始めに身近な乾電池の電圧を測ってみましょう。

電気には、乾電池のような直流と、家庭のコンセントに来ている100Vのような交流の2種類があります。アナログ器ではそれぞれのファンクションを選ぶ必要がありますが、デジタル器の場合は通常、自動的に切り替わります。

電流の測定には注意しましょう。誤ってヒューズを飛ばすことがよくあるので、テスターの安全な使い方についてもまとめています。

7.1 テスト棒を接続しよう

Point
- 赤と黒のテスト棒をテスター本体に差し込む。
- テストリードが本体から外れないタイプもある。
- ワニグチクリップの付いたアダプターがあると便利。

テスト棒とワニグチクリップ

アナログ器もデジタル器も、赤と黒の**テスト棒**（**プローブ**）をテスター本体に差し込みます。安価な機種や携帯用の機種の中には、テスト棒の配線ケーブルが本体から外れないタイプもあります。先端の金属棒はテストピンとも呼ばれ、テスト棒の配線ケーブルをテストリードとも呼んでいます。

テスト棒のほかに、**ワニグチクリップ**の付いたアダプターがあると便利です。これは、006Pタイプの乾電池や車のバッテリーの電圧を測るときなどに、端子をはさんでおけるクリップです。

テスト棒とワニグチクリップ（図7-1-1）

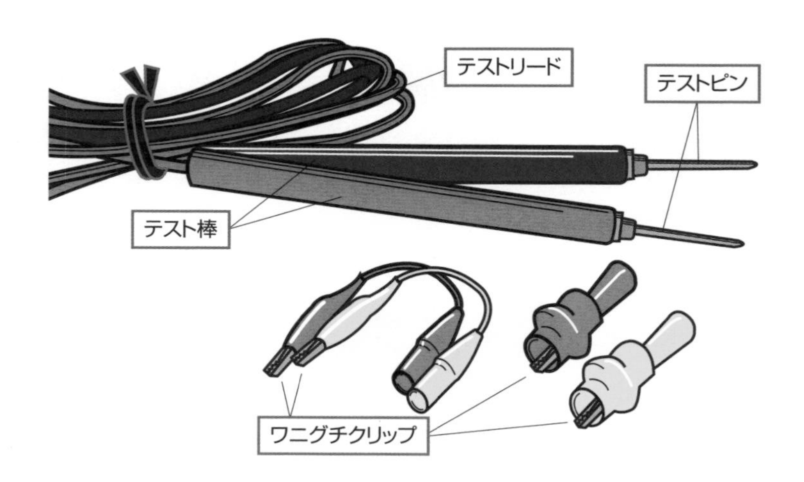

7.2 アナログメーターの零位調整

Point
- 測定の前にアナログメーターの零位調整をしよう。
- 零位調整器のネジは、破損しないようにゆっくり回す。
- 抵抗を測る前に零オーム調整をしよう。

測定の前にアナログメーターの零位調整をしよう

アナログ器では、測定の前にメーター指針を目盛の左端の0(零) 位置に合わせます。表示部の下側中央にあるネジをゆっくり回すと、その方向に応じて指針がゆっくり動きます。

このネジは**零位調整器**と呼ばれていますが、アナログメーターの可動部につながっているので、回しすぎて壊さないように気を付けてください。また、ネジはプラスチック製のものが多いので、破損しないように扱いましょう。

アナログメーターの零位調整（図7-2-1）

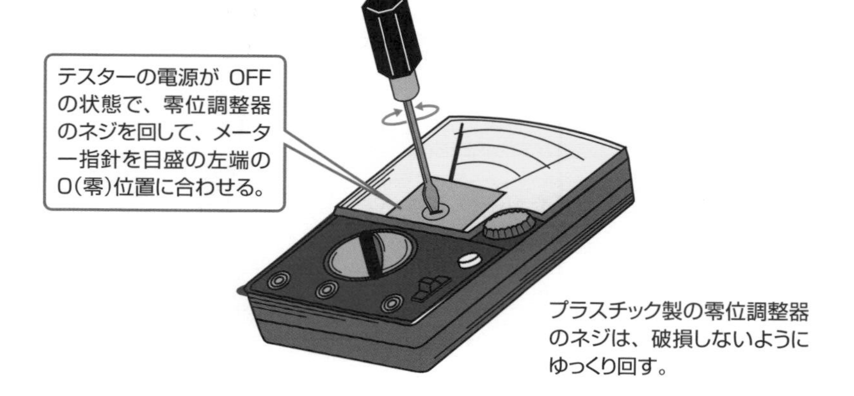

◯ 抵抗を測る前に零オーム調整をしよう

アナログ器で**抵抗**を測るときには、測定レンジを抵抗にセットしてから、テストピン同士を当ててショートします。この状態では抵抗が0Ωなので、零オーム調整ツマミをゆっくり回して、指針が0Ωを指すようにセットします。

アナログ器では、抵抗のレンジが×1、×10、×100、×1kΩ、×10kΩなど、複数あります。実際に1つのレンジで零オーム調整を行ってみると、つぎに別のレンジに移ったときに、0Ωの指示がわずかにずれている場合があります。

そのため、**零オーム調整**はレンジが変わるたびに行う必要があるわけですが、ふだんよく使うレンジで調整しておけば、レンジが変わったときに再調整するだけで済みます。とはいえ、指針のズレは内蔵電池の残量の変化によって生じるので、長時間使っていない場合は、念のために零オーム調整をするように心がけてください。

零オーム調整（図7-2-2）

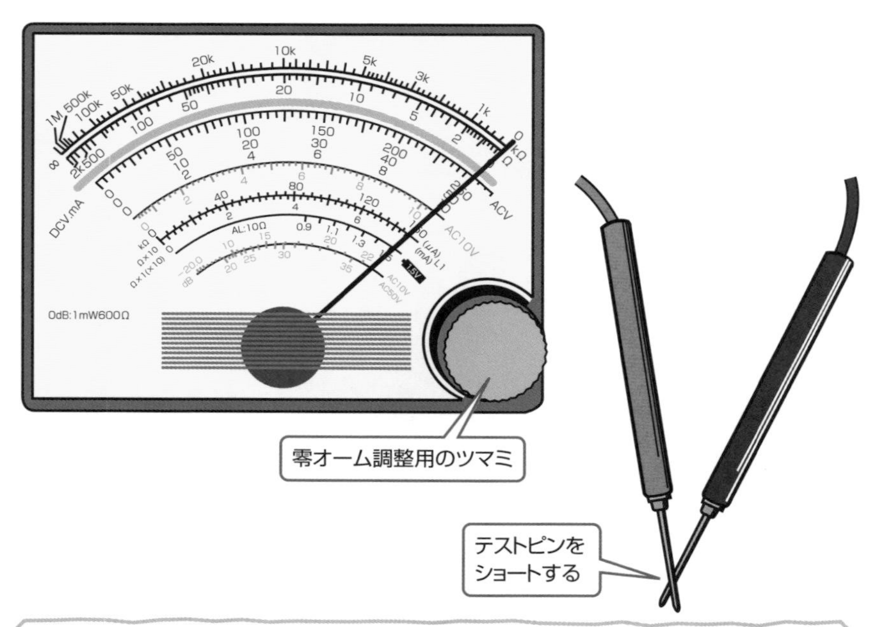

ワンポイント 零オーム調整用のツマミを回しても指針が0Ωを指さないときは、電池切れなので、内蔵の電池を交換する。

7.3 乾電池の消耗を調べよう

Point

●乾電池の消耗度合いを調べるには、負荷抵抗を付けて電圧を測定する。

乾電池の放電カーブ

1.4節で電池チェッカーについて述べました。テスターでも乾電池の電圧を測ることはできますが、直流電圧のファンクションでマンガン電池やアルカリ電池の寿命を調べるためには、電池に**負荷抵抗**をかけて測る必要があります。

マンガン電池やアルカリ電池は、使用した時間と電池の電圧の間に図7-3-1のような関係があります。このような、乾電池の消耗特性を表す線を「**放電カーブ**」と呼んでいます。この例では、乾電池を10Ωの負荷抵抗につないだときに得た電圧の時間変化をグラフにしています。電池チェッカーは、内部の負荷抵抗をつないだときの電圧値を表示して、この放電カーブの電圧値から、消耗の度合いを推定しているというわけです。

乾電池の使用時間と電圧の関係（例）（図7-3-1）

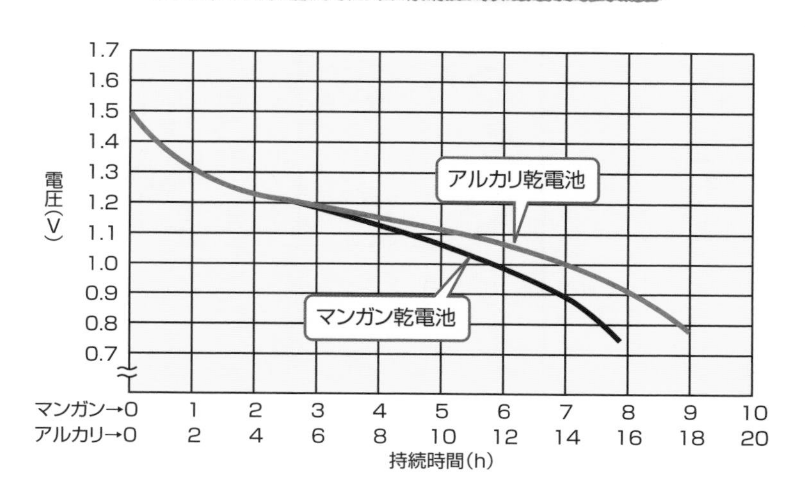

テスターで乾電池の消耗を調べてみよう

テスターで**乾電池の消耗**の度合いを調べるためには、図7-3-2（左）のように、電池に負荷抵抗をつなぎます。こうすることで、電池が実際に使われている状態を再現し、電流が流れているときの**電池の端子電圧**を測っていることになります。

実は、電池の内部にも電池自身の抵抗（これを**内部抵抗**と呼ぶ）があって、これは電池を使えば使うほど大きくなります。そのため、実際に電池を使っているときには、この内部抵抗にかかる電圧分が低下した端子電圧になってしまいます。

また、電池が消耗して内部抵抗が大きくなっていても、負荷を付けずに電流を流した場合には内部抵抗による電圧降下はないので、負荷を付けないでテスターで電圧を測っても、電池の消耗度合いはわからないというわけです。

テスターで乾電池の消耗度合いを調べる（図7-3-2）

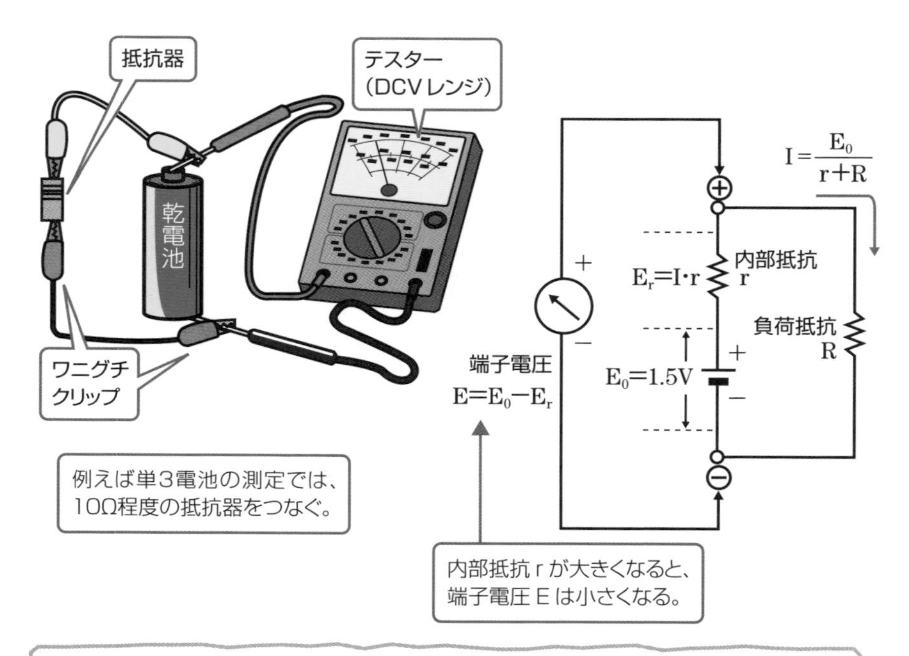

負荷抵抗の値は、調べる電池によって異なる。ある電池チェッカーでは負荷抵抗として、単1と単２で 2Ω、単３で 4Ω、単4と単5で 10Ω、006P で 300Ωを使っている。

7.4 乾電池の種類による違い

Point

●ニカド電池の消耗は、負荷抵抗を付けて測っても推定できない。

◯ 006P マンガン電池の放電カーブ

006Pマンガン電池の消耗を測定した例があります（参考：丹羽一夫著『電池の使いこなしテクニック』〈日本放送出版協会〉）。負荷抵抗は330Ωで、図7-4-1（左）のようにテスター2台を使って、直流電圧と直流電流を測定しています。

安全に放電を行える放電電圧の最低値を「**放電終止電圧**」といいます。つまり、この値になったら寿命が尽きたというわけですが、006Pの場合、これを5.4Vとすれば、持続時間は同図（右）のグラフから約5時間半と読めます。

006P マンガン乾電池の使用時間と電圧の関係（図7-4-1）

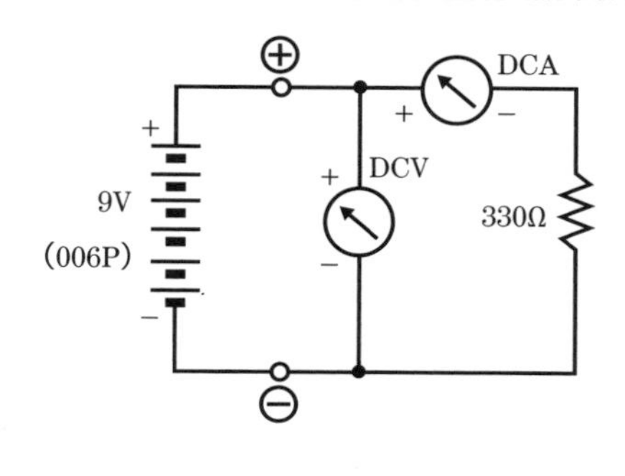

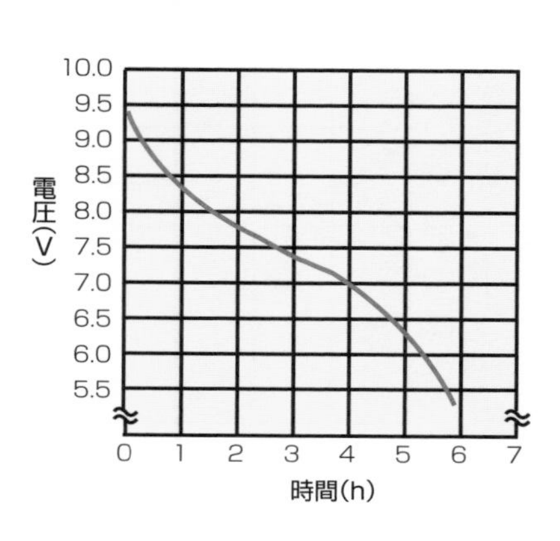

ニカド電池の放電カーブ

ニッケルカドミウム電池は、一般に**ニカド電池**あるいは**ニッカド電池**と呼ばれています。蓄えられる電気の量が大きいので、電動歯ブラシやシェーバーに使われていますが、使えなくなるときが突然来るのを経験しているでしょう。

ニカド電池の**放電カーブ**の特徴は、電圧が安定した状態が長く続き、あるとき突然、電圧降下が始まる——という点でしょう。マンガン電池の内部抵抗は時間とともに大きくなりますが、ニカド電池ではほとんど変わらず小さい値が続くので、大きい電流が得られるのです。この放電カーブのために、ニカド電池はマンガン電池とは違って、「負荷抵抗を付けてテスターで測定した電圧値から、電池があとどれくらいもつのかを予測する」ことができません。

カドミウムは人体に有害なので、代わりに、電極にニッケルと水素吸蔵合金を使った**ニッケル水素電池**が広く使われるようになりました。放電カーブの特徴はニカド電池に似ています。

ニカド電池、ニッケル水素電池の使用時間と電圧の関係（例）（図7-4-2）

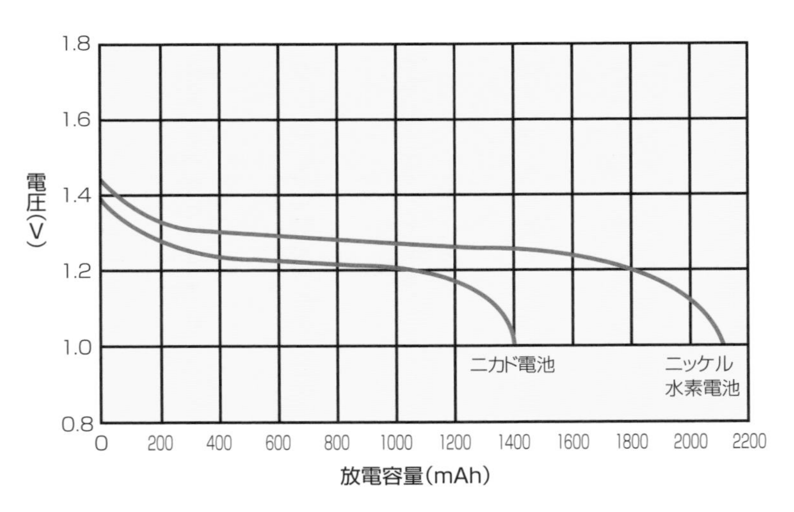

横軸の放電容量（mAh）は、放電時の電流（消費電流）と終止電圧に達するまでの時間の積を表す。

7.5 リード棒の持ち方は？

Point

●ボタン電池は、赤のテストピンの上にプラス極を乗せて、黒のテストピンでマイナス極の中央を押さえて測る。

乾電池の電圧を測るとき

ニカド電池やニッケル水素電池の電圧測定では、まずテスターのファンクションを**DCV（直流電圧）**にセットします。つぎに、テスト棒の赤を左手、黒を右手で持ち、図7-5-1（左上）に示すように、左側のプラス極と右側のマイナス極の端子に、テストピンの先端を当てます。

このとき、他の人に電池を押さえてもらうと測りやすいのですが、ひとりで測るときには左右のテストピンの先を同じくらいの力で、バランスをとって押さえるとよいでしょう。

また、**アルカリボタン電池**の**LR43**や、ボタン形の**リチウム電池CR2032**は、平らな面に＋の刻印があるので、この面を赤のテストピンの上に乗せて、黒のテストピンでマイナス極の中央を押さえて測るのがコツです。

電池の電圧を測るコツ（図7-5-1）

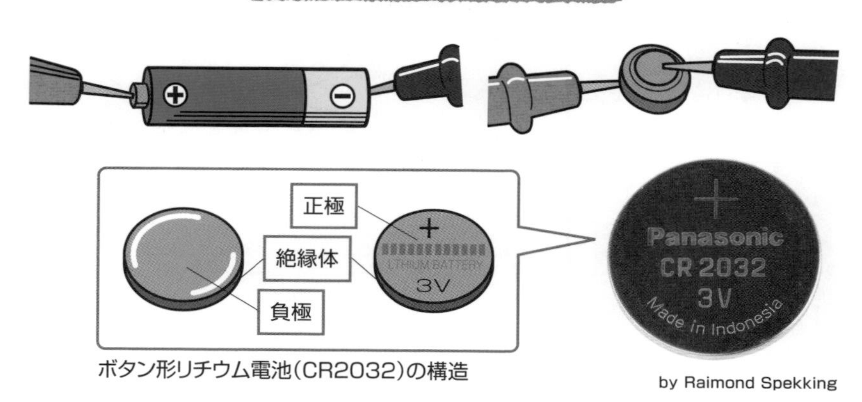

ボタン形リチウム電池（CR2032）の構造

by Raimond Spekking

7.6 ワニグチクリップの使い方

Point

●006Pタイプの乾電池の端子にワニグチクリップをはさんで測定すると便利。

乾電池の電圧を測るとき

テスト棒の代わりになる、**ワニグチクリップ**の付いたアダプターが発売されています。また、両端にワニグチクリップや**ミノムシクリップ**（クリップ部に被覆のついたワニグチクリップ）が付いたカラーコードを持っていると、片側をテスト棒にはさんで使えるので便利です。

006Pタイプの乾電池の端子にワニグチクリップをはさむ（図7-6-1）

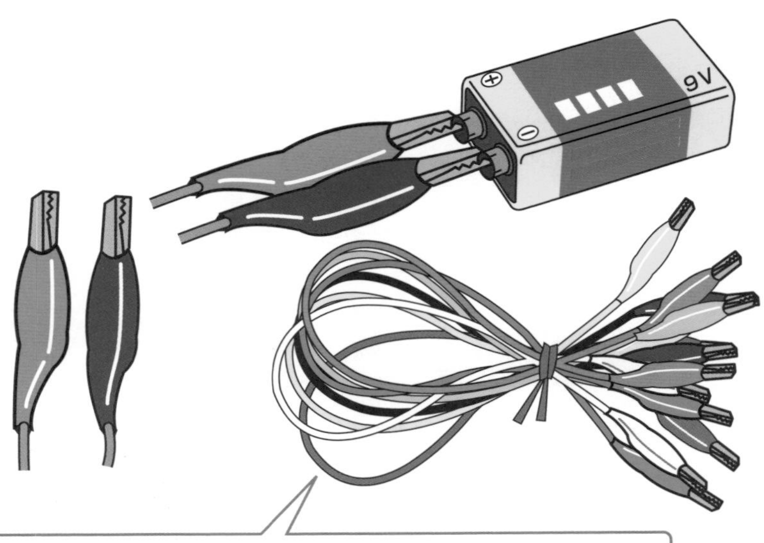

ワニグチクリップやミノムシクリップの付いたカラーコードは、マルツパーツ館(https://www.marutsu.co.jp/)などの、通販サイトでも購入できる。

7.7 測定値の読み方

Point

- アナログ器は水平に置くかスタンドを立てて使う。
- 指針の真上から目盛を読み取る。
- ファンクションとレンジに応じて、読んだ数値を加工する。

テスターの置き方と指針の見方

アナログ器は、一般に水平に置いて使いますが、背面にスタンドが付いている機種では、図7-7-1（左）のように立てて使うこともできます。

零位調整（7.2節）および測定の際には、指針の真上から目盛を読み取ります。機種によっては、針が映る帯状の鏡が付いています。映った針が見えていれば「斜めからのぞいている」ということなので、映った針が実物の針と重なって見えなくなるように、真上からのぞいて目盛を読みます。

スタンドを立てた場合は、斜めに見下ろすようにして、やはり指針の真上で読み取ってください。

テスターの置き方と指針の見方（図7-7-1）

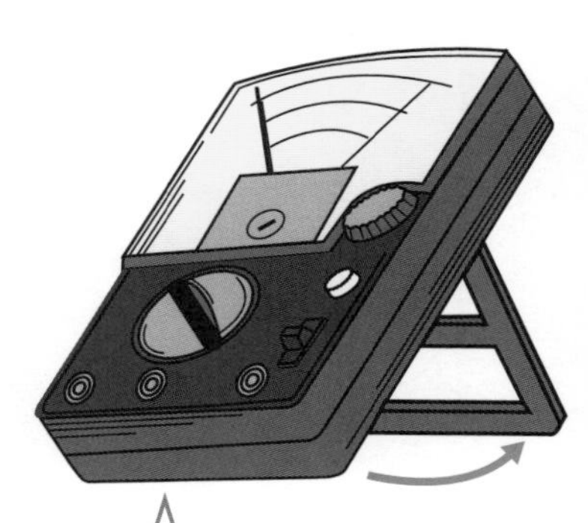

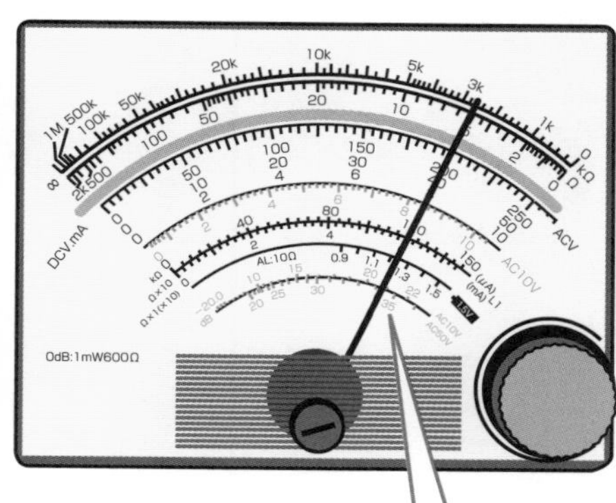

指針が示す値の読み取り方

アナログ器の測定値は、ロータリースイッチで設定したレンジに応じた**目盛**を読む必要があります。下図の例で、ファンクションが「Ω」、レンジが「×10」のときは、①の目盛「89」を10倍した「890Ω」と読み取れます。

指針が示す値の読み取り方（図7-7-2）

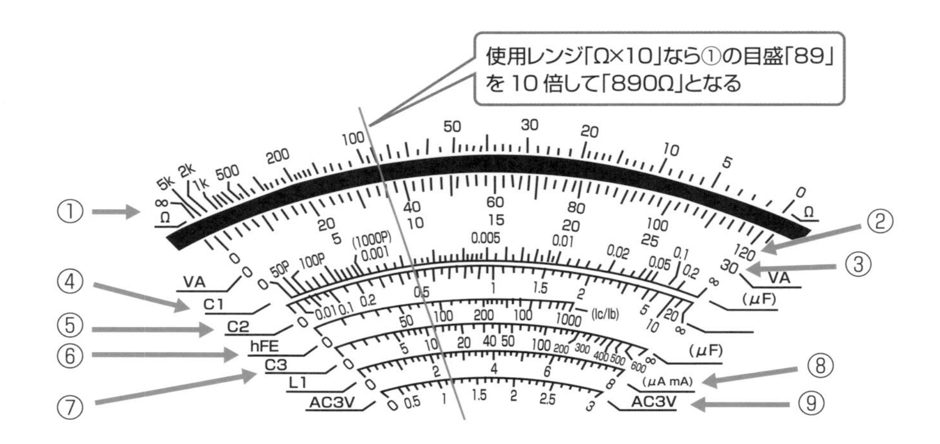

	使用レンジ	読み取り倍率
①	Ω×10k	×10k
	Ω×1k	×1k
	Ω×100	×100
	Ω×10	×10
	Ω×1	×1
②	DCV1000	×10
	DCV120	×1
	DCV12	×0.1
	DCV120m	×1
	ACV750	×10
	ACV120	×1
	ACV12	×0.1

	使用レンジ	読み取り倍率
③	DCV300	×10
	DCV30	×1
	DCV3	×0.1
	ACV300	×10
	ACV30	×1
	DCmA30μ	×1
	DCmA0.3	×0.01
	DCmA3	×0.1
	DCmA30	×1
	DCmA0.3A	×0.01

	使用レンジ	読み取り倍率
④	C1	×1
⑤	C2	×1
⑥	hFE	×1
⑦	C3	×1
⑧	80mA	×10
	8mA	×1
	800μA	×100
	80μA	×10
⑨	ACV3	×1

出典：sanwa CX506a取扱説明書より

7.8 電圧は並列で測る

Point
- 直流電圧は並列接続で測る。
- 交流電圧も並列接続で測る。
- すべてのコンセントは並列接続されている。

直流電圧の例

テスターで乾電池の消耗度合いを調べるためには、図7-8-1のように、電池に**負荷抵抗**をつなぎます。これは電気部品の接続を表す回路図で、電池、テスター、負荷抵抗がそれぞれの回路記号で描かれています。

配線は細い線で表し、小さな2つの白丸は端子を表しています。線の長さは、実際の配線と同じ長さで描く必要はありません。そこで、この白丸は乾電池のプラス極とマイナス極と考えてもよいのです。テスター（メーターの記号）の両端からこれらにつながる線は**テストリード**、また抵抗から出ている線は、**ワニグチクリップ**の付いたコードと考えられます。

このように、いくつかの部品のプラス同士、マイナス同士をそれぞれつなげることを「**並列接続**」といいます。**直流電圧**はこの並列接続で測ります。

直流電圧は並列接続で測る（図7-8-1）

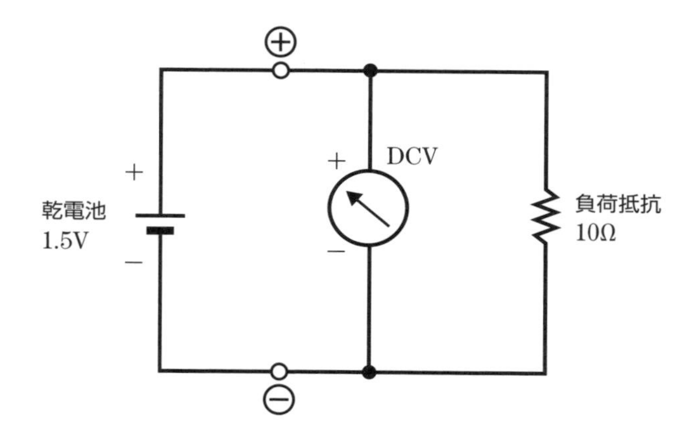

図7-8-1の回路図のイメージ（図7-8-2）

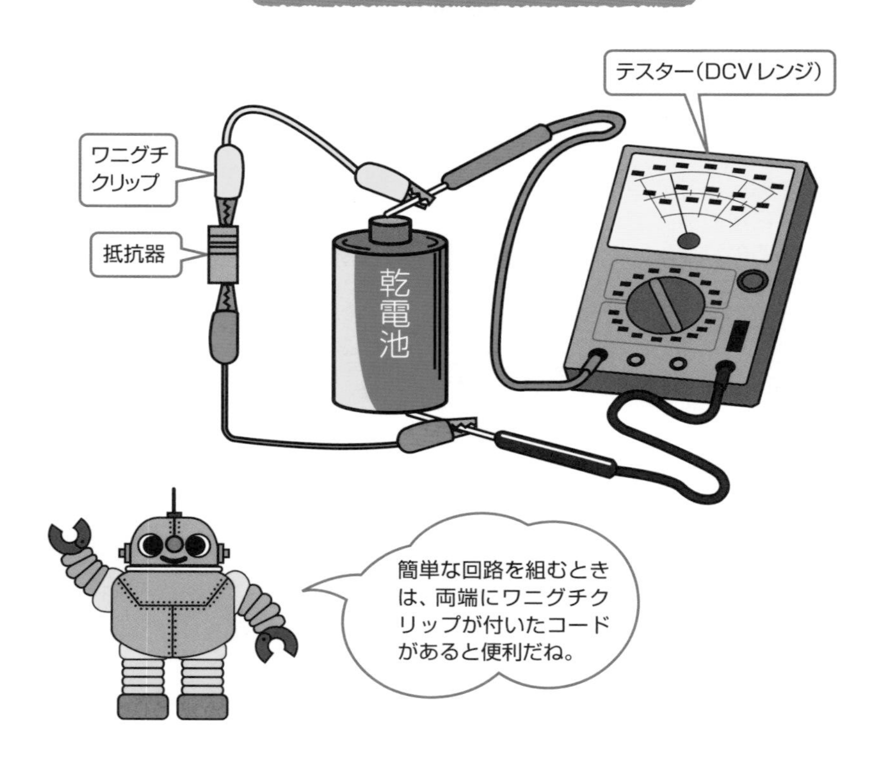

交流電圧の例

家庭のコンセントに来ている電気は**交流**で100Vあります。アナログ器では**ACV**のレンジで250を選び、デジタル器ではファンクションをACVまたは**≂V**（$\tilde{\bar{V}}$）にセットします。

家庭のコンセントは、電柱の配電線が引き込まれていますが、各コンセントは図7-8-3に示すように並列接続されています。交流は、電流の方向と大きさが時間とともに変化していますから、テスト棒の赤と黒は、コンセントのどちらに差し込んでもかまいません。

測定しているときは、感電すると危険なのでプローブのテストピンを触らないようにします。

電柱の配電線から家庭内のコンセントまで（図7-8-3）

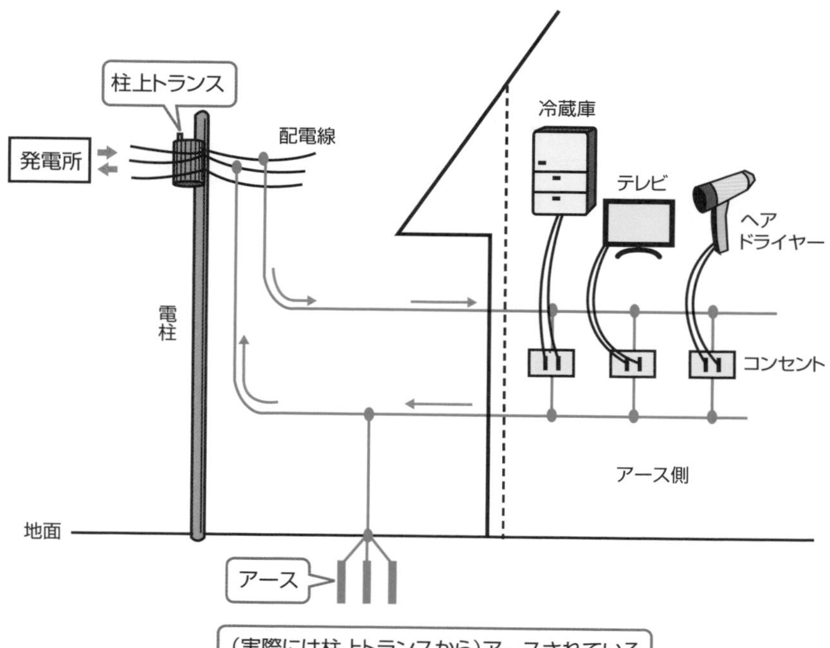

家庭のコンセントの電圧を測るときには、濡れた手でテスト棒を握ると危険。

7.9 電流は直列で測る

Point
- 直流電流は直列接続で測る。
- 交流電流も直列接続で測る。
- 負荷を付けずに電流を測ると危険。

直流電流の例

図7-9-1は、7.4節で**006Pマンガン電池**の消耗を測定した際の回路図です。メーターの記号は2台のテスターを示していますが、直流電圧は前節で学んだとおり、**並列接続**になっています。

DCAはテスターの**直流電流**のファンクションを示し、テスト棒の赤（プラス）を乾電池のプラス側、テスト棒の黒（マイナス）を抵抗器の片側につなげています。このように、電池から流れ出てテスターを通って抵抗に流れる電流は、テスターと抵抗を**直列**（数珠つなぎ）に接続して測定しています。直流電圧のファンクション（DCV）をセットしたテスターにも電流は流れますが、このファンクションでは、テスターの内部抵抗が非常に高く、電流の量はわずかです。

直流電流は直列接続で測る（図7-9-1）

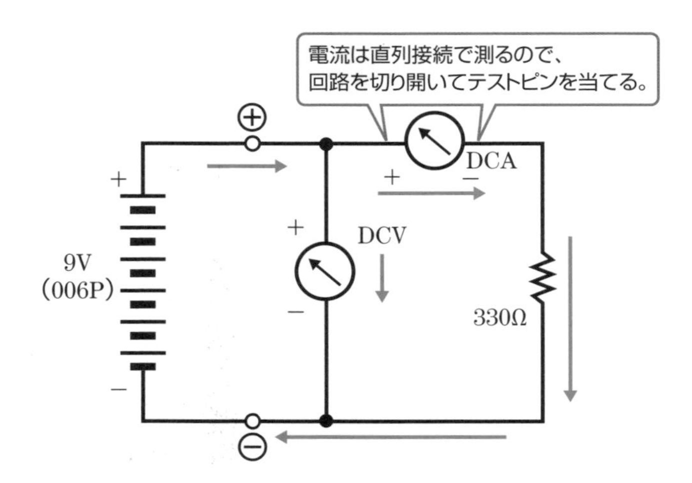

直列接続の注意

一方、**直流電流**のファンクション（**DCA**）をセットしたときには、テスターの内部抵抗は極めて小さいので、もし330Ωの負荷抵抗がなければ、テスターにも非常に大きな電流が流れてしまいます。テスターによっては、内蔵のヒューズが飛んだりテスターが壊れてしまったりすることもあるので、注意が必要です。また、テスターによっては、10A（アンペア）などの大きな電流を測れる端子が付いている機種もあります。

電圧で電流を知る方法

安価なデジタル器の中には、電流を測定するファンクションがない機種もあります。その場合は、代わりに電圧を測って電流値を計算で求める方法を使ってみましょう。図7-9-2では電池の電圧を測っていますが、抵抗の両端にかかっている電圧も同じ値です。そこで、**オームの法則**を使って電流を計算してみます。

$$電流=\frac{測定した電圧}{抵抗}$$

テスターで測った電圧が1.5Vのとき、電流は1.5÷10＝0.15A＝150mA（ミリアンペア）となります。

電圧測定で電流を知る方法（図7-9-2）

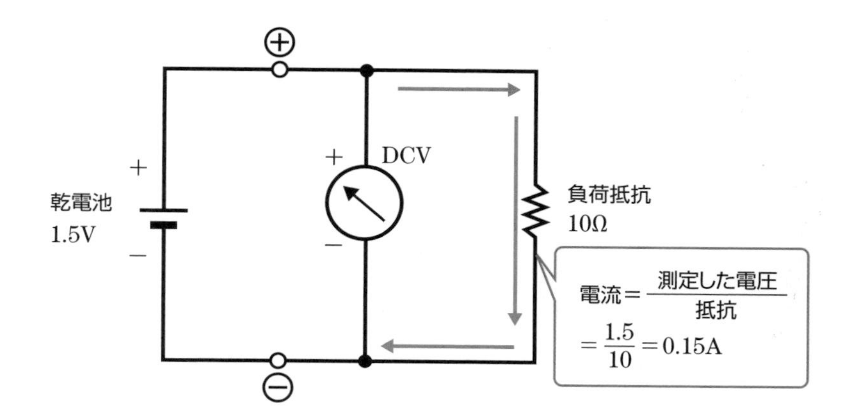

交流電流の例

交流電流のファンクションは、アナログ器では一部の機種に限られていますが、デジタル器では低価格の機種でも付いているものがあります。

いずれも、レンジは**μA**（**マイクロアンペア**）や**mA**（**ミリアンペア**）が多いので、前項のオームの法則の式で電流の大まかな値を計算し、その値が余裕をもって範囲内に収まるような電流のレンジを選んでください。

交流電流の測定では、直流電流の測定と同じように、必ず負荷を通して直列に接続します。

交流の例としては家庭のコンセントがありますが、直流電流のレンジでテストピンをコンセントに差し込まないようにしてください。また、導通テストのレンジで測ることも、配線間をショート（短絡）して危険ですから、絶対に試さないようにしてください。

交流電流は直列接続で測る（図7-9-3）

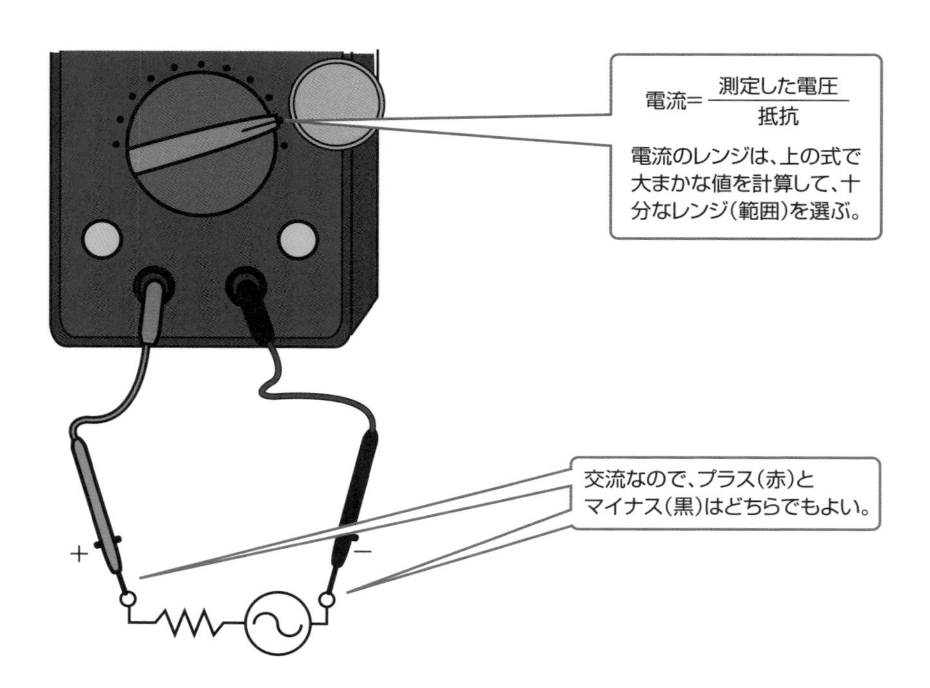

交流の実効値とは？

Point

●交流の電圧や電流の表示は実効値である。

交流の実効値とは？

交流では、電圧や電流の**平均値**を考えると、プラスとマイナスが打ち消し合ってゼロになってしまいます。そこで、仕事量である電力を基準に考えて、直流の「電力＝電圧×電流」と同じ式が交流でも使えるように、交流の電圧と電流を決めます。

図7-10-2の電力は瞬間の電圧と電流を掛けた値になっていますが、電圧がマイナスのときは電流もやはりマイナスなので、掛け算した電力はプラスになります。

電力の平均値は、最大電力の1/2になるので、交流の電圧と電流の各最大値の $1/\sqrt{2}$ とすればよいことになります。例えば家庭に来ている100 V（ボルト）の交流電圧の最大値は、$100 \times \sqrt{2} = 141$Vになります。交流電圧や交流電流の最大値の $1/\sqrt{2}$ を**実効値**といい、テスターの交流電流や交流電圧の表示は実効値です。

瞬時値から実効値を求める方法（近似グラフを使った説明）（図7-10-1）

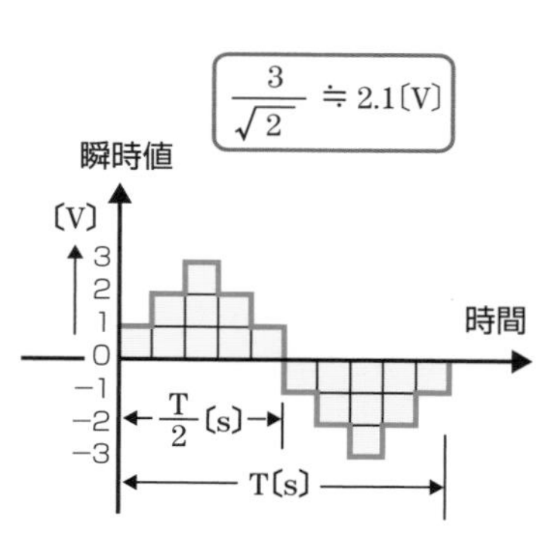

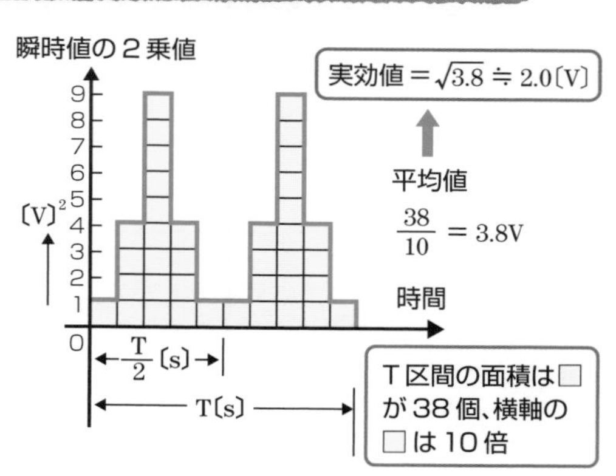

交流の電圧・電流と電力を表したグラフ（図7-10-2）

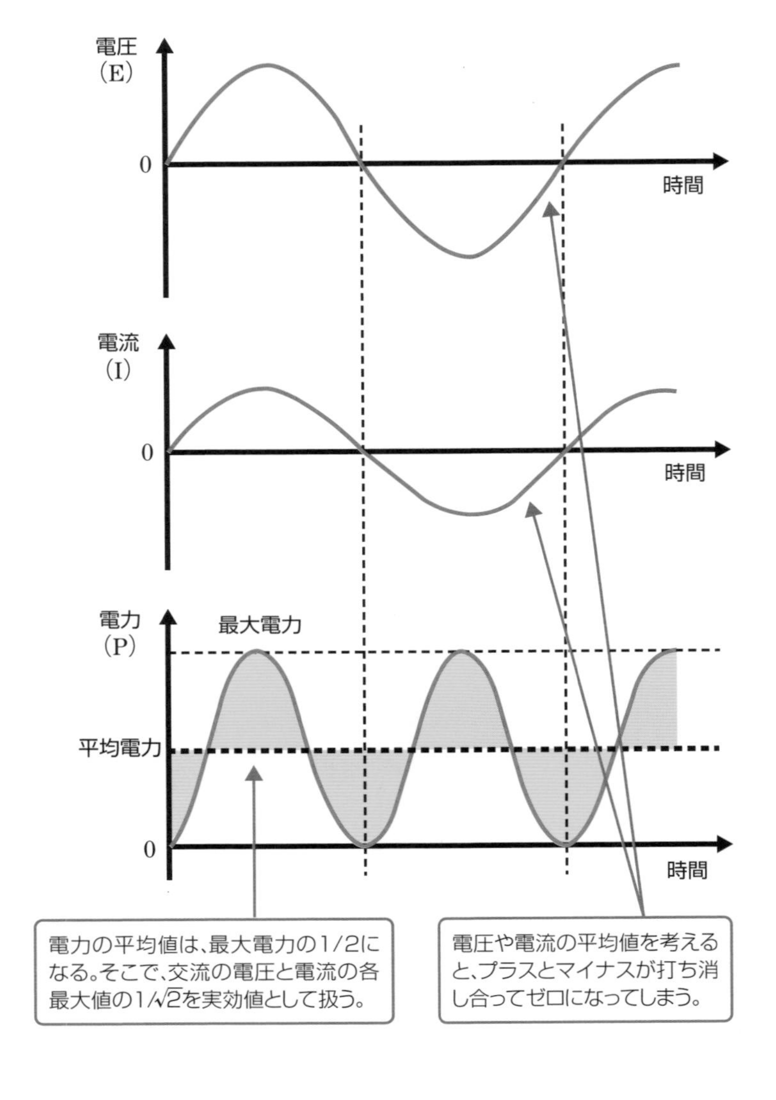

発電所から家庭用コンセントまで

化石燃料による発電では、地球温暖化の原因となるCO_2が排出されます。一方、風力発電や地熱発電、海洋温度差発電、波力発電といったクリーンなしくみも実用化が進んでいます。日本では明治以来、ダム式の水力発電が発展してきましたが、今日では全電力供給量の10%以下です。

これらの発電はいずれもタービンを回して、ファラデーが発見した電磁誘導のしくみを応用しています（4.5節）。

発電所で作られる電気の電圧は50万Vまたは27万5000Vで、はじめに超高圧変電所で27万5000Vまたは15万4000Vに変圧されます。つぎに**一次変電所**で6万6000Vへ、さらに**中間変電所**で2万2000Vまで下げて、工場などへ送られます。

一般家庭向けには配電用変電所（下の写真）で6600Vに下げ、ここからは電柱の柱上変圧器でようやく100Vまたは200Vになります。

これらの変圧にも、ファラデーの電磁誘導を応用したトランス（4.5節）が使われます。発電所で生まれた交流の電気はつぎつぎに変圧されて、ようやく家庭のコンセントに届くのです。

配電用変電所の例

送電のしくみ

一般家庭用の電源電圧は100Vまたは200Vです。しかし発電所では50万Vといった超高圧の電気を作っています。なぜ高電圧で送るかというと、送電の途中で電線の抵抗によって失われる電力（**電力ロス**）を少なくできるからです。

電力ロスは電流の大きさに比例するので、送電の電流をできるだけ小さくする必要があります。そのためには、「電力＝電圧×電流」の式からわかるように、電圧を高くすればよいのです。

交流には単相と三相があります。単相交流は一般家庭で使われる交流です。一方の**三相交流**は、発電所から電柱までの送電で使われるもので、単相交流を３つ組み合わせています。

単相交流は往復２本の電線です。三相交流はこれを３つ組み合わせて6本必要になりそうですが、実際には３本の電線で済みます。発電機にはコイルを120度ごとに３つ配置し、その中で磁石を回転させます（下図を参照）。これで、周期が1/3ずつずれた交流が３つ発生します。

三相交流による送電には、単相による送電よりも大きな電力を送れるという利点があります。東日本（50Hz）と西日本（60Hz）の周波数の違いは、明治時代に導入した発電機の仕様違いが現在まで尾を引いているものす。どちらかで電気が足りなくなっても、周波数が異なる交流のままでは融通できないので、電気を送る側が直流に変換して周波数変電所に送電しています。

三相交流を発電するしくみの略図

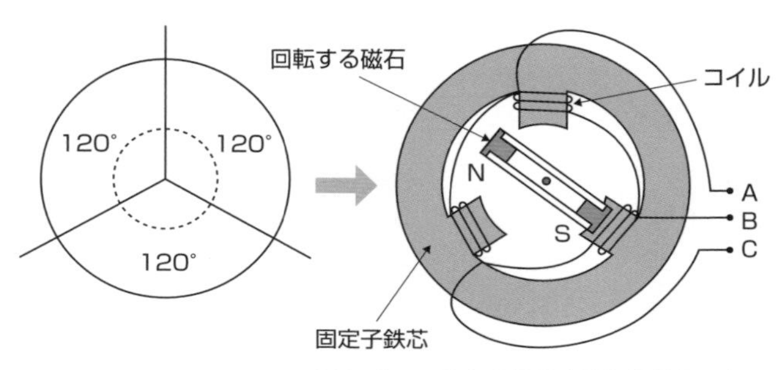

A-B、B-C、C-Aの各２点間に負荷をつないで、電圧・電流の大きさがまったく等しい３つの交流を取り出す。

7.11 大電流の測定

Point
- 大電流はクランプアダプターを付けて測る。
- クランプアダプターには、交流用や直流用がある。

大電流を測るアダプター

直流電流のレンジがあるテスターでも、多くがμAやmAです。大電流を測定する場合は、1.12節「クランプメーターとは？」で学んだ**クランプメーター**が役に立ちます。

テスターの中には、直流・交流電流用の**プローブ**（クランプコア）がアダプターとして用意されている機種があり、これらを付加することで大電流を測ることができます。

クランプアダプターの例（図7-11-1）

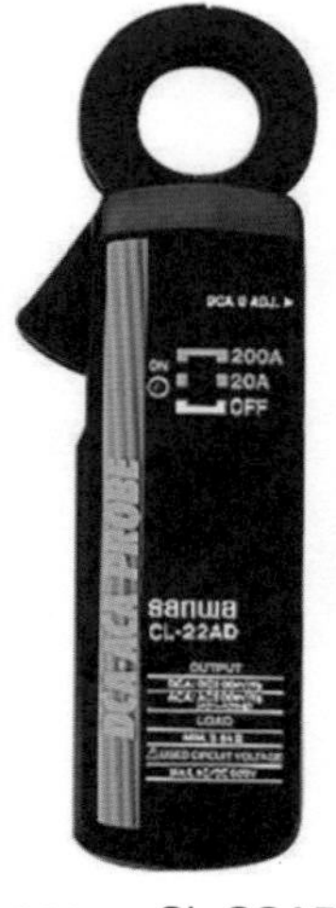

sanwa CL-22AD

提供：三和電気計器(株)

7.12 電源電圧を確認してみよう

Point

- ACアダプターは極性に注意。
- USBコネクターのGNDはグラウンドの意味で、黒のテスト棒を当てる。
- USBコネクターのピンはショートに注意。

ACアダプターは極性に注意

ノートパソコンをはじめ、小型家電の多くは**ACアダプター**で動作します。家の中を探せばすぐにいくつか見つかりますが、本体のラベルに書かれている電圧と電流の値はまちまちです。

本体に差し込むコネクターの形状や**極性**もさまざまなので、ほとんどの場合は使い回しができません。これは、異なる電圧のACアダプターを誤って差し込まないようにするためだと思いますが、紛失したときには不便です。

極性を間違えないよう、テストピンを当てる前に、ラベルに表示されている極性を確認してください。

ACアダプターの極性表示とコネクターの形状（図7-12-1）

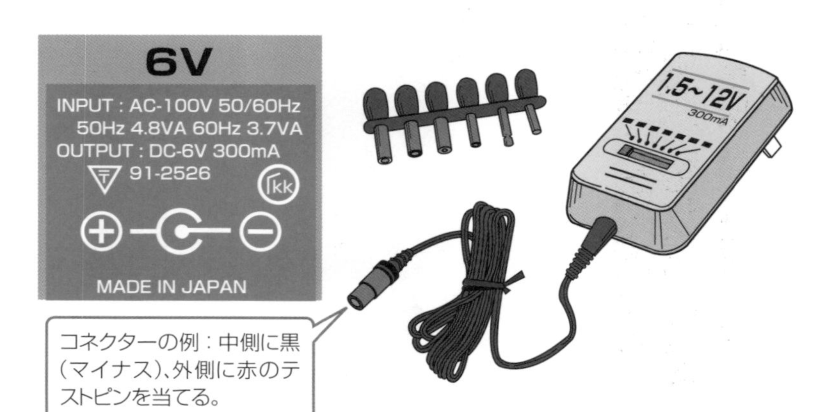

コネクターの電源電圧を測る

ACアダプターをコンセントに差し込んで、直流の電圧を測ってみましょう。ラベルに表示されている極性を確かめて、黒のテストピンをコネクターのマイナス側、赤のテストピンをプラス側に当ててください。

測定した電圧は表示の値と合っていましたか？　ラベルに書かれている電圧は、ACアダプターに**負荷**（ノートパソコンなどの機器）をつないだときの値なので、何もつながないときの電圧値は、少し高くなっているはずです。

コネクターの電源電圧の測り方（図7-12-2）

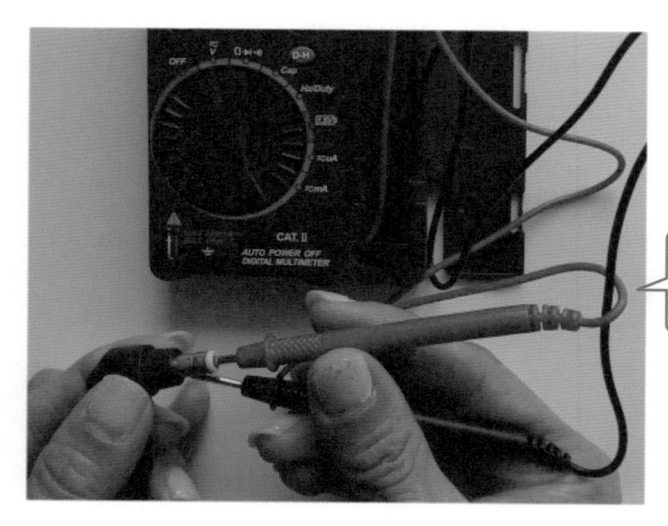

プラグをしっかり持って、テストピンをショートしないように注意。

USBコネクターのGNDとはグラウンドのこと

標準USBコネクターのピン配置を説明している図を見ると、4番ピンにGNDと書いてあります（図7-12-3）。**GND**とは**グラウンド**（ground）の略で、**アース**側すなわちマイナス極側のことです。また、1番ピンは供給する電源電圧で、5V前後の直流電圧が出ています。

USBコネクターの中にある電極にテストピンを当てると、ピン先が別の電極にも接触して回路をショートしてしまうので、次節で示すような方法で測定します。

標準USBコネクターのピン配置（図7-12-3）

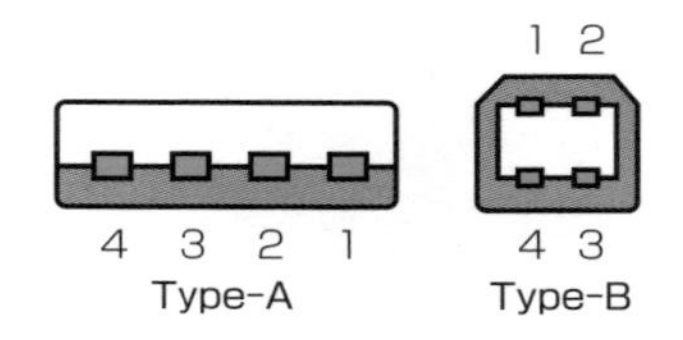

標準USBコネクターのピン配置

	パソコン側	機器側
1	V_{BUS}（4.75～5.25V）	V_{BUS}（4.4～5.25V）
2	D−	D−
3	D+	D+
4	GND	GND

7.13 回路のどこを測ればよい？

Point
- コネクターの測定では、テストピンの接触（ショート）に注意。
- 基板のハンダ付け部分にテストピンを当てると測りやすい。
- 黒のテスト棒は基板のグラウンド導体に当てる。

コネクターの測定ではテストピンの接触に注意

RS-232C用のコネクターとして使われている**D-sub 25ピン**や**9ピン**などのコネクターは、ピンの間隔がやや大きいので、気を付ければテストピンを当てられます。一方、USBコネクターの場合は、テストピンを差し込むと先端をショートしてしまいそうなので、機器側の基板上で測定した方が楽です。

基板の端子を使おう

写真は**USB**接続のミニ扇風機の基板です。パソコン側の1番ピン（V_{BUS}）と4番ピン（GND）の電圧だけが使われているので、基板のハンダ付け部分にテストピンを当てると測りやすいでしょう。

ミニ扇風機の基板（図7-13-1）

グラウンド導体板の意味

乾電池と豆電球の実験では、図7-13-2（左）のように導線を２本使います。身のまわりにある電化製品の電源コードもやはり２本の線です。このように、直流も交流も、電気の道路はペアで働きます。

しかし、実際の基板には配線路が何本もあります。もしこれを平行線路で引き回そうとすれば、それぞれの配線路を１対２線にしなければなりません。そこで図7-13-2（右）のアルミホイルの実験を考えてみましょう。

下にある片側の配線をすべてつなげて１枚の金属板（**グラウンド**）にしたと考えれば、面倒な配線は上側の半分だけで済みます。このときグラウンドには、上側の配線が鏡に映ったように逆向きの電流が流れるので、これが反対側の配線の役割を果たします。なお、グラウンドの導体は板状なので、**グラウンド導体板**あるいは**グラウンドプレーン**（平面）ともいいます。

グラウンド導体板の意味（図7-13-2）

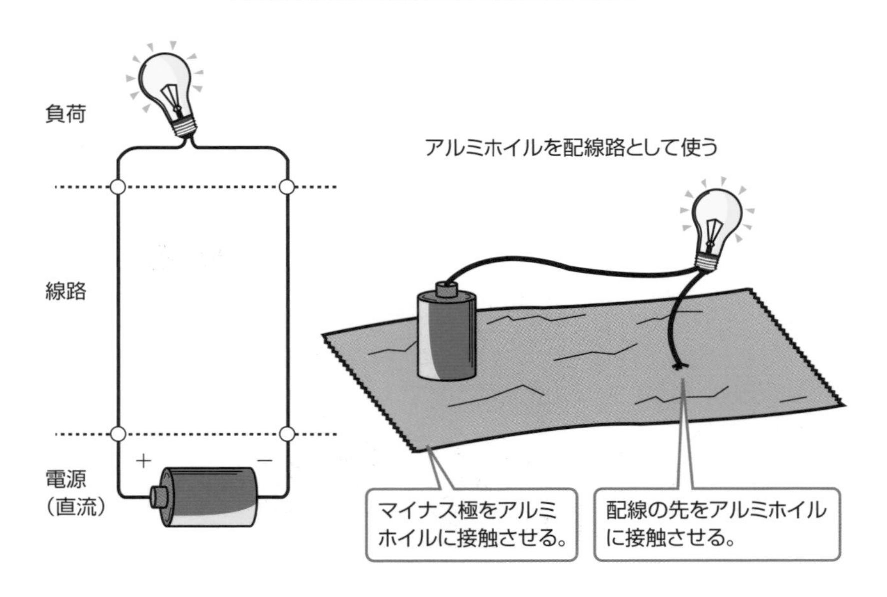

基板のGND（グラウンド導体）

基板の**グラウンド**は、一般に多くの配線を取り囲むように広い面積を占めていて、一枚板として導通しています（そのため**グラウンド導体**ともいいます）。

基板をよく見ると、C12とかR25といった記号が印刷されていますが、これらはすぐ近くにある部品の番号です。Cは**コンデンサー**（condenserまたはcapacitor）、Rは**抵抗**（resistor）の頭文字で、各番号は回路図に描かれているコンデンサーや抵抗の番号に対応しています。

電圧を測るとき、近くにグラウンドの端子がなければ、黒のテスト棒は基板のどこかのグラウンド導体に当てればよいのです。

基板のグラウンド導体（図7-13-3）

多くの配線を取り囲む、基板のグラウンド導体

7.14 テスターの管理と保守について

Point

- 零オーム調整ができない場合は、内蔵電池を交換する。
- 電池切れの表示が現れたら、内蔵電池を交換する。
- 誤ってヒューズを飛ばしたら、同じ定格のヒューズと交換する。

内蔵の電池とヒューズの交換

アナログ器で抵抗を測るときには、**零オーム調整**を行います（7.2節「アナログメーターの零位調整」参照）。しかし、零オーム調整ツマミを回しても指針が0Ωを指さないことがあります。ほとんどの場合は、テスターの内蔵電池が切れたためなので、ケースを開けて電池を交換してください。

また、**デジタル器**では、電池切れの表示が現れたら電池を交換してください。

デジタル器の中には、ファンクションを誤って測定しても、内部の**保護回路**が働く製品があります。一方、アナログ式のテスターは電流のレンジがありますが、例えば電流のレンジを**DCmA**（ミリアンペア）にセットして電圧を測ったりすると、テスターに内蔵されている**ヒューズ**を飛ばしてしまうことがあります。

このようなときは、ケースを開けてヒューズが切れていないか確認してください。もしヒューズの線が切れていたら、管に刻印されているアンペア値と同じ新しいヒューズと交換しておきましょう。同じアンペア値のヒューズがないからといってあり合わせのヒューズを付けると、強い電流が流れてテスターの回路が壊れることがあります。必ず指定のアンペア値のヒューズを使ってください。

ヒューズの例（図7-14-1）

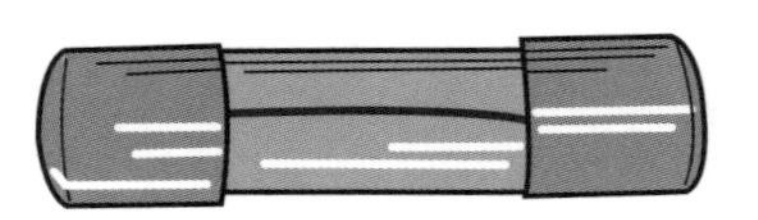

ヒューズの定格例：500mA ／ 250V

予備ヒューズが内蔵されている場合はそれと交換し、同じものを補充しておく。

安全に使用するために

テスターには必ず**取扱説明書**が付いており、「安全使用のための警告文」が記載されています。やけどや感電などの事故を防ぐための主な項目はつぎのとおりです（sanwa CX506a の取扱説明書から抜粋・一部改変）。

(1) 交流33V（実効値）または直流70V以上の電圧は人体に危険なため注意すること。
(2) 最大定格入力値を超える信号は入力しない。
(3) 本体またはテストリードが傷んでいたり、壊れている場合は使用しない。
(4) ケースを外した状態では使用しない。
(5) ヒューズは必ず指定定格および仕様のものを使用し、代用品の使用や導線での短絡は絶対しない。
(6) 測定中はテストピンを持たない。
(7) 測定中は他のファンクションまたは他のレンジに切り換えたり、プラグを差し換えたりしない。
(8) 測定ごとにレンジおよびファンクションの確認を確実に行う。
(9) テスター本体や手が水などで濡れた状態では使用しない。
(10) テストリードは指定タイプのものを使用する。
(11) 本体内の修理・改造は行わない。
(12) 年1回以上の点検は必ず行う。

テスターの取り扱い方

日々のテスターの取り扱い方の注意点として、つぎの項目を付け加えておきます。

(13) 使用後は電源スイッチをOFFにしよう。
(14) 消耗した電池をそのままにすると液漏れが発生するので、早めに交換する。
(15) 衝撃を与えず、高温や多湿の場所での使用はなるべく避ける。

テスターを末永く使うコツ（チェックとメンテナンス）

テスターは長年使っていると以下のような経年変化や劣化が進みます。定期的なチェックとメンテナンス（保守や管理）で、末永く愛用してください。

①テストリードの被覆が切れて電線がむき出しになった部分はないか？
②テストピンやテストリードのプラグの表面は錆（さ）びていないか？
③テストリードが断線していないか？
④テストリードのプラグ差し込み口がゆるんで接触不良になっていないか？
⑤ヒューズが切れていないか？

＊ヒューズを交換する場合は、7.14節を参照してください。

⑥電池の残量が少なくなっていないか？
⑦電池が液漏れしていないか？

＊テスターを長い間使わない場合は、必ず電池を取り除いて保管してください。

⑧アナログテスターの零オーム調整については、7.2節および7.14節を参照してください。

実践編

第8章

身近なあれこれを測定してみよう

テスターで人体の抵抗を測ってみましょう。電気抵抗とは、電流の通りにくさの度合いを表す値ですが、物質によって異なります。身近な電球の抵抗も測ってみましょう。100Wの電球の抵抗値はどのくらいでしょうか？　オームの法則による計算では100Ωになるはずですが、どうでしょう、合いましたか？　合わない場合は、そのわけを考えてみましょう。

また、家庭の100Vコンセントの電線をたどって、電柱のトランスや、電線の片側のアースについても調べています。

8.1 人体の抵抗を測ろう

Point

- 人体は水分を含んでいるので電流が流れる。
- テストピンを指でつまんで抵抗を測ってはいけない。

人体の電気抵抗とは

テスターのファンクションを**抵抗**にし、レンジを「kΩ」や「×10kΩ」にセットして、テストピンの先端を、それぞれ左右の指先でつまんでみましょう（デジタル器では抵抗のオートレンジにセット）。何Ωくらいになったでしょうか？

テスターで抵抗を測るときは、テスト棒に1V以下の電圧がかかっていますが、1.5Vの乾電池を親指と人差し指ではさんだときよりも小さい電圧なので、ビリッと感電することはありません。個人差はありますが、おそらく数百Ωから数MΩの範囲に入っているでしょう。また、風呂上がりに測ると、指先が乾いているときに測った値よりも小さくなっているはずです。

配電線の支持に使われているガイシは磁器やガラスでできていて、これらは電気をほとんど通さない**絶縁体**です。**人体**は絶縁体に近いですが、体内には水分が含まれているので電流が流れます。

テストピンを左右の指でつまんで、人体の抵抗を測る（図8-1-1）

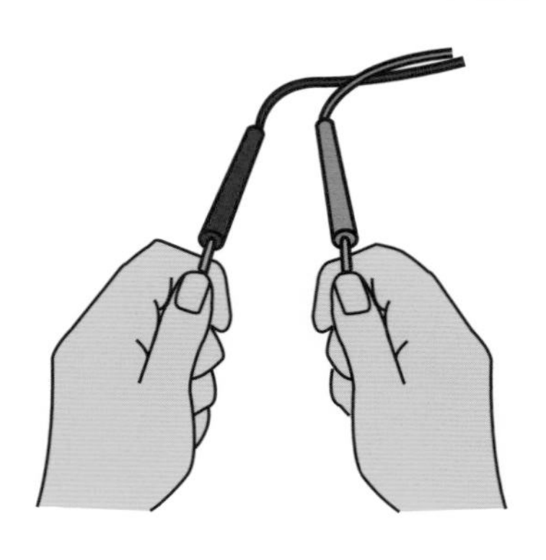

テスターで抵抗を測るときは、テスト棒に1V以下の電圧がかかっている。

体脂肪率計のしくみ

家庭用の**体脂肪率計**は、体内に微弱な電流を流して、体の**電気抵抗**を測定しています。体脂肪率とは「体重に占める脂肪の重さの割合」ですが、脂肪は水分を含まず電気を通さないので、その量の違いによって体の電気抵抗が異なることを利用しています。

電気抵抗から体脂肪率を推定する式は、体脂肪率計の内部にプログラムされていますが、性別、年齢、体重、身長に応じたデータをもとに計算されます。

抵抗を測るときの注意

抵抗器の抵抗値を測るとき、指でテストピンをつまんでしまうと、**人体の抵抗値**によって正しく測定できなくなります。

図8-1-2のように測ると、指先から手、腕、胸部を電流が流れてしまい、測りたい抵抗器と並列に、人体の抵抗が接続されてしまいます。このとき、抵抗器の抵抗をR_L、人体の抵抗をR_Hとすれば、テスターで測る抵抗Rは抵抗R_LとR_Hの並列接続の式で求められますから、実際の値よりも小さくなってしまうことがわかります。

テストピンを指でつまんで抵抗を測ってはいけない（図8-1-2）

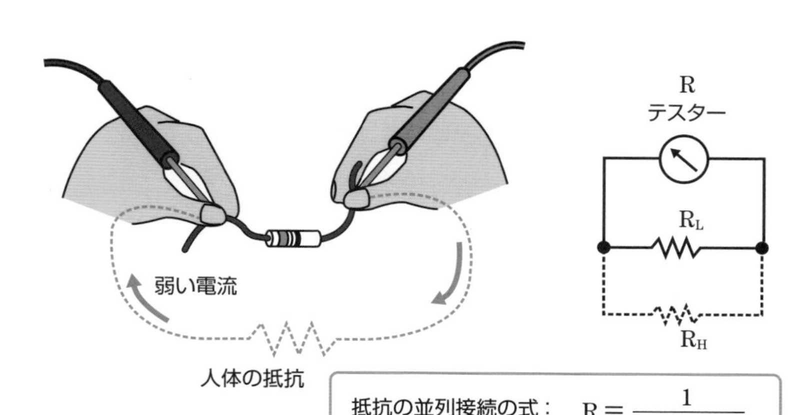

$$R = \frac{1}{\frac{1}{R_L} + \frac{1}{R_H}}$$

8.2 電気をよく通すものと通さないものを調べよう

Point

- 導通テストのブザーは配線の導通チェックに便利。
- 固体の物質には導体、絶縁体、半導体がある。
- テスターで身のまわりの物質の抵抗を測ってみよう。

便利な導通テストブザー

筆者がよく使うテスターの機能に「**導通テスト**」があります。デジタル器の抵抗のレンジで•)))マークを選ぶと、テストピン同士を接触させたときに**ブザー**が鳴ります。

取扱説明書には、「抵抗値が約10～100Ω以下でブザーが鳴る」(sanwa PM3)などと書いてあります。配線の導通をチェックする場合は、線がつながっていれば抵抗はほとんどなく0Ωに近いのでブザーが鳴ります。また、線が切れていれば抵抗値は無限大と考えられるので、ブザーは鳴りません。

ブザーがないアナログ器では、メーターの位置で導通を調べます（図8-2-1）。

アナログ器による導通テスト（図8-2-1）

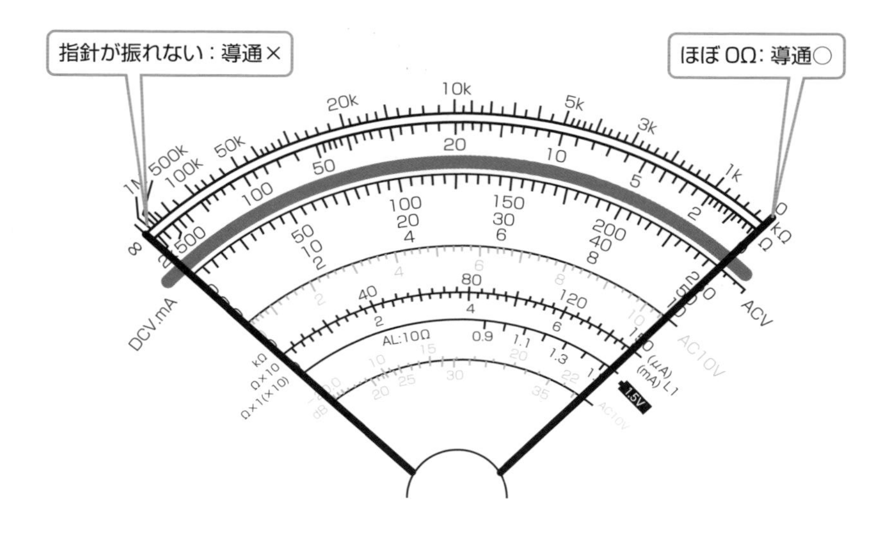

絶縁体とは

磁器やガラスは絶縁体と呼ばれています。「**絶縁**」という言葉からは、「電気が絶たれて電流がまったく流れない」状態のような印象を受けます。しかし、いくつかの用語辞典を調べると、**絶縁体**とは「電気を伝えにくい物質」、「導電率は十分小さい」、「抵抗率は 10^6 Ω・cm程度以上」などと書いてあって、はっきりとした基準の数字があるわけではないようなのです（導電率、抵抗率については次節で説明）。

いろいろなものの抵抗を調べてみよう

絶縁体とは反対に、電気をよく伝える物質を**導体**といいます。また、これらの中間に位置するのが**半導体**です。

詳しい辞典によれば、「導体は室温付近の電気伝導度が 10^6～10^4 S/cm程度、絶縁体は 10^{-12} S/cmより小さい、またこれらの中間の 10^2～10^{-9} S/cmを半導体と呼ぶ」（『理工学辞典』日刊工業新聞社）と書いてあります。ここで電気伝導度とは「電気の通しやすさの度合い」のことで、前項の**導電率**と同じです。単位はS/m（ジーメンス毎メートル）やS/cm（ジーメンス毎センチメートル）です（詳しくは次節で説明）。

それではここで、身のまわりにある物質の抵抗値を測ってみましょう。

硬貨の抵抗は？（図8-2-2）

硬貨の抵抗を測ってみよう。
何枚も重ねて測るとどうか?
長い電線では?

シャープペン芯の抵抗は？（図8-2-3）

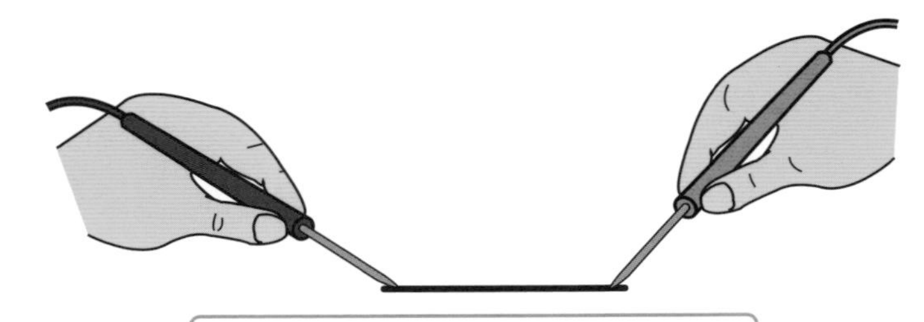

シャープペン芯の抵抗を測ってみよう。テストピンの間隔を変えると測定値はどうなるか？

鉛筆の芯も、先端とお尻の間で測ってみよう。赤鉛筆ではどうなるだろう？

電線の接続はゆるむと熱が出る

電気機器のAC100Vプラグは、プラスチック製で一体成形しているものがほとんどです。しかし、ネジ止めしてある古いタイプのプラグは、「中を開けると電線の止めネジがゆるんでいた」ということがよくあります。このような場合、プラグが熱を持って発火する事故も起きているので、ネジを締め直す必要があります。

電線の接続が完全でないと接触面が小さくなり、そこに電流が集中することで接触抵抗という一種の抵抗が生じて発熱します。プラグにホコリがたまったり表面が錆びたりしても電流の流れが悪くなり、狭い部分に大きな電流が流れて接触抵抗が大きくなって発熱するわけです。

また、プラグを抜くときにコードの部分を引っ張っていると、電線の撚り線がしだいに断線してきて、わずかに残った細い電線に大きな電流が流れ、やはり発熱の原因になるので、差し込みプラグの扱いには注意が必要です。

8.3 電気抵抗とは？

Point
- 電流は導体内の電子（自由電子）の移動によって流れる。
- 電気抵抗は、金属の原子が電子の移動を妨げることが原因。
- 導線の抵抗は長さに比例し、断面積に反比例する。

導体内の電子の動き

学校の理科（物理？）の時間に、電流が流れるのは導体内の**電子**（**自由電子**ともいう）が移動するからだと学びます。導線に電圧が加えられると、自由電子は一定の力を受けて等加速度運動をします。ところが、電圧を加え続けても電流は時間に関係なく一定なので、電子は等加速度運動ではなく、等速度運動を続けているということになってしまいます。

金属内には電子の運動を妨げる「金属原子の振動」があるために、電子が加速されてもすぐに原子に衝突して減速され、再び加速されてもまた衝突して……と繰り返すことで、平均すると見かけ上の速度が一定に見えるのです。

電気抵抗の正体

電気抵抗とは「電流の通りにくさの度合い」を表す値です。電流すなわち電子の移動は、金属の原子によって一定の速度になるように妨げられるので、そのことが電気抵抗の生じる原因となっています。

電流が流れているときの導線の内部（図8-3-1）

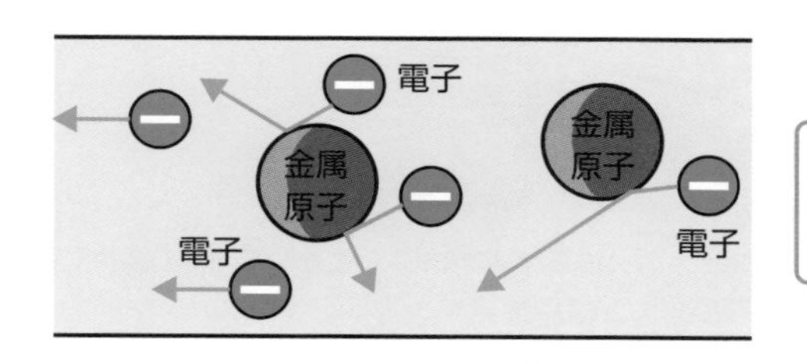

電流が流れているときの導線の内部。金属原子は電子の移動を妨げる。

電気抵抗と温度の関係

あらゆる金属は、温度の低下とともに抵抗が低下します。そもそも**温度**の正体は金属原子や分子の振動で、これは**格子振動**と呼ばれています。したがって、振動がゼロになる絶対零度を除き、金属を構成している格子（金属イオンの配列）は常に振動しています。

金属の格子はプラスに帯電しているので、マイナスに帯電している電子の動きは格子振動によって妨げられます。格子振動は温度とともに大きくなるので、**電気抵抗**も温度が上がると大きくなるのです。

超電導現象は、物質の温度がある温度以下になると電気抵抗がゼロになる現象をいいます。また、電気抵抗がゼロの状態を超電導状態といいます。

抵抗率と導電率の関係

長さL、断面積Sの導体の**抵抗**Rは、つぎの式で表されます。

$$R = \rho \frac{L}{S}$$

ここで、比例定数のρは**抵抗率**と呼ばれています。Lの単位をm（メートル）、Sの単位をm^2（平方メートル）とすれば、抵抗率の単位はΩ・m（オーム・メートル）となります。また、抵抗率の逆数を**導電率**（または**電気伝導度**）といい、単位としてはS/m（ジーメンス毎メートル）を使います。

長さL、断面積Sの導体（図8-3-2）

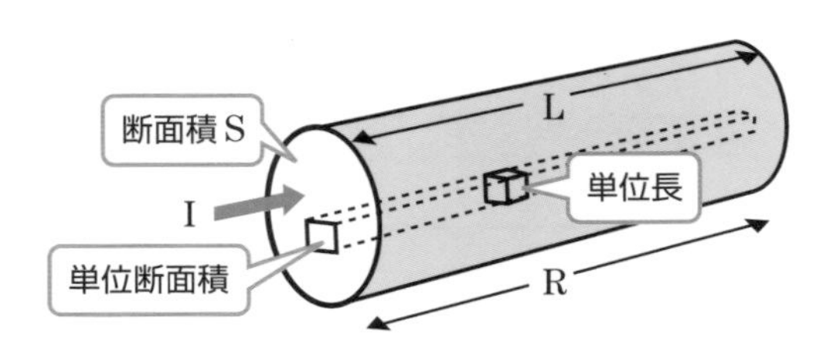

ワンポイント

長い電線の損失電力（$P=EI=I^2R$）は電流Iが効いてくるので、高圧送電では電圧Eを大きく、電流Iを小さくしている。

8.4 抵抗の直列と並列

Point

- 抵抗の直列・並列接続は、川の流れで理解しよう。
- 直列・並列接続の合成抵抗を計算してみよう。

抵抗の直列接続と並列接続

抵抗のある導体を**直列**につなぐということは、導体を細くすることと同じになります。図8-4-1に示すように、水位（電圧）が同じ場合は、細長い川の方が流れにくくなります。また、長い導体では、移動する電子が振動する原子と衝突する機会が増えるので、抵抗が大きくなります。

一方、導体を**並列**につないだ場合は、導体を太くすることと同じになり、抵抗が小さくなります。川幅が広くなれば水の量が増えて、水が流れやすくなります。

抵抗の直列接続と並列接続（図8-4-1）

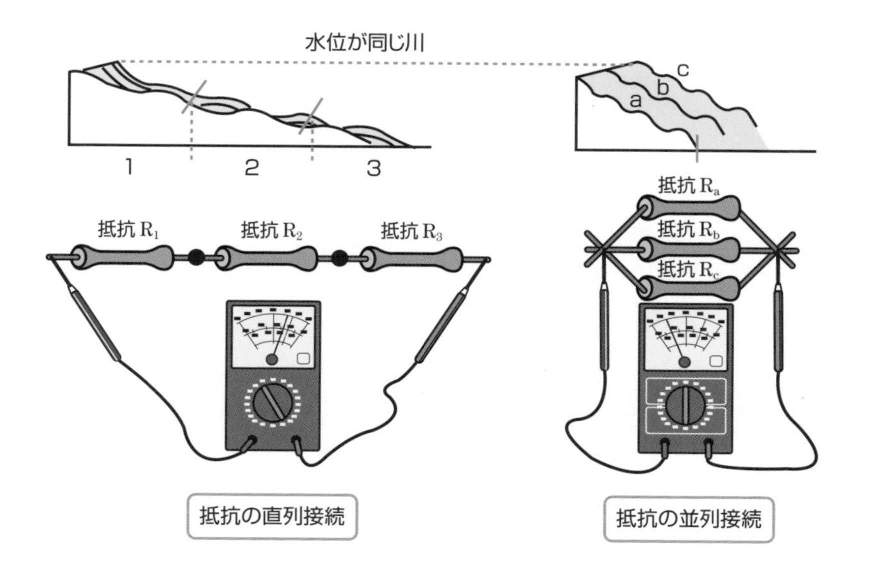

8章 身近なあれこれを測定してみよう

直列接続と並列接続の合成抵抗

抵抗を**直列**につないだときの**合成抵抗**Rは、それぞれの抵抗の和になります。

$$R = R_1 + R_2 + R_3$$

また、抵抗を**並列**につないだときは、それぞれの抵抗の逆数の和が、合成抵抗の逆数になります。

$$\frac{1}{R} = \frac{1}{R_a} + \frac{1}{R_b} + \frac{1}{R_c}$$

この式はつぎのように変形できます。

$$R = \frac{1}{\left(\frac{1}{R_a} + \frac{1}{R_b} + \frac{1}{R_c}\right)}$$

例えば30Ωの抵抗を3つ並列接続したときの合成抵抗Rはつぎのとおり。

$$R = \frac{1}{\left(\frac{1}{30} + \frac{1}{30} + \frac{1}{30}\right)} = \frac{1}{\frac{1}{10}} = 10\,\Omega$$

一般に、抵抗がn個の場合はつぎのようにして計算できます。

直列接続　$R = R_1 + R_2 + R_3 + \cdots + R_n$

並列接続　$\frac{1}{R} = \frac{1}{R_a} + \frac{1}{R_b} + \frac{1}{R_c} + \cdots + \frac{1}{R_n}$

豆電球の抵抗

豆電球を点灯させるためには、電池のプラス極とマイナス極の間につなぎます。これは、電池の内部に発生する電位差によって、マイナス極からプラス極に電子が移動するからです。豆電球がない導線だけの場合は、電源のショートあるいは短絡といい、導線には大量の電気が流れてしまいます。

豆電球があると、移動する電子はある一定の量にとどまります。これは、電球のフィラメントが移動する電子の量を抑えるからです。これを**抵抗**と呼んでいますが、導線だけの場合も導線自体にわずかな抵抗があります。

8.5 液体は電気を通す？

Point
- レモンやミカンの果汁を使って電池ができる。
- ボルタが発明したボルタの電池。
- イオンを含んだ溶液は電気を通しやすくなる。

レモン電池の実験

レモンやミカンの果汁を使って電池を作ることができます。レモン汁にとける金属として、亜鉛板（マイナス極）を用意します。また反対側には、レモン汁にとけない金属として銅板（プラス極）を使います。

両方の金属板に**ミノムシクリップ**（被覆付きのワニグチクリップ）をはさんで、図8-5-1（左）のように豆電球につないでみます。大きな電流は得られませんが、金属板を差し込む位置を変えて、いろいろ実験してみましょう。

暗い部屋の方が、豆電球の点灯を確認しやすいでしょう。点灯したら、テスターで直流電圧を測ってみましょう。

レモン電池（図8-5-1）

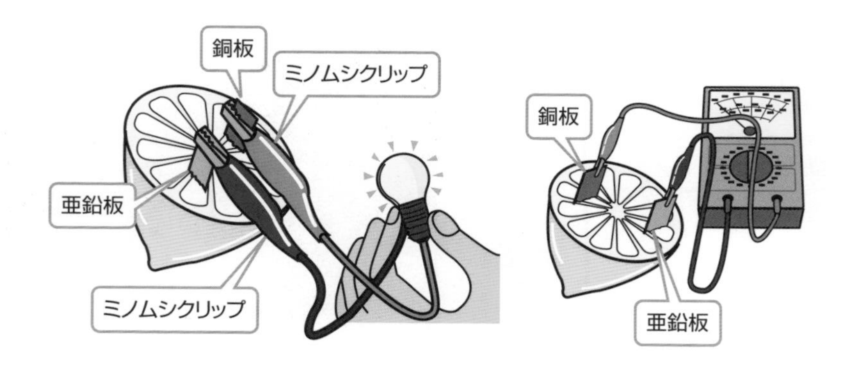

ボルタの電池とは？

イタリアの物理学者**ボルタ**（1745～1827年）は、金貨と銀貨を舌に乗せたときに、奇妙な味だと感じました。彼はそのことにヒントを得て実験を進め、塩水に浸した厚紙の間に銀と亜鉛の板を何枚も並べた装置を発明しました（図8-5-2〈上〉）。これをさらに発展させたのが**コップの王冠**です。それぞれの容器に塩水または薄い酸を入れ、2種類の金属板が対になって連結されています（図8-5-2〈下〉）。

これらの装置は「化学反応で電気を得る」という今日の電池の元祖（?）といえますが、これらによって継続的な電流の発生が可能になったことは、その後のさまざまな電気実験の進展に貢献したのです。

ボルタの電堆とコップの王冠（図8-5-2）

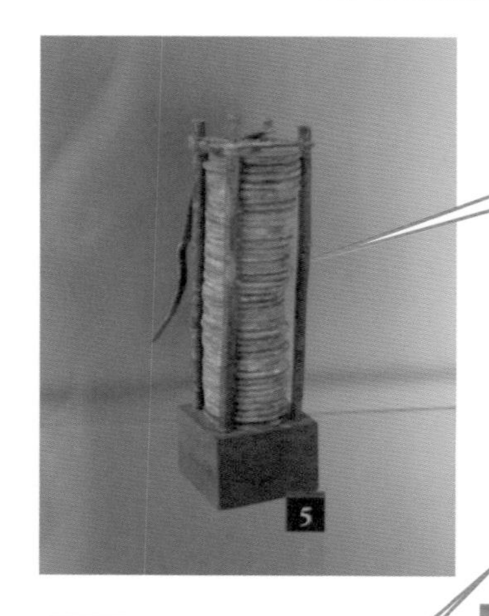

ボルタの電堆（でんたい）は「ボルタのパイル」とも呼ばれ、塩水を浸した紙片の間に銀と亜鉛の円盤をはさんだ多層構造。

コップの王冠についてのボルタのスケッチ（イメージ）およびそれを再現した装置。

イタリア北部コモ湖畔にあるボルタ博物館にて

電気を通す電解液

ボルタが体験したように、金属をしゃぶると味がするのは、金属を形成する無数の原子が関係しています。

原子から電子が飛び出すと、原子全体としてはプラスの電荷を持つことになります。また、逆に自由電子が外部から原子に飛び込んでくると、原子全体としてはマイナスの電荷を持つことになります。このように、プラスやマイナスに帯電した原子を**イオン**といい、原子が集まった分子もイオンになるものがあります。

金属原子は、ふつうの状態では自由電子のように動き回ることはできません。しかし、例えば薄い硫酸の溶液に金属を入れると、金属の原子はプラスイオンとして溶液中に溶け出していきます。イオンを含んだ溶液は電気を通しやすくなるので、これを電解液といいます。

塩分を含んだ溶液も金属をイオン化します。食後の唾液は少量の塩分や薄い酸を含んでいるので、10円玉と1円玉を2枚重ねてしゃぶると、そのすき間にある唾液の作用によってイオンが溶け出します。

プラスイオンとマイナスイオン（図8-5-3）

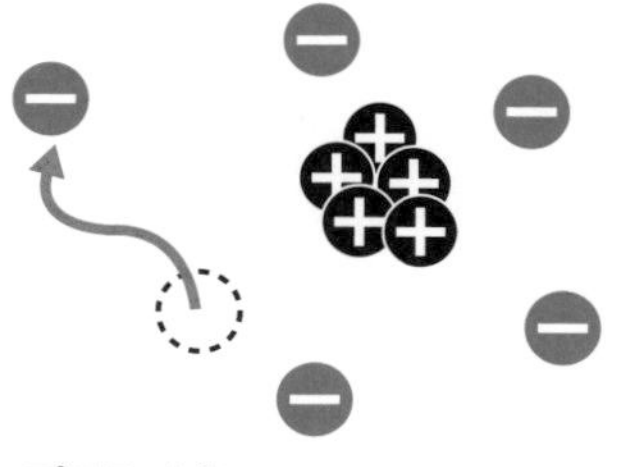

プラスイオン

電子が飛び出したため、プラスに帯電した状態にある。

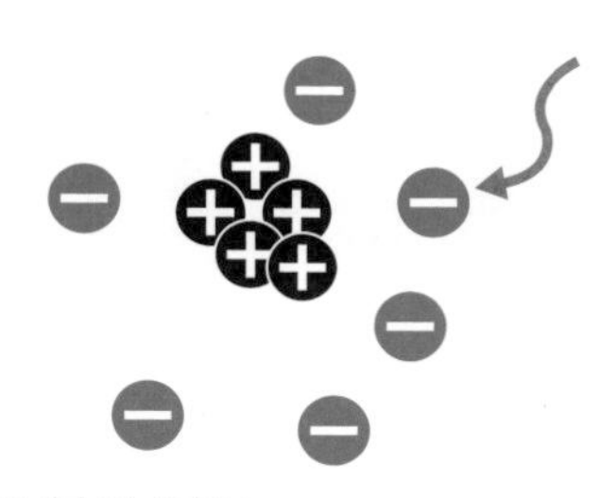

マイナスイオン

電子が飛び込んできたため、マイナスに帯電した状態にある。

ボルタと彼の体験（図8-5-4）

ボルタの体験を再現する。

唾液中に溶け出たイオンは、舌の細胞のイオン濃度を変化させ、電気を発生させて神経を刺激する。

ボルタ電池のしくみ（図8-5-5）

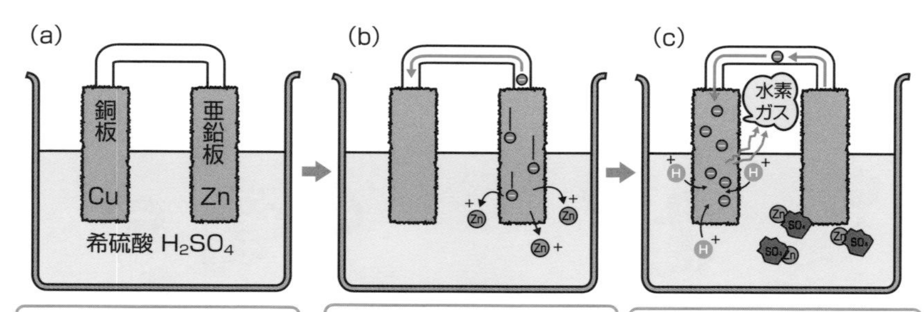

希硫酸が入った容器の中に、銅板と亜鉛板を離して浸ける。

亜鉛板から亜鉛イオン(+)が溶け出して、そのぶんだけ電子が亜鉛板に残される。亜鉛板の方の電子が多くなると、銅板との間に電位差が生じ、電子は銅板に向かって移動し始める。

銅板は、移動してきた電子によってマイナスに帯電する。希硫酸水溶液中の水素イオン(+)が引き寄せられる。このとき、電子と水素イオンが水素分子となって水素ガスが発生。溶液中に溶け出していた亜鉛イオン(+)は、希硫酸水溶液中の硫酸イオン(−)と結合して硫酸亜鉛になる。

これにより新たな亜鉛イオンが溶け出し、継続的に電流が発生!

8.6 電球の抵抗を測ろう

Point

- テスターの導通テストで、電球が切れていないかをチェック。
- 電球の抵抗を測ってみよう。
- 電球の抵抗は温度の上昇によって増加する。

電球が切れていないかをチェック

最近はスパイラル状の発光管やLED電球が普及してきたので、昔ながらの**電球**(白熱電球)を使う場所は限られてきました。電球は、タングステンという融点が高い金属を発光部(フィラメント)に使っていますが、点灯していない常温では抵抗値が小さいので、テスターの導通テストの機能で、電球が切れていないかどうかチェックできます。

電球の抵抗を測ってみよう

テスターで**電球の抵抗値**を測ってみましょう。電極部の表面が熱の影響で酸化している場合があるので、テストピンをしっかり当ててください。

抵抗の測定値はどのくらいでしたか? やけどに注意しつつ、しばらく点灯して熱くなった電球も測って比べてみましょう。

電球の抵抗の測り方(図8-6-1)

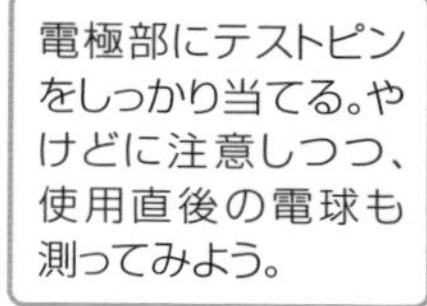

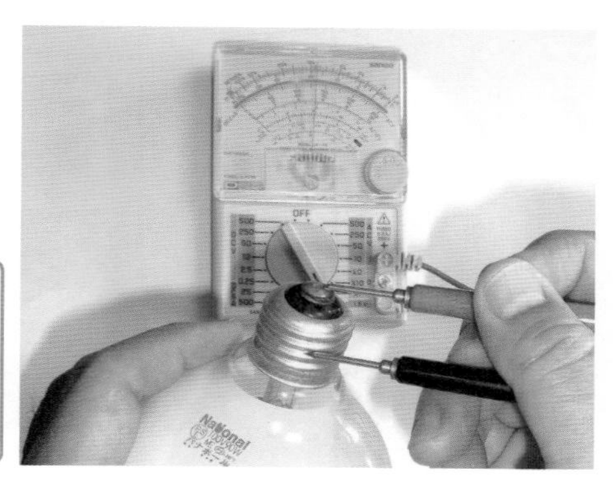

電球の抵抗値の計算

100Wの**電球の抵抗値**はどのくらいでしょうか？　2.4節で学んだオームの法則によれば、電力P、電圧E、抵抗Rの間につぎの式が成り立ちます。

$$P=E\cdot I=E\cdot \frac{E}{R}=\frac{E^2}{R}$$

この式をRについて解いて、Pを100W、Eを100Vとすると、

$$R=\frac{E^2}{P}=\frac{100^2}{100}=100\,\Omega$$

となって、計算上は100Ωになりました。しかし、実際に測定した100V、100Wの電球の抵抗値は、かなり小さい値です。

実は、フィラメントが発光しているときのタングステンの温度は3000℃近い高温です。電気抵抗は温度の上昇によって増加するので、電球が点灯しているときの抵抗値はほぼ100Ωになっている、というわけです。

いろいろな電球の抵抗を測ってみよう

電球にはいろいろな種類があるので、家の中を探して、異なる電球の抵抗値を測定してみましょう。スパイラル状の発光管やLED電球は、フィラメントを使っていないので、電球の抵抗値とは大きく異なります。

いろいろな電球（図8-6-2）

シリカ電球
10～100W

内側にシリカ塗料が塗ってある。

ボール電球
40～150W

内面シリカ塗料のものと、反射形がある。

レフ電球
40～300W

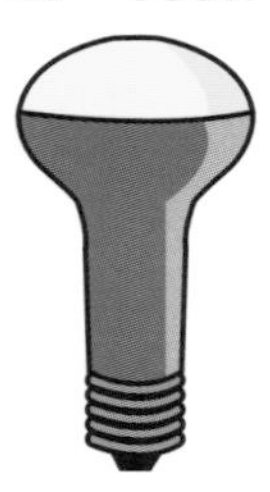

透明ガラスまたはシリカ塗料アルミ反射鏡

反射形電球
60～100W

上半分はアルミニウム反射鏡

8.7 蛍光灯の抵抗を測ってみよう

Point

- 蛍光灯も電球のようなフィラメントがあるが、しくみは複雑。
- 蛍光灯も電球のように抵抗を測れるが、切れているかはわからない。

テスターで蛍光灯をチェックできるか？

蛍光灯のしくみは複雑です。電流が流れると、電極のフィラメントが熱せられて電子が飛び出します。管内には水銀ガスとアルゴンガスが封入されており、両端のフィラメント間に加わる高い電圧で電子が放出され、フィラメント間で移動が起こりますが、これを**放電**といいます。

この電子は水銀ガスの原子にぶつかって紫外線を発しますが、紫外線は目に見えません。しかし管内には蛍光体が塗ってあるので、紫外線が当たることで目に見える光（可視光）を発しています。蛍光灯の抵抗もテスターで測れますが、電球の導通テストのように切れているかどうかを知ることはできません。

蛍光灯のしくみ（図8-7-1）

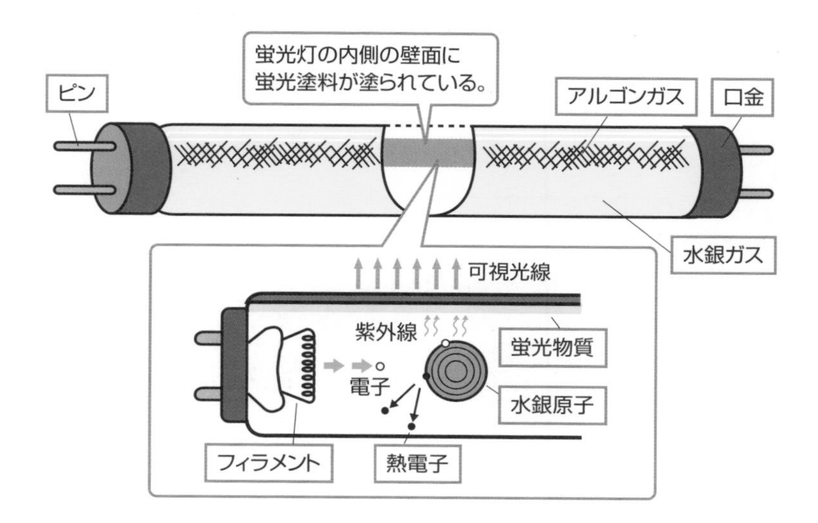

8.8 電池の直列接続と並列接続

Point

- 電池の直列接続では電圧が高くなる。
- 電池の並列接続では、電圧は変わらないが、電池の容量が増えるので長持ちする。

電池の直列接続と並列接続

図8-8-1（上）のような電池のつなぎ方を**直列接続**といいます。豆電球は電池の起電力によって点灯しますから、直列につなぐ電池の数を増やせば、電圧も増えて、より明るくなります。同じ電球であれば、電圧が高くなると電流も大きくなります。

また、図8-8-1（下）のような電池のつなぎ方を**並列接続**といいます。この場合は電圧が変わらないので、電球の明るさは電池1個のときと同じです。その一方、電池の容量は2倍となるので、長持ちするようになります。

電池の直列接続と並列接続（図8-8-1）

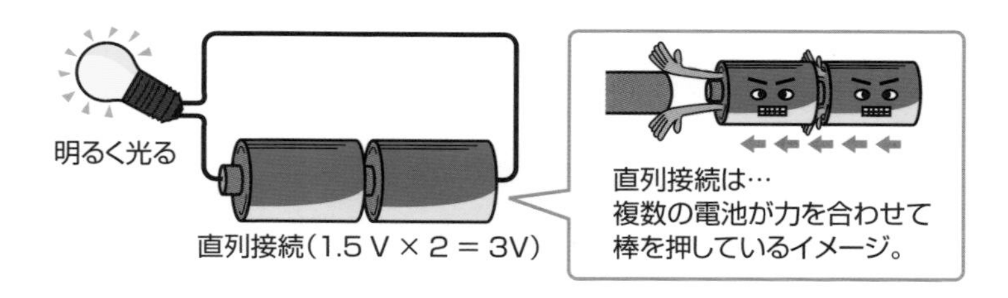

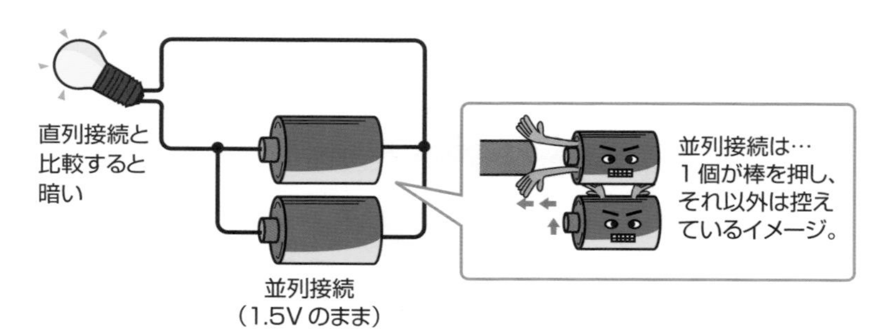

8.9 カーバッテリーの電圧を測ろう

Point

- シガープラグで、アイドリング時のカーバッテリーの電圧を測る。
- エンジン停止時のカーバッテリーの電圧を測る。
- ヘッドライトを点灯したときの電圧降下で、バッテリーの消耗を知る。

カーバッテリーの電圧

普通の自動車の**バッテリー**（**カーバッテリー**）は12Vです。**鉛蓄電池**が使われており、鉛蓄電池1個あたりの電圧は2Vですので、これを6個直列につないで12Vにしています。ちなみに、1.5Vの乾電池8個を直列接続しても12Vになるので、これらの電圧の互換性から12Vになったそうです。

エンジンがかかっているとき、シガーソケットにシガープラグを差し込み、そのリード線の先にワニグチクリップのアダプターを付けて、ファンクションのDCVで直流電圧を測ってみましょう。エンジンをかけた直後の電圧は12Vより高く、しばらくすると少し低い値になってくるはずです。

シガープラグでカーバッテリーの電圧を測る（図8-9-1）

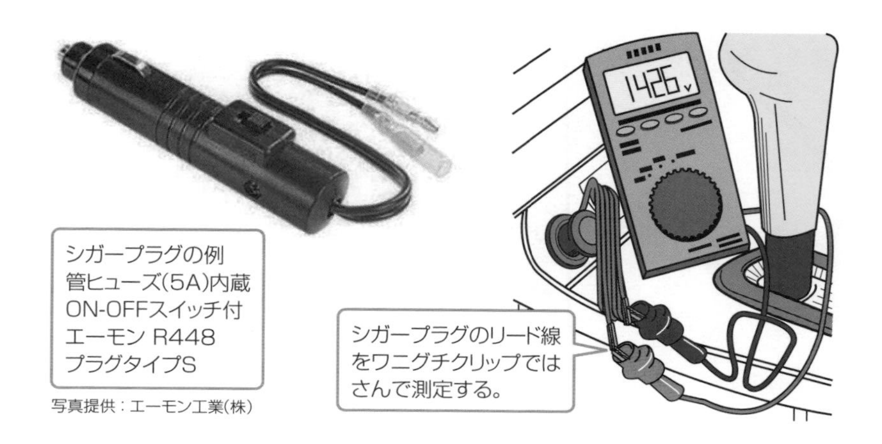

8章 身近なあれこれを測定してみよう

カーステレオの電圧はなぜ13.8V？

カーステレオなどの車載用機器の**定格電圧**は**13.8V**となっていますが、これはなぜでしょうか？　ここで定格電圧とは、その値まで加えることができる電圧という意味です。

カーバッテリーの電圧は12Vですが、走行中は車の回転を利用して、その運動エネルギーを使ってバッテリーを充電しているため、電圧が14V以上になるのです。そこで、ほとんどの車載用機器は定格電圧を13.8Vとして設計されています。

エンジンが止まっているときの電圧は？

それでは、エンジン停止時のカーバッテリーの電圧はどれくらいでしょうか？　シガープラグのときと同じように、テスターのファンクションをDCVにセットします。

つぎに、車のボンネットを開けて、テスト棒の先に付けたワニグチクリップのアダプターでバッテリーの端子をはさんでください（図8-9-2）。こんどは12Vに近い電圧になったでしょう。

エンジン停止時のカーバッテリーの電圧を測る（図8-9-2）

ワンポイント　エンジン停止時にバッテリーの電圧を測り、ヘッドライトを点灯したときに1V以上も電圧が下がるようなら、バッテリーが消耗しているかも…。

カー&バイク用バッテリーのチェックと注意事項

カーバッテリーの電圧測定（8.9節）では、テスターのファンクション（測定機能）をDCV（直流電圧）に切り替えて、赤のテスト棒をバッテリーのプラスに、黒のテスト棒をマイナスに当てます。

車に搭載していない場合は、鉛蓄電池の満充電での電圧が12.6～12.8Vを表示するでしょう。また搭載した状態で、電圧は10～15Vの間を示します。

バイク用のリチウムイオンバッテリー（写真）も、新品や満充電の電圧（公称電圧）は12Vです。こちらも満充電での電圧が12Vよりもやや高い値を表示するでしょう。

カーバッテリーの配線に流れる電流を測るには、クランプメーター（1.12節）が便利です。電線に電流が流れていると、アンペアの右ネジの法則に従った磁力線がまとわり付いています（4.4節）。これに沿ってはさみこんだクランプコアは磁力の強さを検出し、電流値に変換して表示します。

バイク用のリチウムイオンバッテリー

赤色のテスト棒をバッテリーのプラス側（赤色）、黒をマイナス側に当てる。

※電気配線にはむき出し部もあるので、触らないように注意。

写真提供：岡田商事（株）

8.10 コンセントのアース側とは？

Point
- AC100Vでなぜ感電するのか。
- AC100Vの配電線にはホット側とコールド側がある。

コンセントの100Vで感電する？

7.8節「電圧は並列で測る」で学んだように、家庭の**コンセント**は、電柱の配電線が引き込まれていますが、各コンセントは図8-10-1に示すように並列接続されています。また、**AC100V**の電線の片側は、図のように電柱の**柱上トランス**から**アース**されています。

この電線のどちらか一方に触れると感電しますが、感電するのはアースされていない側の電線に触れたときです。このとき人体を通った電流は、足から床、地面を経由して、柱上トランスへと流れます。人体は抵抗が大きいとはいえ、電線の両側がつながる形なってしまうので感電します。

AC100Vの電線の片側はアースされている（図8-10-1）

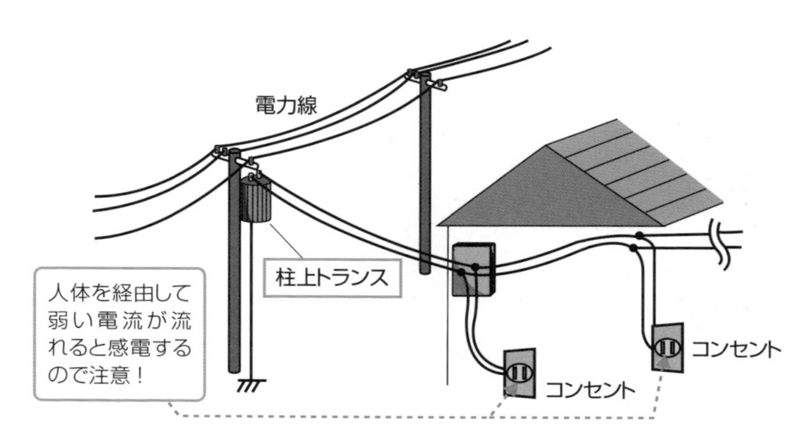

コンセントのホット側とコールド側を調べる

オーディオに凝っている読者は、アンプの100V**プラグ**の向きに気を付けているかもしれません。AC100Vのコンセントは、柱上トランスからアースされている側を**アース側**あるいは**コールド側**（**ニュートラル側**）、もう一方を**ホット側**と呼んで区別する場合があります。

一般の家電では、おそらく気にせずに100Vのプラグを差し込んでいるでしょう。しかしコンセントをよく見ると、図8-10-2（左上）のようにアース側の穴がやや長くなっており、**アース端子**が付いているコンセントもあります。アース端子がしっかり建物にアースされていれば、テスターのファンクションをACVにセットして、黒のテストピンをアース端子に付けたまま、赤のテストピンを差し込んで電圧が出る方がホット側です。また、アース端子がないコンセントでは、図8-10-2（左下）のようなネオン管付きの**検電ドライバー**を握って差し込み、点灯した方がホット側です。

コンセントのアース（図8-10-2）

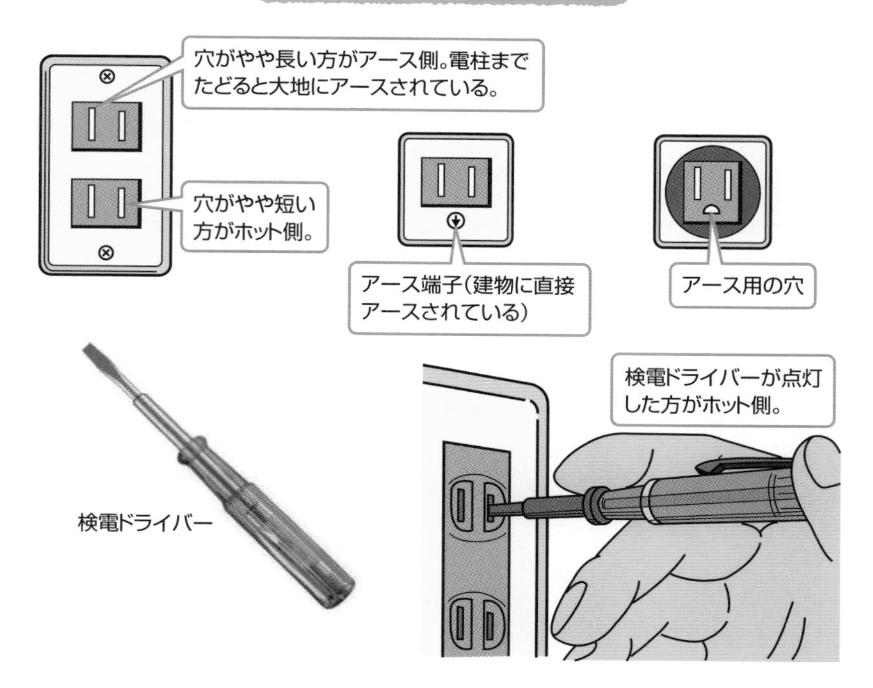

memo

実践編

第9章

故障かなと思ったら自分で診断

テスターによる導通チェックは、電気製品の故障の原因を見つけるための初歩的なテストです。これだけで発見できることもありますが、つぎに調べるのは電源の電圧でしょう。

ポータブルプレーヤーやパソコンのヘッドフォン端子にはオーディオ信号が出ていますが、これは交流なので、テスターのファンクションは交流電圧を選びます。

いろいろな家電の100VのACプラグから内部抵抗の値を測っておくと、「故障かな？」と思ったときに、抵抗値で判断できるでしょう。

9.1 電気製品のケースを開けると…

Point
- ケースを開けると保証の対象外になる電気製品が多い。
- 広いテーブルの端から順番に部品を並べて分解する。
- まずは安価な製品のケースを開けて内部を調べてみよう。

製品の保証

電気製品の**取扱説明書**（略して取説〈とりせつ〉）には、「ケースを開けての修理は、サービスマン以外行わないでください。保証の対象外になるばかりか、機器を損傷したり機能を失う恐れがあります」などと書いてあります。そのため、ケースを開けて故障診断をしたくてもためらってしまうことがよくあります。

また、最近の電気製品は回路基板やスイッチ、機械部品などの実装密度が高く、仮にケースを開けても手が出ない場合が多いのです。筆者は、小型ビデオカメラのコントロールスイッチの端子を探して、そこから配線を外部へ引き出すために、ケースを開けたことがありました。保証が利かなくなることを覚悟の上で、広いテーブルの端から順番に分解した部品を並べて、再びていねいに組み立てたのですが、最後にネジがいくつか残ってしまいました。

小型ビデオカメラの内部イメージ（図9-1-1）

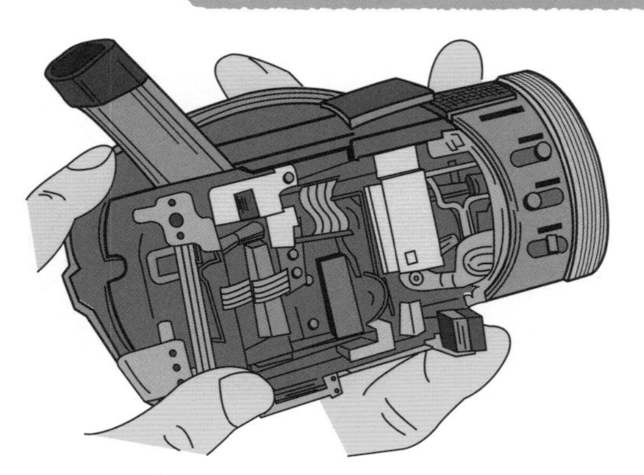

ケースを開けると保証の対象外になる電気製品が多い。

安価な製品で試してみよう

高価な家電を分解して、元に戻らなくなっては大変です。まずは安価な製品のケースを開けて、内部を調べてみましょう。

図9-1-2は、1.4節「入門者向きの電池チェッカー」で紹介した、アナログ式テスターに似た電池チェッカーです。基板もシンプルなので、外して調べたあとで元に戻りそうです。

これは外国製のようで、裏面に“DO NOT REMOVE THIS CABINET COVER”（箱のカバーを外さないこと）と書いてあります。

練習用に安価な製品を分解してみよう（図9-1-2）

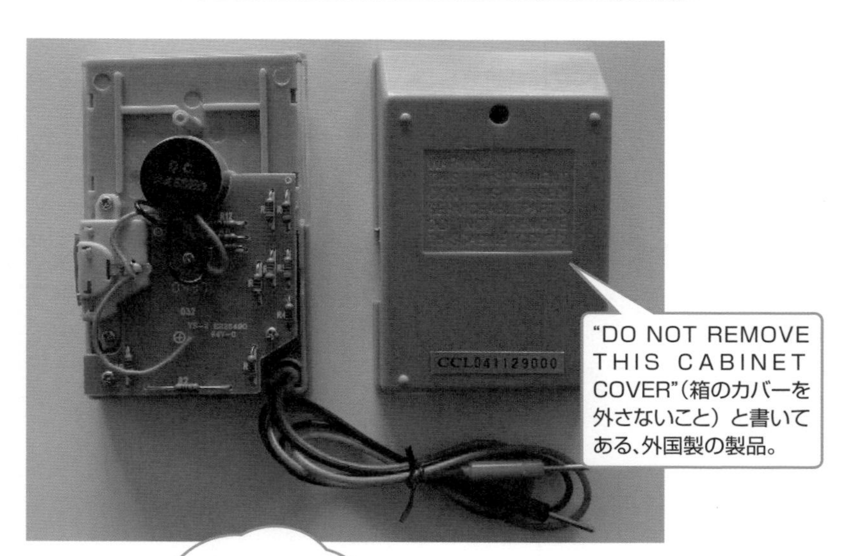

プラスチック製のケースはネジ止めされていないことが多いよ。

接合部のどこかにマイナスドライバーを差し込めるほどのすき間がある場合はこじ開けることができるけれど、接着されているときはケースを破損しないように注意しよう。

9.2 リモコンの接触不良を直す

Point
- リモコンのボタンの導電性ゴムが摩耗すると、利きが悪くなる。
- 分解して、ボタン表面を拭き取るかアルミホイルを貼って直そう。

リモコンのボタンが利かない？

テレビや**HDDレコーダー**など、多くの家電には**リモコン**が付いています。長い間使っていると、反応しないボタンが見つかり、電池を調べても消耗していないので、故障を疑うこともあります。こんなときには、ボタンの**導電性ゴム**が摩耗しているかもしれません。

まず電池を外すと、たいてい小さなネジが1つまたはいくつか見つかります。これらを外してからマイナスドライバーでこじ開けると、基板が外れます。このとき、ボタンが付いている側を下向きにして開けないと、ボタンがボロボロ落ちてしまうことがあります。黒いボタンの表面が汚れたり摩耗していると、導電性が劣化し、基板にある櫛（くし）形の接点をショートできなくなります。テスターで当たるまでもないかもしれませんが、表面を拭き取っても導通しない場合は、ボタンの大きさに切ったアルミホイルを両面テープでボタンの表面に貼ると、しっかり導通するようになります。

リモコンの内部例（図9-2-1）

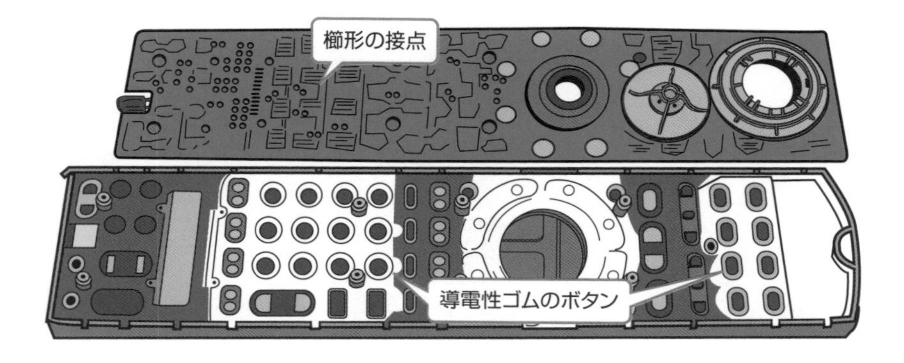

9.3 電源コードの断線チェック

Point

●電源コードなどの撚(よ)り線は、ムリに折り曲げると断線の原因になる。

コードの断線をチェックする方法

長すぎる**電源コード**をムリに束ねて使うと、電力量によってはケーブルが熱を持ち、発火に至ることもあります。電源コードは細い電線を何本も撚っているので、鋭く折り曲げて撚り線の一部が**断線**すると、残った線に電流が集中して抵抗が増し、発熱の原因になります。また、最悪の場合は断線して、電流が流れなくなります。

電源コードはビニールで被覆されているので、外からは断線がわかりません。また、一部が壁の中を通る電線の場合も、引き出して調べるわけにはいきません。そこで、図9-3-1のように電源コードの一端をショートして、他端で導通を見れば、途中で断線しているかどうかチェックできます。

断線しかかっているかもしれない？

導通があれば電源コードは使用できますが、抵抗がゼロではなくある値になっている場合は、もしかしたら撚り線の多くが断線しかかっているかもしれません。疑わしいときは、念のため電源コードを交換した方がよいでしょう。

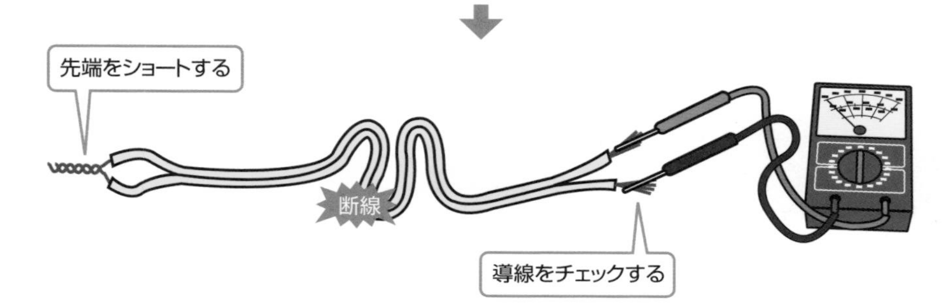

図 9-3-1 の方法は、電源コードの一部が壁の中を通る電線の場合に便利。

9.4 同軸ケーブルの断線チェック

Point

- 有線LANの同軸ケーブルの両端は、50Ωの抵抗器で終端されている。
- テスターでLANケーブルの断線箇所を探す。

LANケーブルの構造

近年はツイストペアケーブル（次節参照）や**無線LAN**の普及により、昔ながらの同軸ケーブルによる**有線LAN**はほとんど見かけなくなりました。**LAN**（ローカルエリアネットワーク）は、1980年代からオフィスのワークステーションやパソコン同士をつなぐようになって普及しましたが、はじめは**同軸ケーブル**を使っていました。

両端には電気信号の反射を防ぐために、50Ωの**終端抵抗器**が付いています。

同軸ケーブルによる昔のLAN（10BASE2）（図9-4-1）

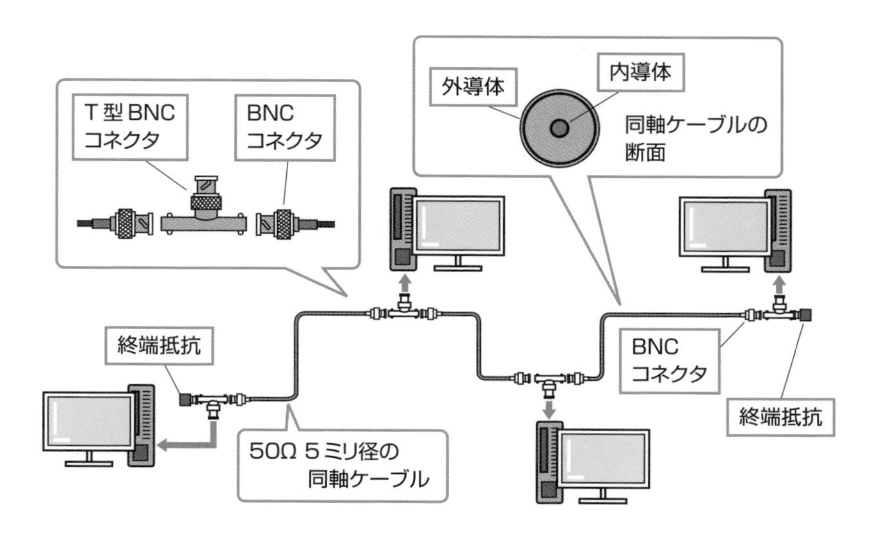

断線していない同軸ケーブル（図9-4-2）

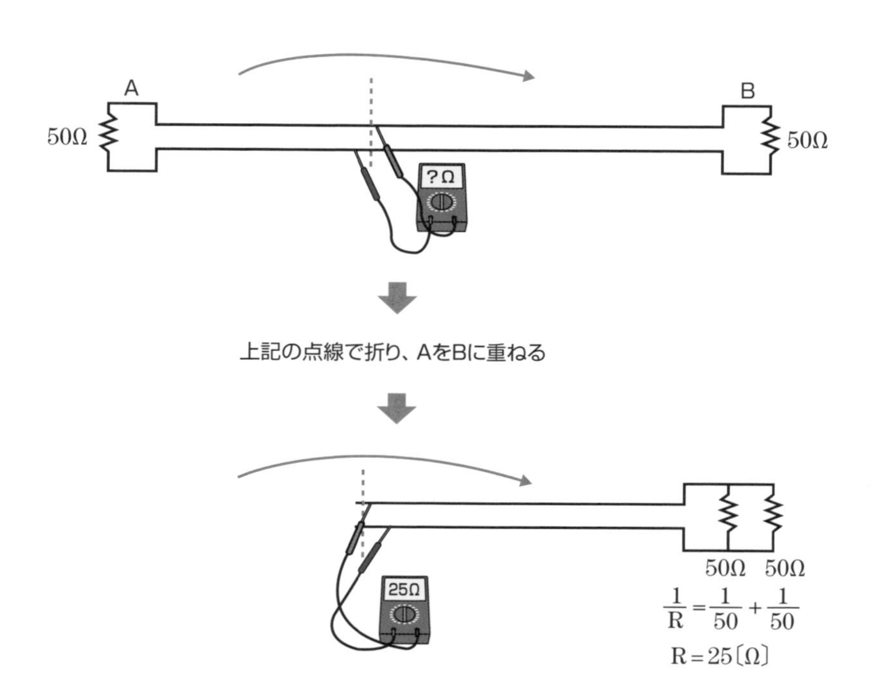

正常なLANケーブル

同軸ケーブルは、内導体と外導体の間に信号を加えます。外導体が内導体を包み込む構造であり、外導体がアース側（グラウンド側）につながっています。

ケーブル端は、**開放**（オープン）のままにすると信号が反射してしまうので、50Ωの抵抗で終端して信号を吸収するようになっています。同軸ケーブルは**50Ω**や**75Ω**などの種類がありますが、この値はケーブルの特性インピーダンス（ケーブル中を電気信号が伝わっているときの電圧と電流の比）です。この値と同じ抵抗器で終端すると、信号は反射しなくなります。

同軸ケーブルが断線していないかどうか調べるには、両端に50Ωの終端抵抗を付け、途中の**T型コネクタ**の内導体と外導体にテスターのテストピンを当てて、抵抗値を読みます。電気回路として考えれば、これは50Ωの抵抗2個の並列接続ですから、断線がなければテスターは25Ωを示すはずです（図9-4-2）。

断線している同軸ケーブルの断線箇所を探す（図9-4-3）

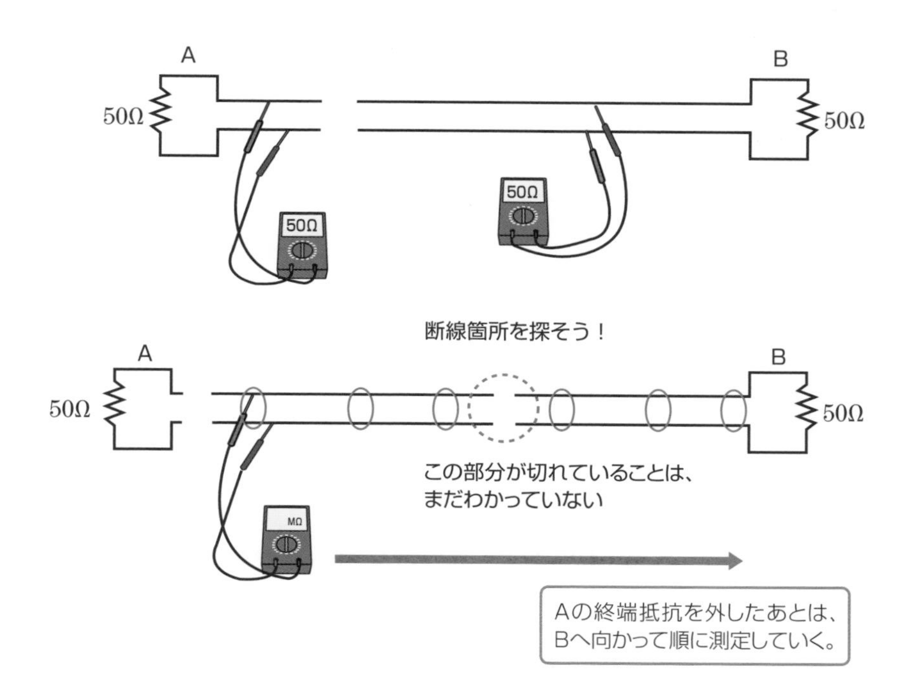

LANケーブルの断線箇所を探せ！

同軸ケーブルがどこかで**断線**していたらどうでしょうか。どこかで断線している場合は、図9-4-3（上）に示すようにテスターは50Ωを示すはずですが、それだけでは、どこで断線しているのかわかりません。

LANケーブルが断線しているときは、コンピューター同士はつながらないので、すべてのコンピューターをいったん止めてAの終端抵抗だけを取り外します。つぎに左側から順に、T型コネクタで抵抗値を測ってみます。

デジタル器では、抵抗の表示がO.L.（overload）のときは抵抗値が無限大です。さらに右側に移りながら同じように測っていくと、どこかで50Ωになるはずです。そのとき、1つ手前の測定点と現在の測定点の間に断線があることがわかります。

9.5 ツイストペアケーブルの断線チェック

Point
- 導通テスト機能のブザーで断線をチェック。
- 導通チェックではピンアサインに気を付ける。

有線LANのツイストペアケーブル

最近の**有線LAN**では、**ツイストペアケーブル**によってパソコンを**ハブ**に接続します（図9-5-1）。ケーブルの先端に付いているのは**RJ45プラグ**で、ピンは8個あります。

ピンの番号は図9-5-2（左上）のようになっています。この図はプラグですが、ピンがむき出しに出ているプラグ側をオス、ジャック側をメスと呼ぶことがあります。

有線LANのハブとRJ45プラグ（図9-5-1）

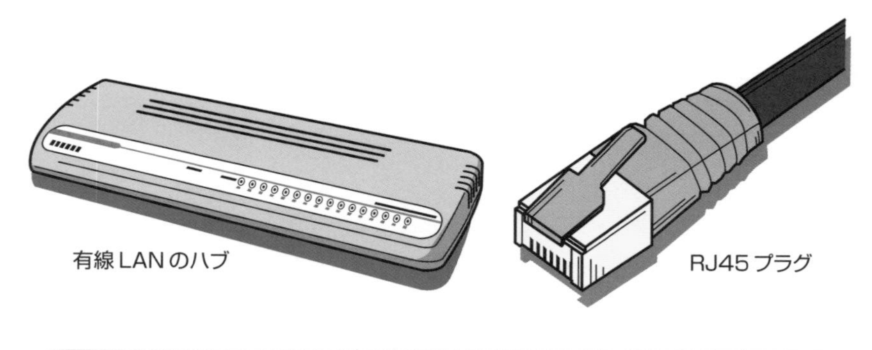

有線LANのハブ

RJ45プラグ

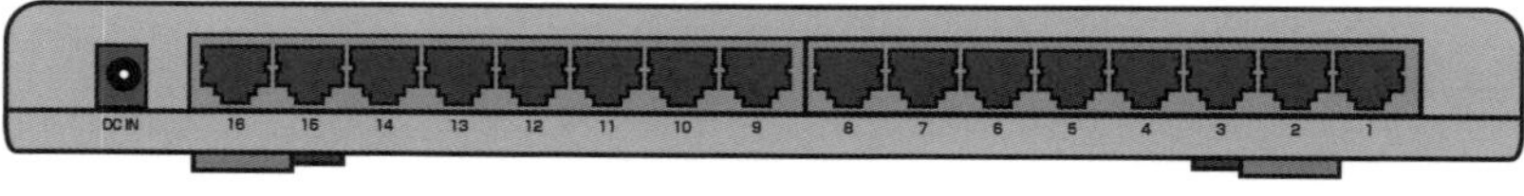

ハブの背面（RJ45ジャックが並んでいる）

パソコンをハブやルーターにつなぐときには**ストレートケーブル**を使いますが、パソコン同士やハブ同士をつなぐときには**クロスケーブル**を使います。２種類あるので、導通チェックではピンアサイン（ピンの割り当て）に気を付けてください。

線の色指定には異なる規格（T568A、T568B）がありますが、JIS（日本産業規格）には色の指定はありません。

ツイストペアケーブルの導通テスト

ツイストペアケーブルの導通テストにはテスターの導通テスト機能を用います。

テスターのテストピンの先端は鋭いので、ケーブルの両端をそろえて持ち、１番ピンから順番にチェックします。

RJ45のピンアサイン（図9-5-2）

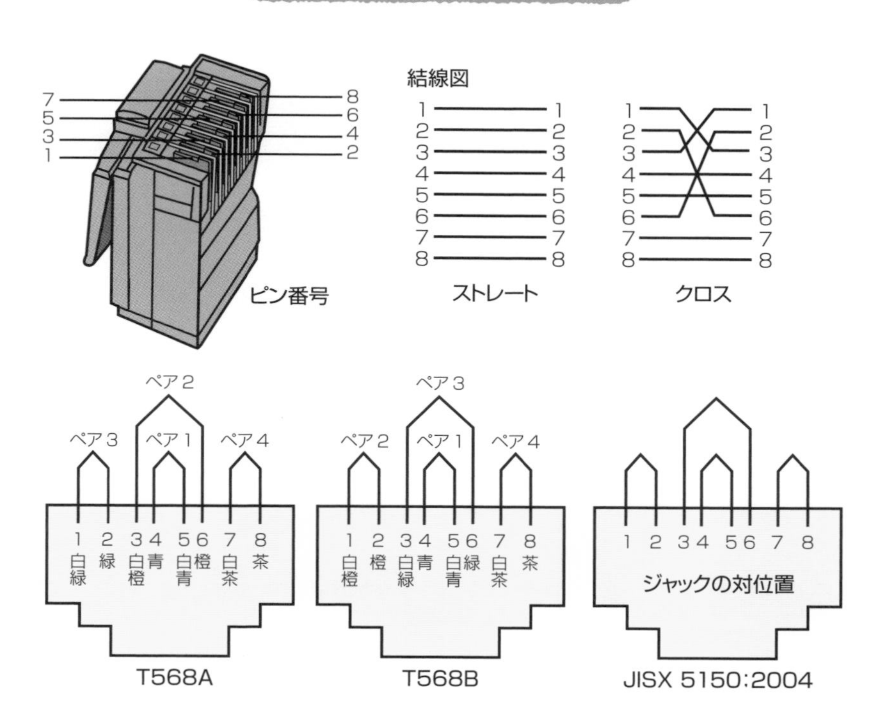

情報機器(インターフェース)をテスターでチェック

USB(Universal Serial Bus)は、キーボード、マウス、プリンター、スキャナー、メモリー、DVDドライブなどをパソコンに接続するインターフェースです。

本来はデジタル信号用ですが、パソコンのUSB端子につなげる扇風機や加湿器などは、USB機器用の5V電源端子を使っています。

USBの規格は、データ転送速度の向上に伴って、供給できる電源の規格も変わっています(下表)。

USBコネクターの形状は**Standard**、**Mini**、**Micro**の3種類で、それぞれ**Type-A**、**Type-B**があります。このほかに近年は、**Type-C**(上下リバーシブル構造の1種類のみ)の普及が進んでいます。USBが供給する電源電圧を測るには、Standard USB:1番ピン(+)と4番ピン(−)間、Mini/Micro USB:1番ピン(+)と5番ピン(−)間にテスト棒を当てます。

またUSBケーブルの導通を調べるには、同じピン番号(ピンアサイン)同士で8.2節の導通テストブザーを使うと便利です。

USB規格とコネクターのピン番号(ピンアサイン)

規格名	最大データ転送速度	電流	電圧
USB 1.0	12Mbit/秒	500mA	5V
USB 1.1	12Mbit/秒		
USB 2.0	480Mbit/秒		
USB 3.0	5Gbit/秒	900mA	
USB 3.1	10Gbit/秒		
USB 3.2	20Gbit/秒		

Standard
4 3 2 1 Type-A
1 2 / 4 3 Type-B

Mini
5 4 3 2 1 Type-A
5 4 3 2 1 Type-B

Micro
54321 Type-A
54321 Type-B

※Type-Aはパソコン本体、Type-Bは周辺機器に使われる。

9.6 電池で動作する機器を診断する

Point

- おもちゃの回路はシンプルなので、電源からたどる。
- まずは電池の消耗を疑ってみる。

電源電圧をたどる

ボタンを押すとLEDライトが点灯したり音が出るようなおもちゃは、回路がシンプルです。図9-6-1のキーホルダーは、新品なのに音が出ないので、ボタン電池が消耗しているのかな？　と思いつつ分解してみました。腕時計用の小さいボタン電池が2つ直列に接続されています。これは1.5Vのアルカリボタン電池（LR41）なので、3Vあれば動作するはずです。

電池のホルダーで測ると2.9Vでした。円形基板の中央にはテレビのリモコンと同じ櫛形の接点があり、導電性ゴムのボタンを押すとONです。接点間の電圧も2.9V近いので問題はなく、結局、メロディICの不良であることがわかりました。

電池から電源線をたどる（図9-6-1）

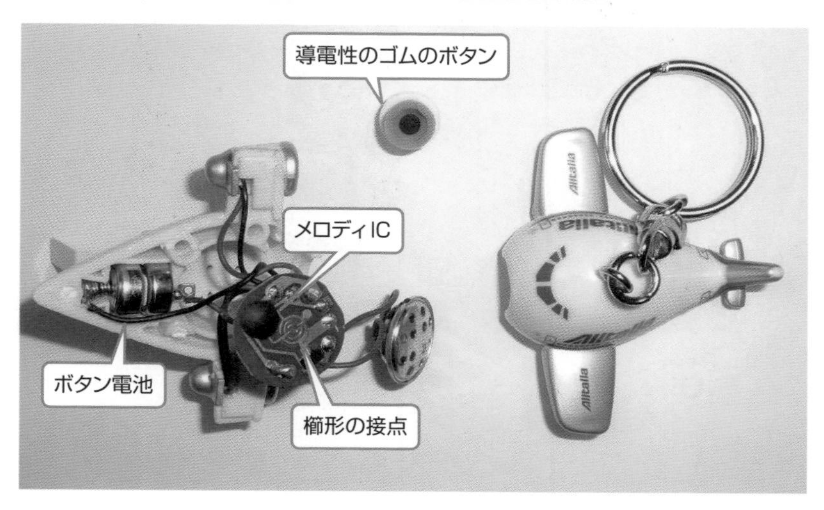

9.7 オーディオ機器を診断する

Point

●オーディオ信号は低周波出力なので、交流電圧で測る。

オーディオ信号をチェックする

ポータブルプレーヤーやパソコンのヘッドフォン端子には、**オーディオ信号**が出ています。これは、スピーカーやヘッドフォンなどを**可聴範囲**（周波数20Hz～20kHz）で振動させる交流です。そこで、テスターのファンクションは**交流電圧**を選びます。デジタル器は数値が変動するので、アナログ器の指針の方が見やすいでしょう。他の音源も測って比較してみましょう。

小型ラジオのオーディオ出力電圧を測る（図9-7-1）

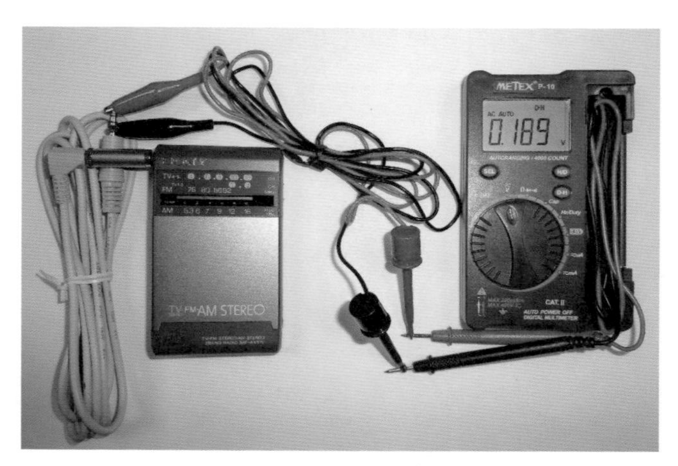

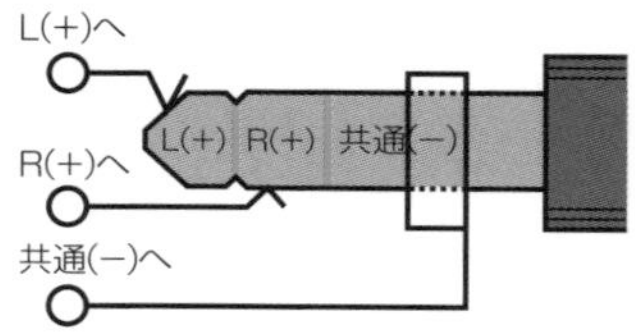

ステレオジャックの共通(−)には黒、R(+)またはL(+)には赤のテスト棒をつなげる。ミノムシクリップのリード線を使うとよい。

9.8 ヘッドフォンの抵抗を調べる

Point

- ヘッドフォンの特性はインピーダンスで表される。
- インピーダンスはフェーザー表示の電圧と電流の比である。

インピーダンスとは？

前節のオーディオ信号端子には、ヘッドフォンやイヤフォンを付けます。カタログには例えば「64Ω」などとありますが、抵抗ではなく**インピーダンス**と書いてあります。これは「交流回路の電圧と電流の比」で、単位は直流の電気抵抗と同じΩ（オーム）です。テスターでは直流の抵抗値（電圧と電流の比）を測っています。

ヘッドフォンのインピーダンス特性（図9-8-1）

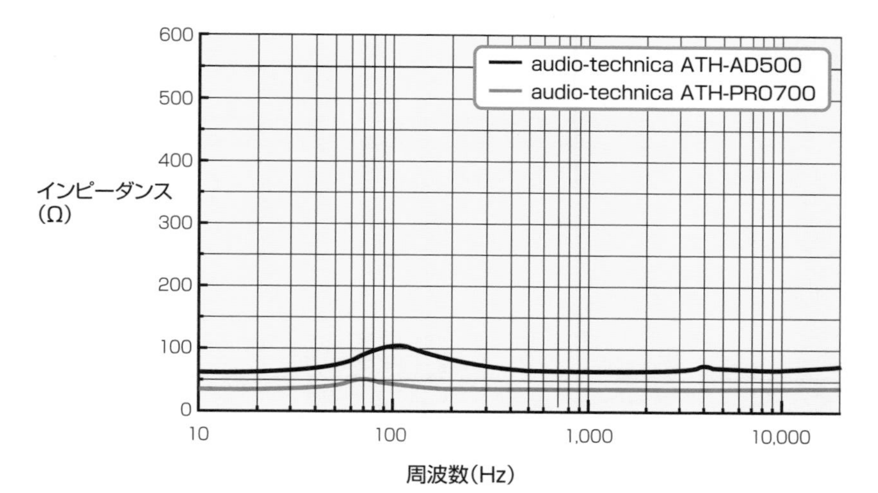

出典：各メーカーのヘッドフォンの特性値が得られるWebサイト。
https://headphones.com/

交流のフェーザー表示とは？

よい機会なので、ここで交流の**フェーザー表示**について学んでおきましょう。少し数式が出てきますが、電気の世界ではよくお目にかかるので、理解しておくと便利です。

交流の信号波形はさまざまですが、計算に便利な**正弦波（sin波）**を交流の代表として用います。正弦波は、図9-8-2に示すように、左回りを正の方向として等速円運動をしている点を時間軸に対応させて描いた曲線です。

この回転の速さを表すものが角周波数ωで、周波数をf、周期をTとしたときに、

$$\omega = 2\pi f = \frac{2\pi}{T}$$

となります。θは波の位相角、tは時間で、電圧の実効値をEとすると、正弦波電圧は、

$$\sqrt{2}E\sin(\omega t + \theta)$$

と書けます。これを$Ee^{j\theta}$または$E\angle\theta$のように表すことがあり、**フェーザー（phasor）電圧**と呼んでいます（∠は角度を表す）。

また、この表示法をフェーザー表示あるいは**ベクトル表示**、**複素数表示**ともいいます。

等速円運動をしている点と正弦波の関係（図9-8-2）

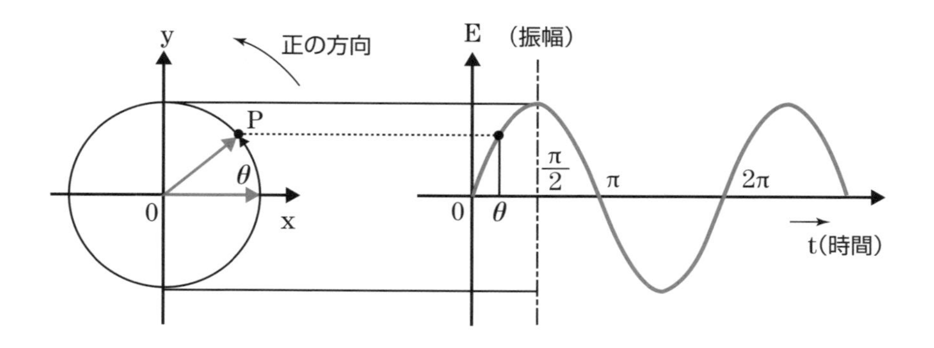

フェーザー表示とインピーダンスの関係

先述のEe$^{j\theta}$という**フェーザー表示**は、代数学の$e^{jx} = \cos x + j \sin x$という関係を用いており、ここで j は**虚数**を表しています。なぜ数学で使うiを使わないかというと、電気の世界ではiで電流を表すことが多いためです。

また、eは**自然対数**の底で、πと同様に、e = 2.71828…と限りなく続く数です。

等速円運動をしている点Pは、原点からの長さと向きを持つので**ベクトル**で表現できますが、これが**ベクトル表示**という名前の由来です。

横軸をx、縦軸をjyとしたとき、このグラフに複素数を描けますが、これが複素数表示の由来です。

以上をまとめると、ベクトル$\dot{A}$すなわち複素平面座標 (a, b) は、

$$a + jb = A(\cos\theta + j\sin\theta) = Ae^{j\theta} = A\angle\theta$$

のように表現できます (図9-8-3)。電気の世界では、信号をフェーザー表示で扱うと計算が簡単になることが多いので、これらの表現が好んで使われています。

インピーダンスは電圧と電流の比ですが、負荷にコイルやコンデンサーが含まれると、電圧と電流の波にズレができて、インピーダンスも複素数で表現されます。ヘッドフォンのインピーダンス特性は、加える信号の周波数によって異なるので、横軸に周波数をとったグラフで表すことができます。

複素数表示の例 (図9-8-3)

a=1、b = $\sqrt{3}$、θ =60° の例

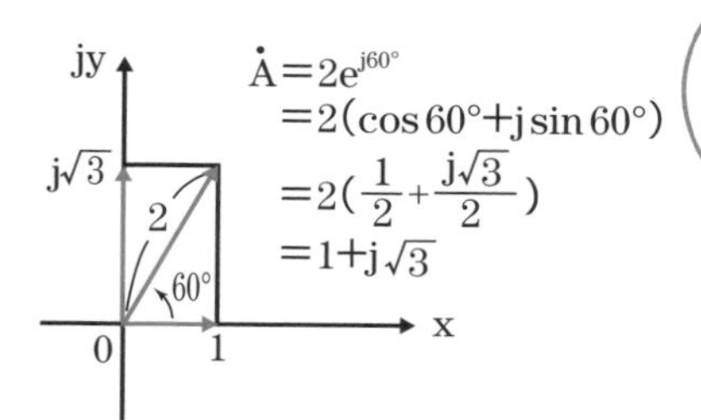

9.9 交流回路のオームの法則

Point

- 交流の電圧、電流、インピーダンスは $\dot{E}$、$\dot{I}$、$\dot{Z}$ のように表される。
- $\dot{E}=\dot{I}\dot{Z}$ を交流回路のオームの法則という。

交流回路のオームの法則

2.4節で学んだオームの法則は、直流回路に関する法則でした。交流のフェーザー表示は、電圧、電流、インピーダンスをベクトルで表していますが、これらをそれぞれ $\dot{E}$、$\dot{I}$、$\dot{Z}$ と書いた場合に、$\dot{E}=\dot{I}\dot{Z}$ を「交流回路のオームの法則」といいます。電圧、電流、インピーダンスはベクトル表記ですが、直流のオームの法則であるE=IRと同じ形になっているのがわかるでしょう。

交流回路のオームの法則の例題（合成インピーダンス）

図9-9-1(a)の合成抵抗は、直流のオームの法則からつぎのように求められます。

$$R_{ab}=R_1+\frac{1}{(1/R_2)+(1/R_3)}=R_1+\frac{R_2\times R_3}{R_2+R_3}$$

同様に、図9-9-1(b)の交流回路の合成インピーダンスは、つぎのようになります。

$$\dot{Z}_{ab}=j50+\frac{10(-j30)}{10-j30}=j50+\frac{-j300}{10-j30}=j50+\frac{-j30(1+j3)}{(1-j3)(1+j3)}=9+j47〔\Omega〕$$

インピーダンスの実部Rを純抵抗、虚部Xをリアクタンスと呼びます。

合成インピーダンス（図9-9-1）

(a)

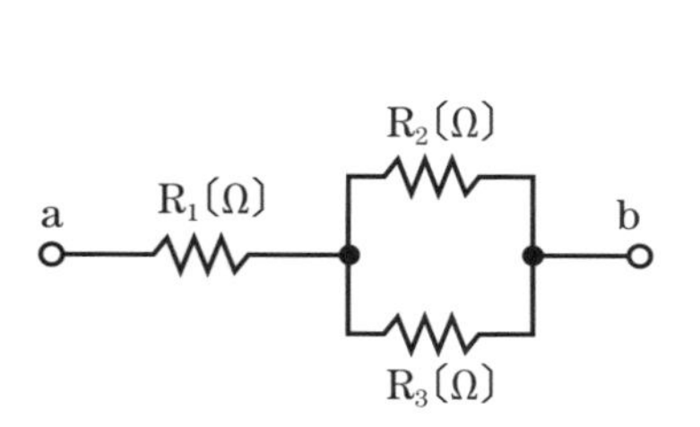

(b)

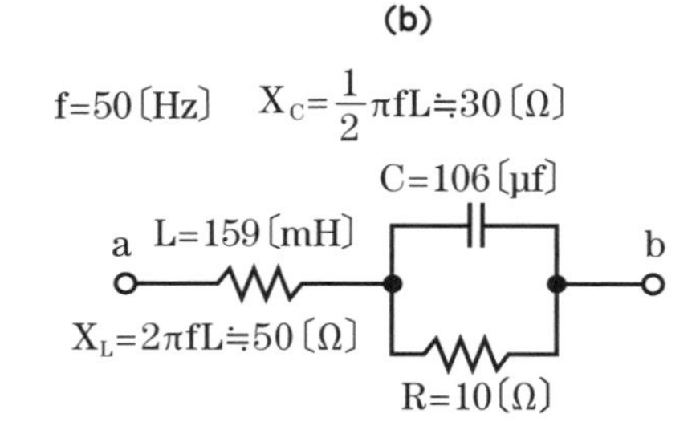

9.10 スピーカーを調べる

Point

- スピーカーのしくみは、フレミングの左手の法則で説明できる。
- スピーカーの直流抵抗は、インピーダンスの定格値とは異なる。

スピーカーの構造

ダイナミック型スピーカーは、図9-10-1のような構造になっています。**ムービングコイル**と呼ばれているコイルにアンプの出力信号を加えると、そのまわりにある永久磁石の磁力と反応して力が発生します。この力でコーンを振動させ、その振動はさらに空気を振動させて音が出ます。

ダイナミック型スピーカーの構造と「フレミングの左手の法則」(図9-10-1)

磁力がある場所は磁界(または磁場)と呼ばれている。コイルの電流が流れると、その強さに応じた力が発生する。この現象を覚えるために工夫されたのが、フレミングの左手での法則である。

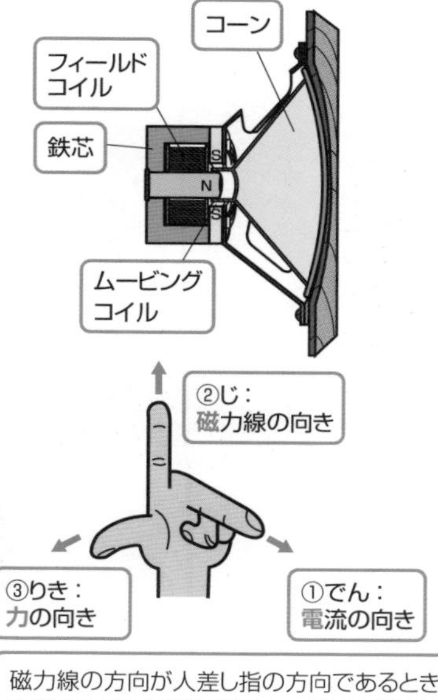

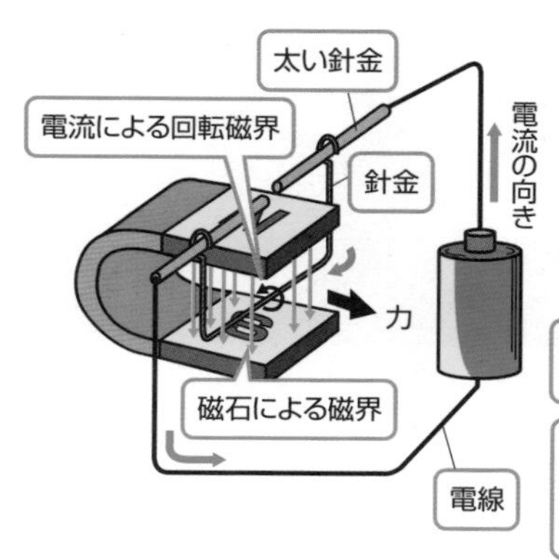

磁力線の方向が人差し指の方向であるとき、中指の方向に電流を流すと、導体が親指の方向に動く(「でん・じ・りき」と覚える)。

スピーカーのチェック

ダイナミック型スピーカーの直流抵抗を調べるには、デジタル器のファンクションを抵抗にセットして、スピーカーの２つの端子にテスト棒を当てます。スピーカーの端子には＋と－の極性が刻印されていますが、このテストには抵抗のファンクションを使うので、極性はどちらでもかまいません。

抵抗のファンクションではテスターから電流が流れるので、電磁石のコイルが切れていなければ、スピーカーによってはガリガリ音が出ます。また、スピーカーには**インピーダンス**の定格値が印刷されていますが、直流の抵抗を測るので、ピッタリ同じ値にはなりません。

ダイナミック型スピーカーの直流抵抗を測る（図9-10-2）

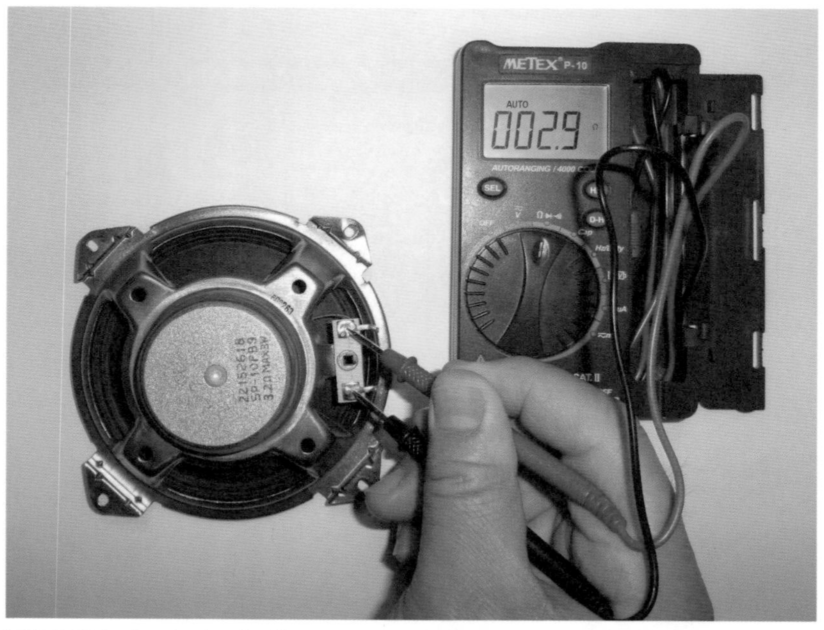

写真のスピーカーのインピーダンスは 3.2Ωと印刷してあるが、直流抵抗は 2.9Ωだった。

スピーカーの極性とは

スピーカーの端子には通常、+と−の極性が刻印されているはずですが、表示がないこともあります。スピーカーケーブルの左右は、モノラルの場合であれば、どちらに付けてもかまいません。ステレオの場合、アンプからスピーカーケーブルへの極性は正しいとして、ペアのスピーカーの左右とも同じつなぎ方にすればOKです。

ステレオは、左マイクで録音した音と右マイクで録音した音の**位相**を、そのままスピーカーで再生することで、臨場感が得られます。位相とは、同一時刻に測った波の位置や状態のことです。片側のスピーカーだけ+−の極性を反対につなげると、位相が逆転してしまい、中央で聴いたときになんとなく立体感のない音のように感じられます。

スピーカーケーブルの極性をチェック

アンプまでたどって極性を確認できない場合は、**スピーカーケーブル**の極性が知りたくなるでしょう。デジタル器の直流電圧でスピーカーケーブルをチェックすると、極性が逆の場合には−の値が表示されるので、簡単に判断できます。

スピーカーケーブルの極性をチェックする（図9-10-3）

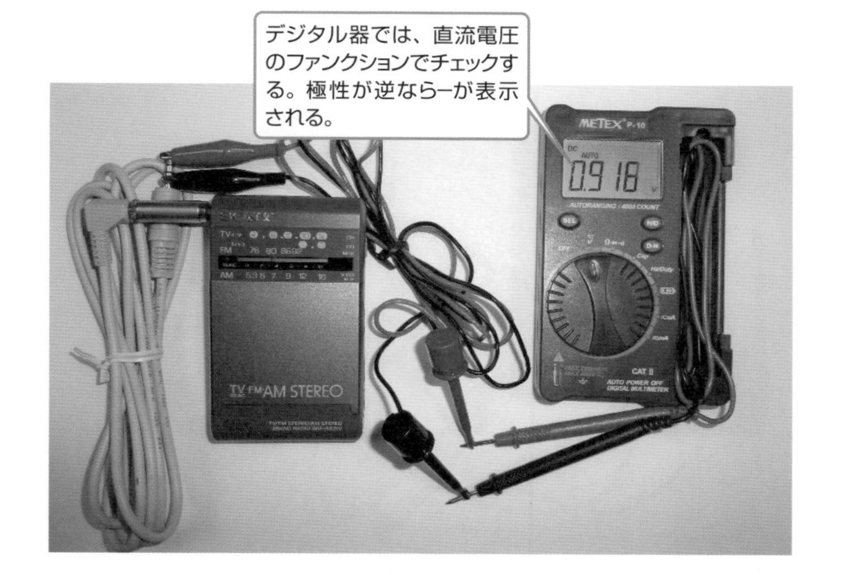

9.11 故障診断の極意？

Point

- 便利な電気製品も「そなえよつねに」が大切。
- 電気製品のACプラグから内部抵抗を測っておこう。

そなえよつねに

「**そなえよつねに**」はボーイスカウトやガールスカウトのモットーです。便利な電気製品は、故障がなければその存在すら忘れていますが、調子が悪くなると、調子よく動いてくれることのありがたさが身にしみます。

「起きてほしくないことは起きる」というマーフィーの法則もあることですし、ふだんから電気製品の健康状態を調べておくと安心です。

最近はケースを開けると保証の対象外になる電気製品が多いので、できることは限られます。図9-11-1のように、いろいろな家電の100VのACプラグから内部抵抗の値を測っておくと、いざ調子が悪くなったときに、抵抗値を比較できます。もし抵抗が大きく変わっているのであれば、故障を疑うことができるでしょう。長年使っている家電は、ACコードの断線や導通の不備も考えられるかもしれません。

家電の健康診断をしておこう（図9-11-1）

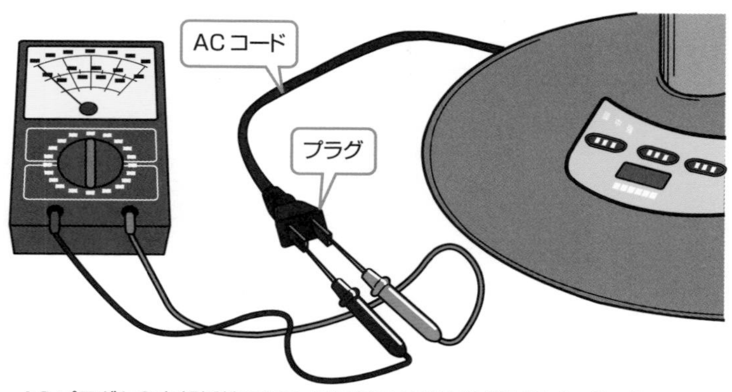

ACプラグから内部抵抗を測り、電気製品の健康状態を調べておこう。

実践編

第10章

パソコンと連携してデータを扱う

デジタルマルチメーターの中には、RS-232CやUSBといったインターフェースを介して、パソコンと接続できる機種があります。テスターに添付されているソフトウェアは、ほとんどが「本体の液晶表示をパソコンの画面に表示する」ためのものです。

測定データを時々刻々収集するデータロガーとして使う場合は、専用のソフトウェアをパソコンにインストールする必要があります。計測中のパソコン（サーバー）が収集しつつある測定データを、ネットワーク上の複数台のパソコン（クライアント）からリアルタイムに参照することもできます。

10.1 デジタルマルチメーターで自動測定する

Point

- RS-232CやUSBといったインターフェースを持つ機種がある。
- データロガーのソフトウェアで自動測定ができる。

○パソコンに接続できるデジタルマルチメーター

RS-232Cや**USB**は、**パソコン**と周辺機器をつなぐための**インターフェース**です。**デジタルマルチメーター**の中には、これらの**接続用ケーブル**と**ソフトウェア**が付属している機種があります。

添付されているソフトウェアは、ほとんどが「デジタルマルチメーター本体の液晶表示をパソコンの画面に表示する」ためのものです。測定データを時々刻々収集して保存する機能は**データロガー**（**Data Logger**）と呼ばれており、付属のソフトウェアをパソコンにインストールする必要があります。

デジタルマルチメーターのパソコン接続用インターフェース（図10-1-1）

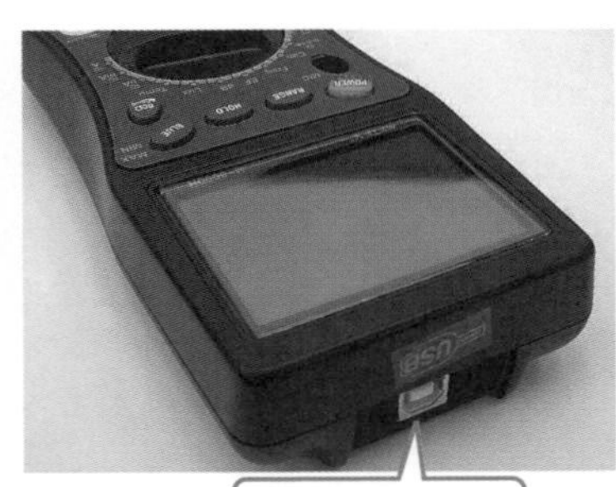

写真提供：(株)秋月電子通商

データロガーソフトウェア

PC Link 7は、**sanwa**（**三和電気計器株式会社のブランド**）のデジタルマルチメーター「PC」シリーズをパソコンに接続してデータを取得するための専用ソフトウェアです（金沢敏保・藤原章雄共著『改訂新版 テスタとディジタル・マルチメータの使い方』〈CQ出版社〉に詳しい記述がある）。

Ts Digital Multi Meter Viewer も、パソコンに接続できるタイプのデジタルマルチメーターをデータロガーとして活用するためのソフトですが、**Ts Software**の**フリーソフト**で、多数のメーカー製品に対応しています。

いずれも、操作画面上にグラフが表示され、測定値の変動を簡単に確認することができます。測定値は**CSV形式**のファイルで保存されるので、Excelなどの**表計算ソフトウェア**でデータを扱うことができます。

デジタルマルチメーター専用のソフトウェア（図10-1-2）

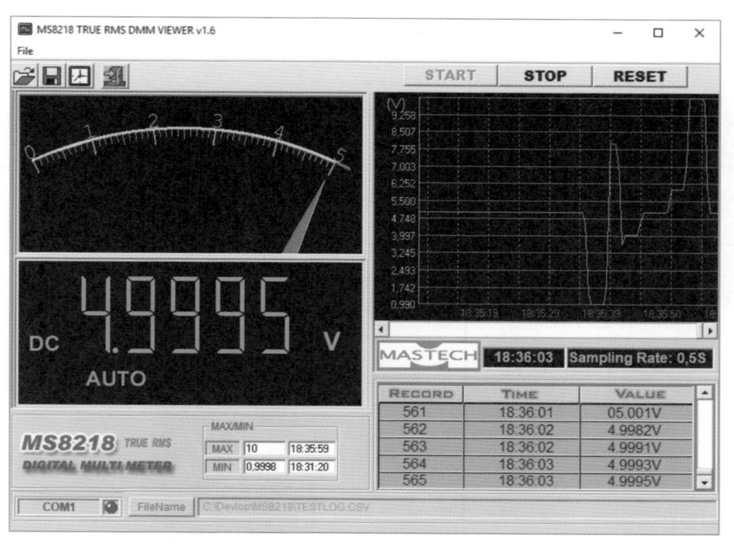

MASTECH MS8218に付属の専用ソフトウェア。
データロガー機能も付いている。

データロガーソフトウェアの機能

Ts Digital Multi Meter Viewer（以下**Ts DMM Viewer**）は、Ts SoftwareのWebサイト（https://www.ts-software-jp.net）からダウンロードできます。主な機能はつぎのとおりです。

1) アナログメーター機能
2) いろいろなセンサーをオプションプローブとして利用できる
3) ログをCSV形式で保存し、Excelなどで利用できる
4) ログの自動保存機能、ログのリプレイ機能
5) 最大値・最小値・平均値のリアルタイム表示
6) 最大・最小値を更新したときのビープ音ON/OFF設定
7) 上下限値の設定とビープ音のON/OFF設定
8) オートレンジ機能
9) メイン値とサブ値の同時表示機能、メイン値とサブ値を入れ替えて表示

また、計測中のパソコンが収集しつつある測定データを、ネットワーク上の複数台の**パソコン**からリアルタイムに参照することができます。

対応しているデジタルマルチメーターについては、上記サイトの「仕様・動作環境」を参照してください。デジタルマルチメーターを購入する前に、インストール後のデモデータを読み込んでリプレイすると、使い勝手がよくわかります。

Ts DMM Viewerが対応している主なメーカー名（図10-1-3）

A&D, all-sun,
DER EE, FLUKE,
HIOKI, HoldPeak,
HYELEC, KAISE,
KEYSIGHT(Agilent),
Linkman, MASTECH,
METEX, Mother Tool,
OWON, Protek,
sanwa, UNI-T,
Velleman, WENS,
YOKOGAWA

詳しくはTs SoftwareのWebサイトを参照。

YOKOGAWA TY530

10.2 データロガーのインストール

Point

- Ts DMM Viewerをダウンロードしてインストールする。
- サンプルファイルを読み込んで画面の構成を確認する。

◯ Ts DMM Viewerのダウンロードとインストール

Ts SoftwareのWebサイト（https://www.ts-software-jp.net）からTsDMVxxxx.ZIPをダウンロードして、適当なフォルダーへ解凍します。すでに旧バージョンを使っている場合は、必ずアンインストールしてからセットアップします。またアンインストールのときには、共有モジュールもすべて削除するようにしてください。

なお、以下はバージョン7.3.0で説明します。お使いのバージョンで機能・操作・画面が異なる場合は適宜読み替えてください。

つぎに、解凍したSETUP.EXEを実行します。「Setup Path」を指定して、指示に従いインストールします。使用前にREADME.TXTやHELPをよく読んでください。Ts DMM Viewerを起動し、File➡Open…で、サンプルファイルkOhm.csvを読み込むと、図10-2-1のようなデータが表示されます。

Ts DMM Viewerのサンプルデータを読み込んだ画面（図10-2-1）

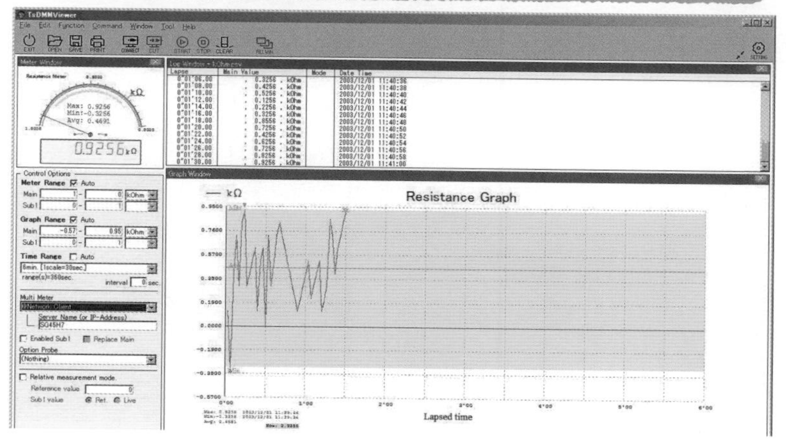

10.3 まず付属のソフトウェアを使ってみよう

Point
- デジタルマルチメーターの付属ソフトウェアを使ってみる。
- 付属ソフトウェアは限られた簡単な機能だけを備える。

デジタルマルチメーターとパソコンの接続

前節のとおりTs DMM Viewerをインストールしたあとで、デジタルマルチメーター **METEX M-6000H**（USB接続）をつないでみました。製品のパッケージにはUSBケーブルや専用のソフトウェアも添付されているので、まず**付属ソフトウェア**の動作を確かめましょう。データロガー（10.1節）の中ではTs DMM Viewerが本機に対応しています。

METEX M-6000Hの本体、付属ソフトウェア、ケーブル類（図10-3-1）

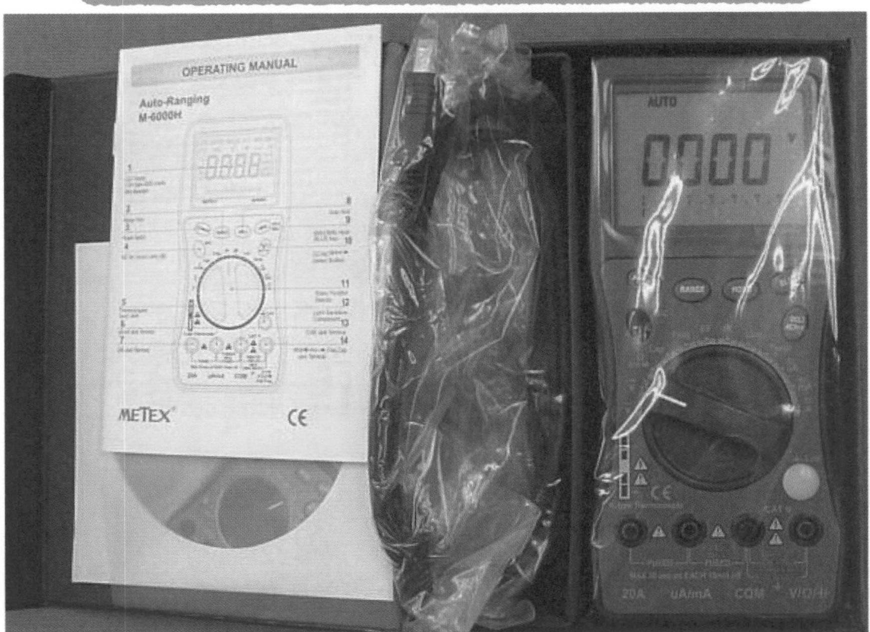

付属ソフトウェアのインストール

METEX M-6000HにはCD-ROMが付いています。付属ソフトウェアは、マニュアルによれば**Windows XP**での動作を前提に作られていますが、**Windows 8/10/11**でも動作しています。CD-ROMをパソコンにセットして内容を確認すると、つぎの画面のように3つのフォルダーが表示されます。

Manualフォルダー内にはマニュアルが収録されていますが、英文による簡単な操作説明書で、ソフトウェアの解説はありません。

PROGRAMフォルダー内のsetup.exeをダブルクリックするとインストールが始まるので、指示どおりに操作すれば短時間で終了します。

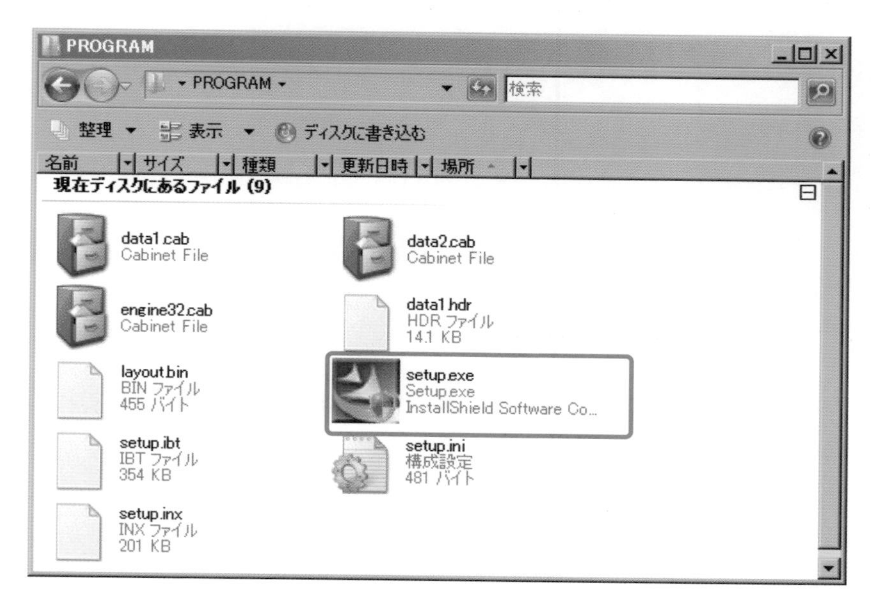

ソフトウェア(mmview)の確認

デスクトップに表示されたソフトウェア**mmview.exe**のアイコンをダブルクリックすると、つぎのような画面が表示されます。

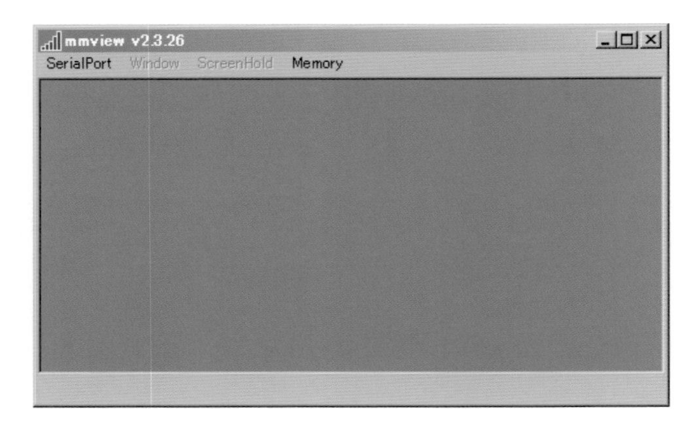

プルダウンメニューの**SerialPort** には、つぎのメニューが用意されています。

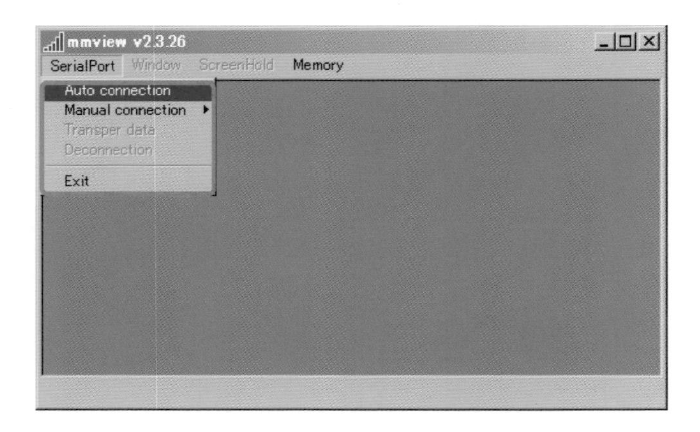

デジタルマルチメーターのロータリースイッチでdB(騒音計)のファンクションを選びます。

つぎに、本体に付属するUSBケーブルをつなぎ、POWERボタンを押し、パソコンのUSBポートに差し込むと、デバイスドライバーが読み込まれます。

ポートの確認

特に問題がなければ、デバイスマネージャの画面で、ポートにデバイスが追加されています（この例ではCOM4）。

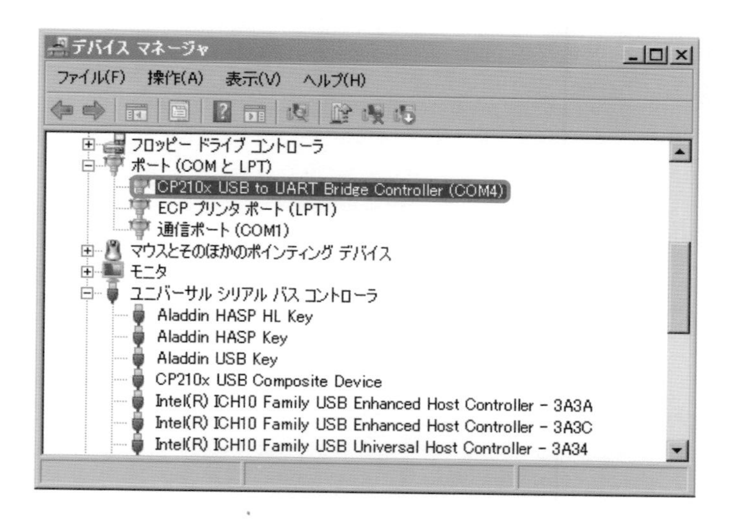

つぎに、プルダウンメニューSerialPortのAuto connection をクリックすると、つぎのメッセージが表示され、ポートを探します。

正しく接続されれば、先ほど選んでおいた騒音計の画面が表示されます。

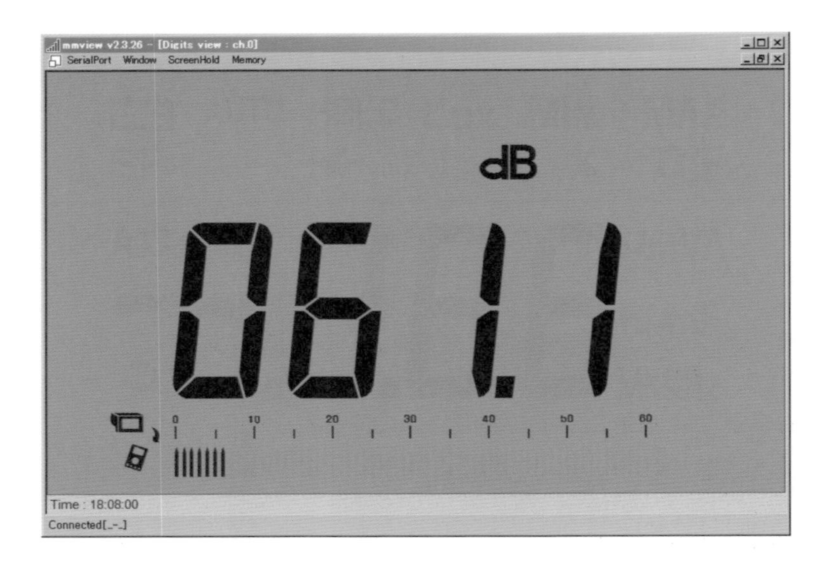

この画面は、現在のデジタルマルチメーターの状態をパソコンで表示しているので、数値は時々刻々変わります。

プルダウンメニューMemoryにはRecordやStopの項目があります。

ここでは、測定データを記録するため、**Record**をクリックします。保存先を聞いてくるので、保存したい場所（フォルダー）を指定すると、測定データの記録が自動的に始まり、Stopをクリックするまでのデータが保存されます。

保存されたデータの内容は、つぎに示すような文字列（テキスト）なので、メモ帳などで編集できます。

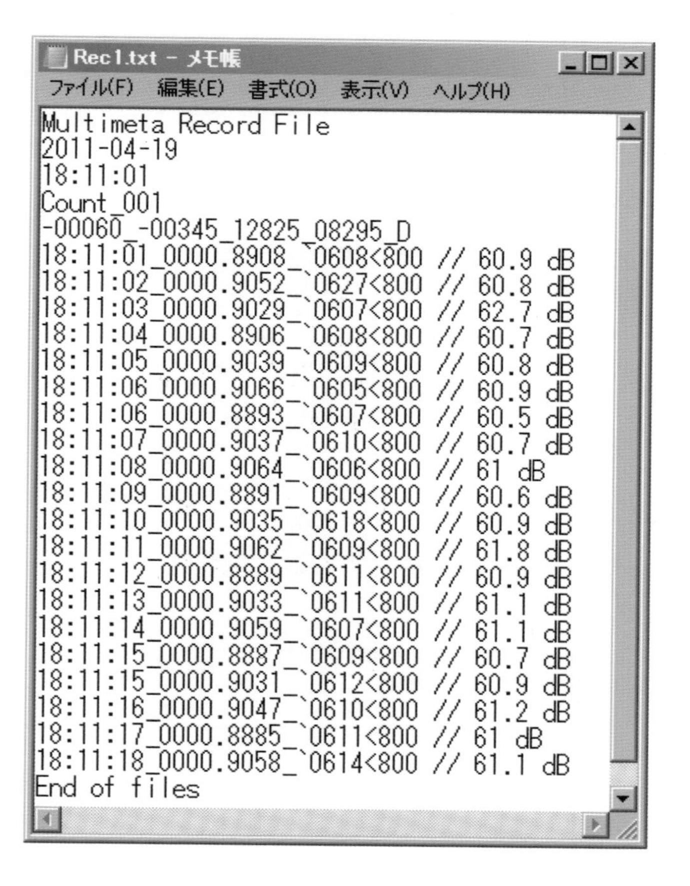


```
Multimeta Record File
2011-04-19
18:11:01
Count_001
-00060_-00345_12825_08295_D
18:11:01_0000.8908_`0608<800 // 60.9 dB
18:11:02_0000.9052_`0627<800 // 60.8 dB
18:11:03_0000.9029_`0607<800 // 62.7 dB
18:11:04_0000.8906_`0608<800 // 60.7 dB
18:11:05_0000.9039_`0609<800 // 60.8 dB
18:11:06_0000.9066_`0605<800 // 60.9 dB
18:11:06_0000.8893_`0607<800 // 60.5 dB
18:11:07_0000.9037_`0610<800 // 60.7 dB
18:11:08_0000.9064_`0606<800 // 61 dB
18:11:09_0000.8891_`0609<800 // 60.6 dB
18:11:10_0000.9035_`0618<800 // 60.9 dB
18:11:11_0000.9062_`0609<800 // 61.8 dB
18:11:12_0000.8889_`0611<800 // 60.9 dB
18:11:13_0000.9033_`0611<800 // 61.1 dB
18:11:14_0000.9059_`0607<800 // 61.1 dB
18:11:15_0000.8887_`0609<800 // 60.7 dB
18:11:15_0000.9031_`0612<800 // 60.9 dB
18:11:16_0000.9047_`0610<800 // 61.2 dB
18:11:17_0000.8885_`0611<800 // 61 dB
18:11:18_0000.9058_`0614<800 // 61.1 dB
End of files
```

10.4 いよいよデータロガーを使ってみよう

Point

●データロガーソフトウェアTs DMM Viewerの便利な使い方をまとめた。

Ts DMM Viewerを使う

インストールした**Ts DMM Viewer**を起動すると、つぎの画面が表示されます。

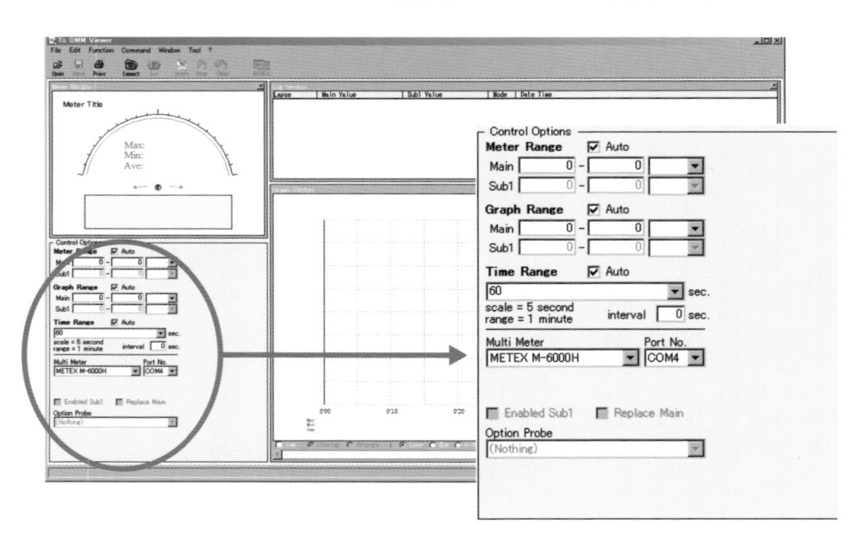

まずはじめに、画面の左下にある**Multi Meter**プルダウンメニューで「METEX M-6000H」を選びます。つぎに、Port No.で「COM4」を選びます（ポートの番号はインストールの状況によって異なるので、インストールされた番号を選ぶ）。

初めて接続するときには、まずデジタルマルチメーターの機種とポートを選ぶ必要がある。

現在の測定値をパソコンに表示する

画面の左上にあるConnectという赤い電話機のアイコンをクリックすると、デジタルマルチメーターのデータを読み始めます。

左上のアナログメーターも、現在の値に応じて指針が振れるので、変化の傾向をつかみやすく、有用な機能です。

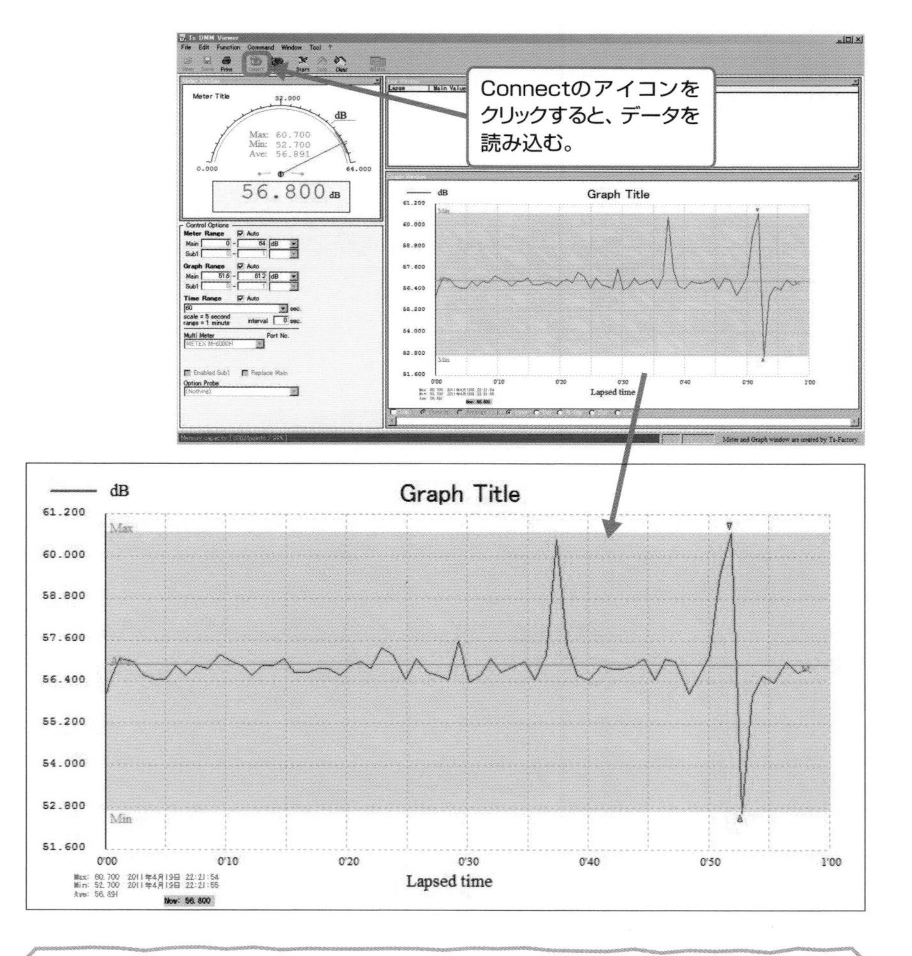

グラフ表示は、右端に到達すると自動的に全体が左方向へ移動する。

表示グラフの時間レンジを変更する

画面の左下にある**Time Range**は、デフォルト（初期設定）ではAutoがチェックされて60秒になっています。グラフの横軸の最大が60秒なので、この値を例えば360秒に変更すると、下端の図のように、横軸方向に詰まったグラフ表示に変わります。

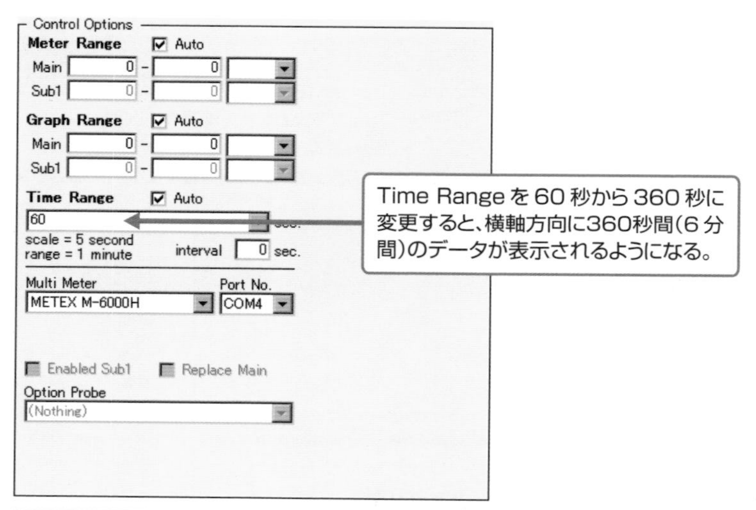

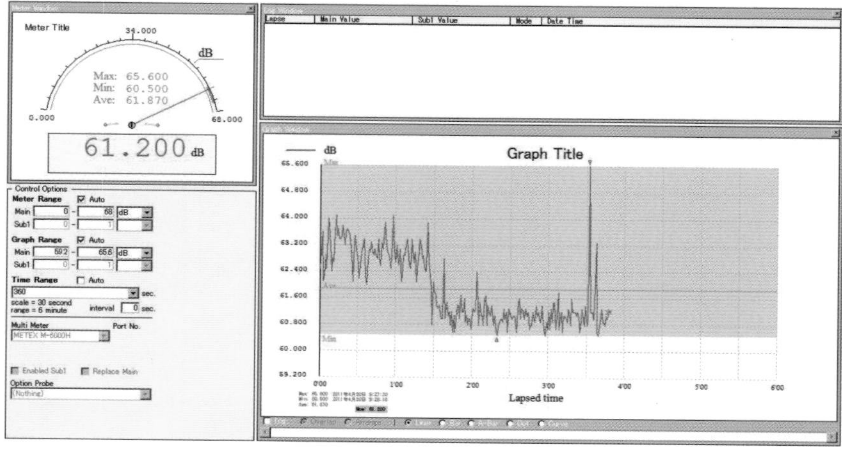

表示の間隔を変更する

Time Rangeのすぐ下にある**interval**は、データを読んでプロットする間隔です。デフォルト（初期設定）では0秒になっていますが、この値を例えば5秒に変更すると、下端の図のようにやや粗いプロットになります。ゆるやかに変化する場合は、長時間にわたる傾向がわかりやすくなります。

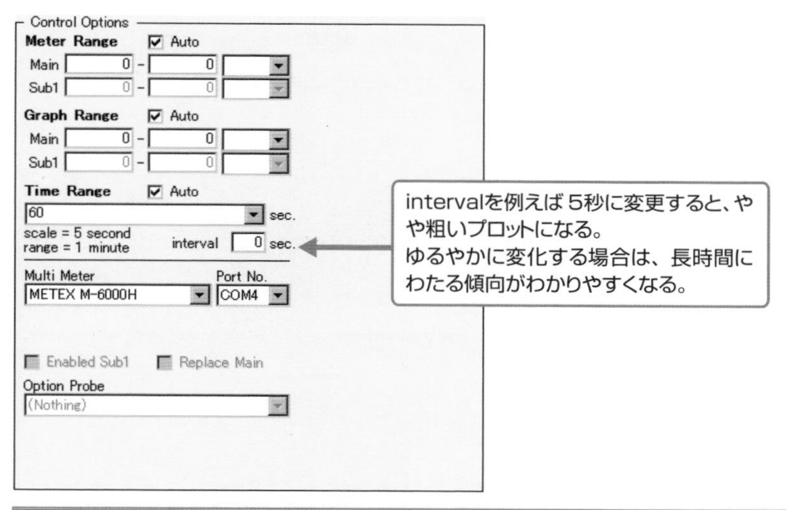

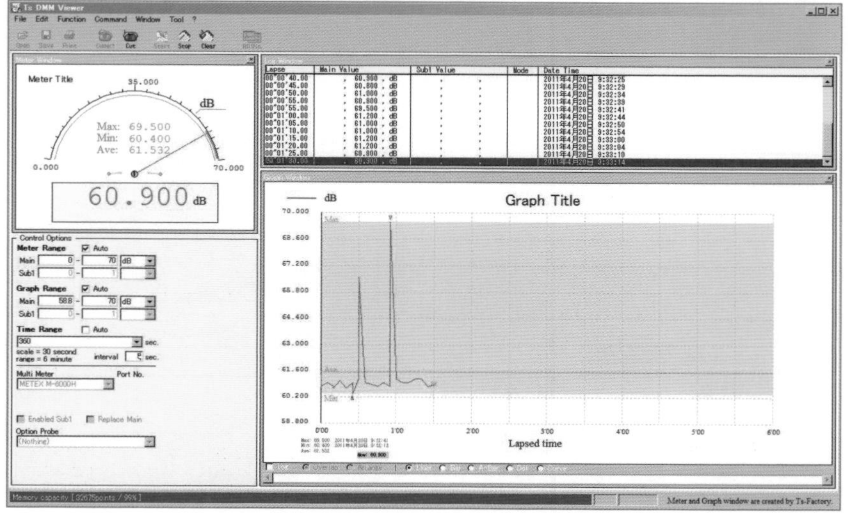

測定データの保存

画面の左上にある**Start**というアイコンをクリックすると、データの記録が始まります。このデータを**ログ**（**log**）と呼んでいますが、Startの右隣にあるStopアイコンを押すと、データの記録が止まります。

つぎに**Save**アイコンをクリックすると、下端の図のような、保存先を指定するためのダイアログボックスが表示されます。フォルダーを指定してからファイル名を入力して、ログを保存してください。ファイル名の**拡張子**はcsvです。

データはカンマ区切りのcsv形式なので、Excelなどの**表計算ソフト**で読み込んで加工できます。

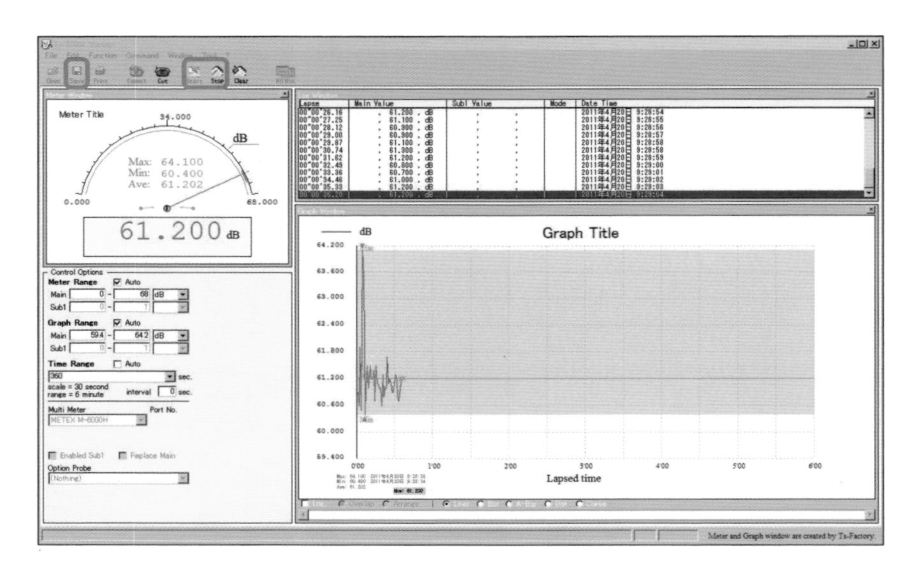

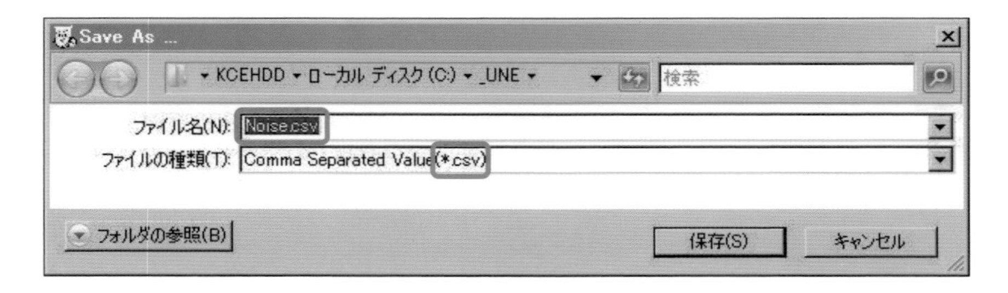

保存データの内容

保存されたデータは、つぎのようなカンマ区切りの文字列です。

```
Noise.csv - メモ帳
ファイル(F) 編集(E) 書式(O) 表示(V) ヘルプ(H)
[TsDigitalMultiMeterViewer Ver.3.4.1 : [METEX M-6000H] : Date 2011年4月20日 9:30:58]
00"00'00.17 ,       , 60.900 , dB  ,     ,     ,     ,     , 2011年4月20日 9:28:28
00"00'01.04 ,       , 60.900 , dB  ,     ,     ,     ,     , 2011年4月20日 9:28:29
00"00'01.91 ,       , 60.600 , dB  ,     ,     ,     ,     , 2011年4月20日 9:28:30
00"00'02.79 ,       , 61.900 , dB  ,     ,     ,     ,     , 2011年4月20日 9:28:30
00"00'03.66 ,       , 60.500 , dB  ,     ,     ,     ,     , 2011年4月20日 9:28:31
00"00'04.75 ,       , 64.100 , dB  ,     ,     ,     ,     , 2011年4月20日 9:28:32
00"00'05.63 ,       , 63.500 , dB  ,     ,     ,     ,     , 2011年4月20日 9:28:33
00"00'06.50 ,       , 60.400 , dB  ,     ,     ,     ,     , 2011年4月20日 9:28:34
00"00'07.37 ,       , 61.000 , dB  ,     ,     ,     ,     , 2011年4月20日 9:28:35
00"00'08.25 ,       , 61.500 , dB  ,     ,     ,     ,     , 2011年4月20日 9:28:36
00"00'09.12 ,       , 61.000 , dB  ,     ,     ,     ,     , 2011年4月20日 9:28:37
00"00'10.00 ,       , 61.200 , dB  ,     ,     ,     ,     , 2011年4月20日 9:28:38
00"00'10.87 ,       , 61.500 , dB  ,     ,     ,     ,     , 2011年4月20日 9:28:39
00"00'11.96 ,       , 61.200 , dB  ,     ,     ,     ,     , 2011年4月20日 9:28:40
00"00'12.83 ,       , 61.200 , dB  ,     ,     ,     ,     , 2011年4月20日 9:28:41
```

このデータをExcelなどの表計算ソフトで読み込むと、下図のように、それぞれのセルに入ります。表計算ソフトでは、セルの数値を使ってさまざまなグラフを作成できます。

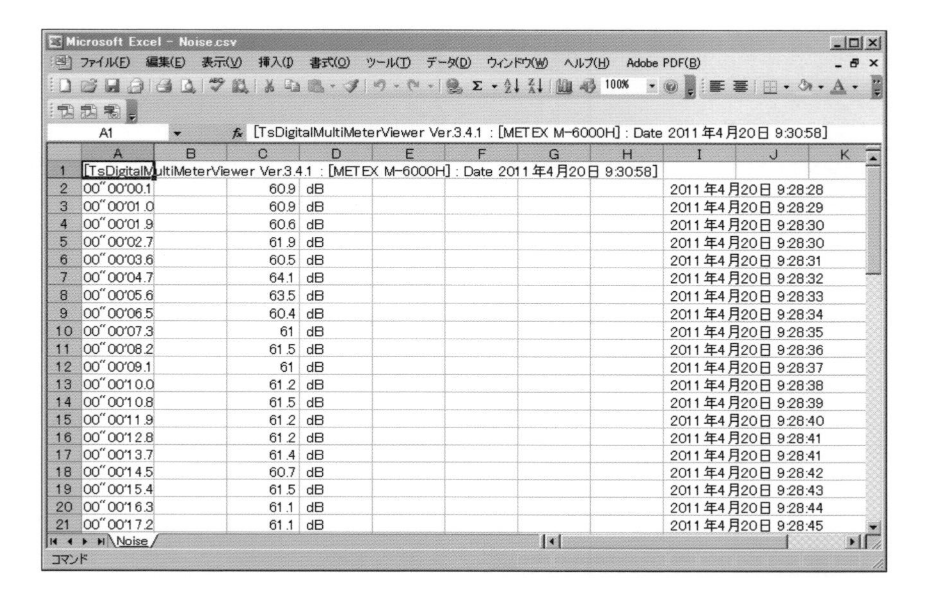

Microsoft Excel - Noise.csv

A1 [TsDigitalMultiMeterViewer Ver.3.4.1 : [METEX M-6000H] : Date 2011 年4 月20日 9:30:58]

	A	B	C	D	E	F	G	H	I	J	K
1	[TsDigitalMultiMeterViewer Ver.3.4.1 : [METEX M-6000H] : Date 2011 年4 月20日 9:30:58]										
2	00"00'00.1		60.9	dB					2011 年4 月20日 9:28:28		
3	00"00'01.0		60.9	dB					2011 年4 月20日 9:28:29		
4	00"00'01.9		60.6	dB					2011 年4 月20日 9:28:30		
5	00"00'02.7		61.9	dB					2011 年4 月20日 9:28:30		
6	00"00'03.6		60.5	dB					2011 年4 月20日 9:28:31		
7	00"00'04.7		64.1	dB					2011 年4 月20日 9:28:32		
8	00"00'05.6		63.5	dB					2011 年4 月20日 9:28:33		
9	00"00'06.5		60.4	dB					2011 年4 月20日 9:28:34		
10	00"00'07.3		61	dB					2011 年4 月20日 9:28:35		
11	00"00'08.2		61.5	dB					2011 年4 月20日 9:28:36		
12	00"00'09.1		61	dB					2011 年4 月20日 9:28:37		
13	00"00'10.0		61.2	dB					2011 年4 月20日 9:28:38		
14	00"00'10.8		61.5	dB					2011 年4 月20日 9:28:39		
15	00"00'11.9		61.2	dB					2011 年4 月20日 9:28:40		
16	00"00'12.8		61.2	dB					2011 年4 月20日 9:28:41		
17	00"00'13.7		61.4	dB					2011 年4 月20日 9:28:41		
18	00"00'14.5		60.7	dB					2011 年4 月20日 9:28:42		
19	00"00'15.4		61.5	dB					2011 年4 月20日 9:28:43		
20	00"00'16.3		61.1	dB					2011 年4 月20日 9:28:44		
21	00"00'17.2		61.1	dB					2011 年4 月20日 9:28:45		

10.5 ファンクションを切り替えて使ってみよう

Point

- Ts DMM Viewerは、現在のファンクションデータを自動的に読む。

ファンクションの切り替え

ここで、別の**ファンクション**に切り替えてみましょう。こんどはロータリースイッチで交流電圧のファンクションを選んで、テストピンを**AC100V**の**コンセント**に差し込みます（7.8節参照）。つぎにTs DMM Viewerを起動してConnectアイコンをクリックすると、下図のような電圧のグラフが自動的に表示されます。

Time Rangeのすぐ下にあるintervalを長くして、長時間の**ログ**をとってみましょう。オフィスではさまざまな電気機器が稼働しているので、電源のON/OFFのタイミングや可動台数の変化によっても、**電圧の変動**が観測されるでしょう。また家庭でも、電子レンジや冷暖房機器などのON/OFFで電圧に変化があるかどうか、調べてみてください。

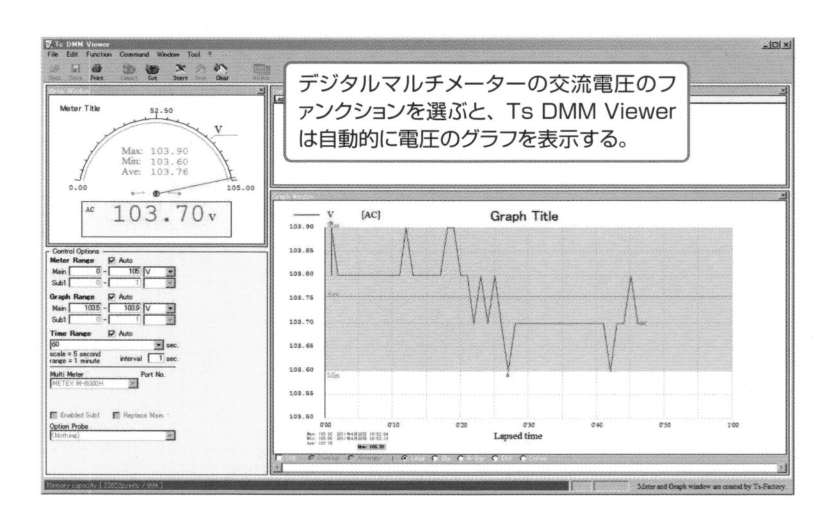

10.6 ネットワーク上のパソコンで表示する

Point

- Ts DMM Viewerを使えば、計測中のパソコンが収集しつつある測定データを、ネットワーク上の複数台のパソコンで表示できる。

LAN上の計測パソコン（サーバー）の設定

Ts DMM Viewerを使えば、計測中のパソコン（**サーバー**）が収集しつつある測定データを、ネットワーク上の複数台のパソコン（**クライアント**と呼ぶ）から**リアルタイム**に参照することができます。

サーバー側のパソコンは、デジタルマルチメーターを**USB**または**RS-232C**ポートへ接続しておきます。

Other Options の中の Network Serverチェックボックスをチェックする。

サーバー側パソコンでTs DMM Viewerを起動して、メニューバーのTool➡Optionsで表示されるダイアログボックスで、Other Optionsの中の**Network Server**チェックボックスをチェックします（前ページの図）。

つぎに**TCP/IP Port**の欄に、通信で使用する**ポート番号**を49152～65535の範囲で指定します。デフォルトは50001ですが、この番号は通信を行いたいすべてのクライアント側で同じ番号を設定する必要があります。

OptionsダイアログボックスのOKボタンをクリックして設定内容を保存すると、サーバーの機能が開始され、クライアントからの要求を待ち続けます。

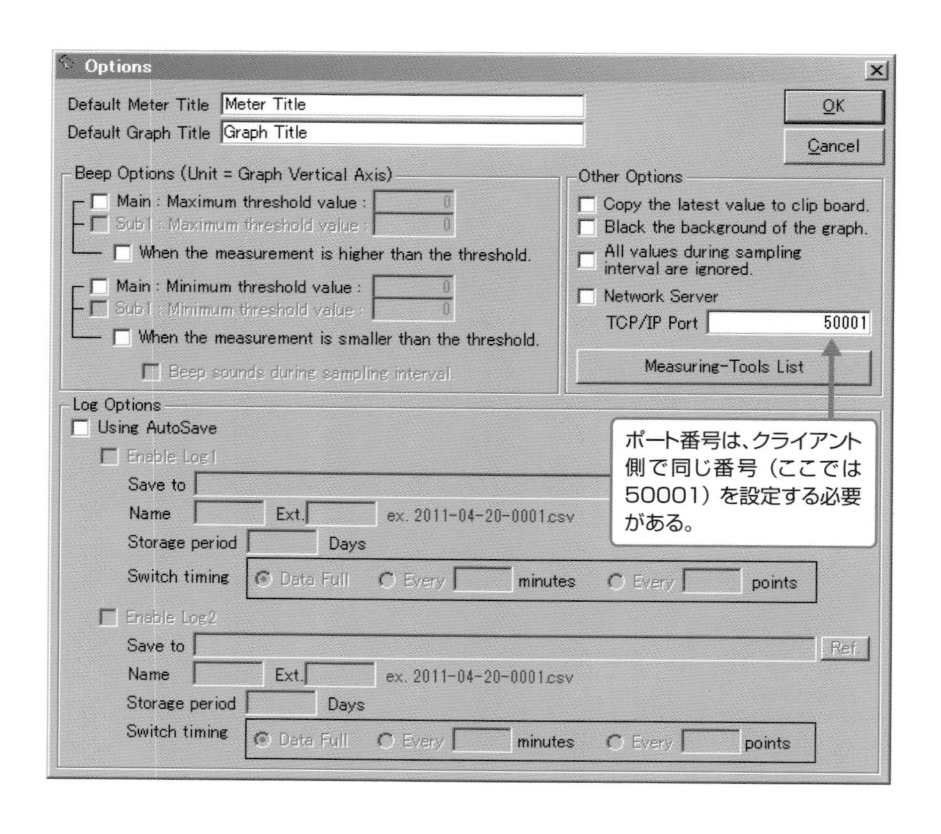

LAN上のクライアント側パソコンの設定

クライアント側パソコンでTs DMM Viewerを起動して、メニューバーのTool➡Optionsで表示されるダイアログボックスで、Other Optionsの中のNetwork Serverチェックボックスが外れていることを確認します（前ページの図）。また、**TCP/IP Port**は、サーバーと同じ番号（ここでは50001）を指定します。

Multi Meterの欄では、使用するマルチメーターとして「@Network Client」を選択します。また、Server Nameには、サーバーの**コンピューター名**または**IPアドレス**を指定します。

最後にConnectボタンをクリックすると、サーバー側で計測している現在値が、クライアント側のTs DMM Viewerで表示されます。ただし、サーバーは全データを送信しているわけではないので、クライアントの表示内容とサーバーの測定内容は異なる場合があります。

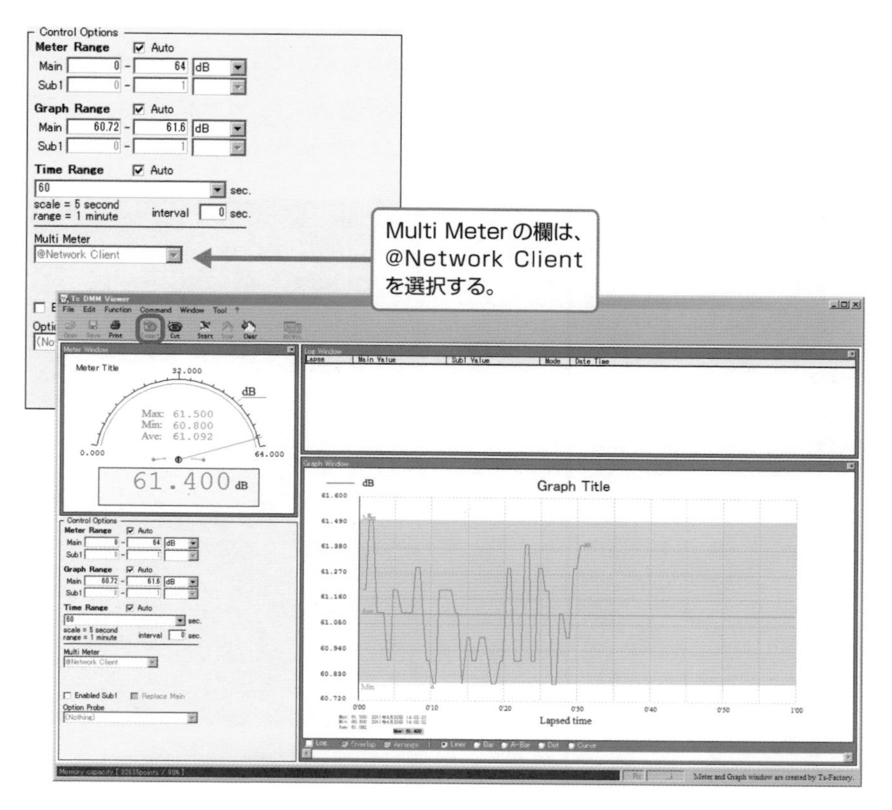

10-7 無線LANによる簡易テレメトリー

Point

- Ts DMM Viewerは、無線LANを利用して簡易テレメトリーシステムを実現できる。

無線LANによるテレメトリー

テレメトリー(telemetry)は**遠隔測定法**ともいわれ、「計測している場所から離れた場所で測定データを取得する」技術です。デジタルマルチメーターはファンクションが豊富なので、Ts DMM Viewerのようなネットワーク対応のソフトウェアを使用することで、簡易的なテレメトリーシステムを実現できます。

sanwaのデジタルマルチメーターPCシリーズには、パソコンにデータを取り込む専用ソフトウェア**PC Link 7**があります。**LAN接続**には、**イーサネット・アダプタ**KB-LANも用意されており、やはり遠隔監視ができるようになります。

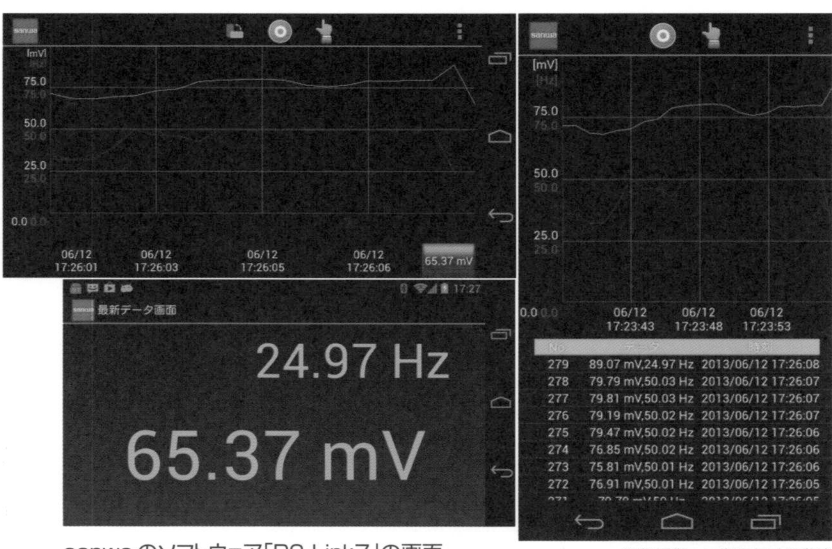

sanwaのソフトウェア「PC Link7」の画面

画像提供：三和電気計器(株)

実践編

第11章

いろいろな交流・高周波測定機器

　アマチュア無線家は、テスターがないと電子工作を楽しむことができません。主に電子部品やトランジスター、FETなどの特性値を測るために使いますが、本章では、筆者がリグ（無線機）の故障診断に使った事例を紹介しています。

　また、接地型アンテナの性能を左右する接地抵抗の測り方や、集合住宅のベランダの接地抵抗を知る方法、さらには、ノイズをまき散らす原因にもなるコモンモード電流を測ることができる、デジタルRF電流計も紹介しています。

11.1 テスターは電子工作の名アシスタント

Point
- テスターは電子工作の必需品。
- トランジスターやFETのチェックもできる。

LED（発光ダイオード）のチェック

4.7節で述べた**ピン挿入型**（**砲弾型**）の**LED**は、電子工作でよく使われる電子部品です。電源やスイッチの通電状態を示すためのパイロットランプには、主にこのようなLEDが用いられます。安価なので筆者もまとめ買いをします。基板にハンダ付けする前に、必ず良否をチェックしておきましょう。このLEDは、電流が数mA以上流れると発光するので、乾電池２本を内蔵しているアナログ器の「×１Ω」や「×10Ω」のレンジで、図11-1-1のように点灯をチェックできます。テスト棒を逆にして点灯しなければ正常、両方とも点灯しなければ断線です。

LEDの点灯チェック（図11-1-1）

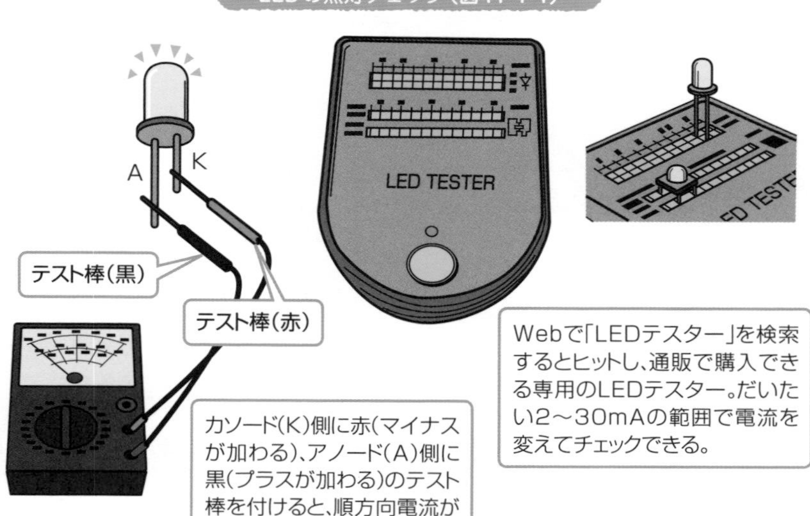

トランジスターのチェック

4.9節で述べた**トランジスター**も、電子工作でよく使われます。**ベース** (B)、**コレクター** (C)、**エミッター** (E) の3本の足は、図11-1-2(上)のような位置にあります。

アナログ器の最高の抵抗レンジで、図のような結果からチェックできます。導通状態では、指針が中央付近まで振れます。また、指針の振れが∞Ωあるいはわずかに振れるのが、導通しない場合です。

トランジスターのチェック (図11-1-2)

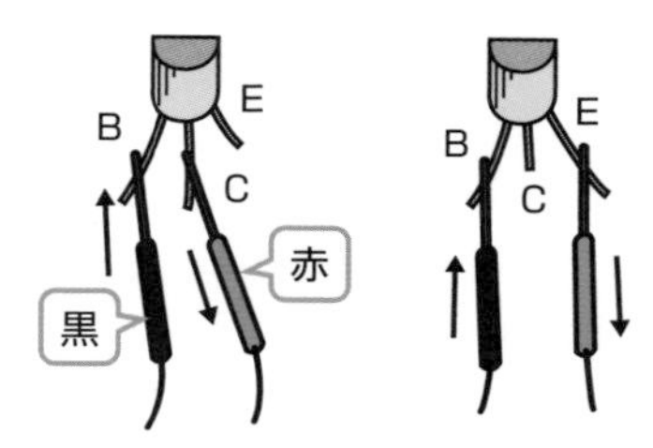

2SC(npn型)は導通する。
2SA(pnp型)は導通しない。

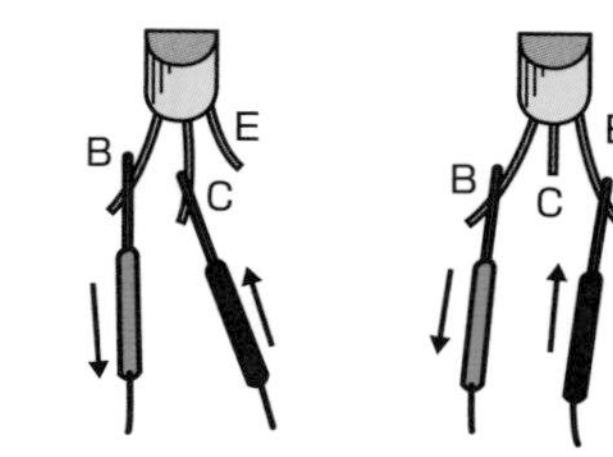

2SC(npn型)は導通しない。
2SA(pnp型)は導通する。

トランジスタの形式である2SA、2SCは高周波用を意味する。

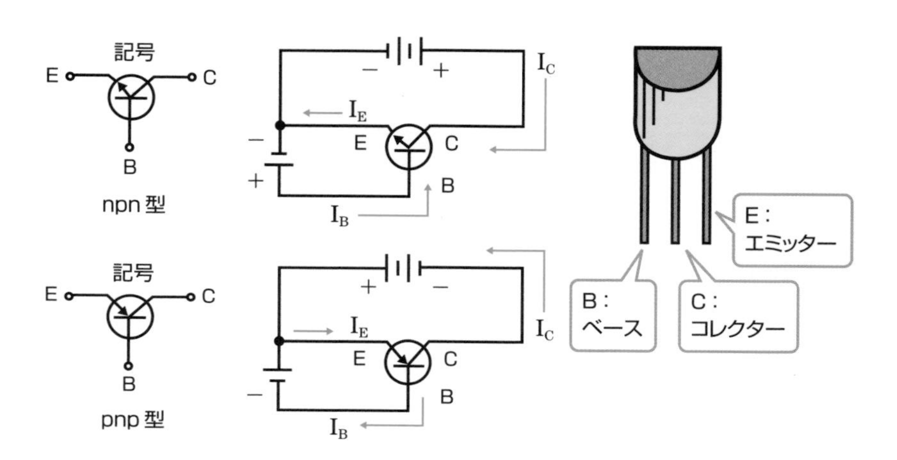

トランジスターのhFE

自分で回路を設計するときには、使いたいトランジスターの**hFE**（直流電流増幅率）を測定できると便利です。hFEは、4.9節で学んだ**コレクター電流**と**ベース電流**との比です。

デジタル器には、このhFEを測定する機能が付いている機種があります。図11-1-3の写真にあるとおり、hFE測定のファンクションとトランジスター用の**ソケット**（**npn**用と**pnp**用）が付いています。

hFEを測定するときは、まずファンクションスイッチをhFEに切り替えます。そして、トランジスターのE・C・Bの足を、トランジスターの種類に合わせてnpn側またはpnp側のE・C・Bソケットに差し込むと、デジタル表示部にhFEの値が表示されます。

トランジスターのhFE測定用のソケット（図11-1-3）

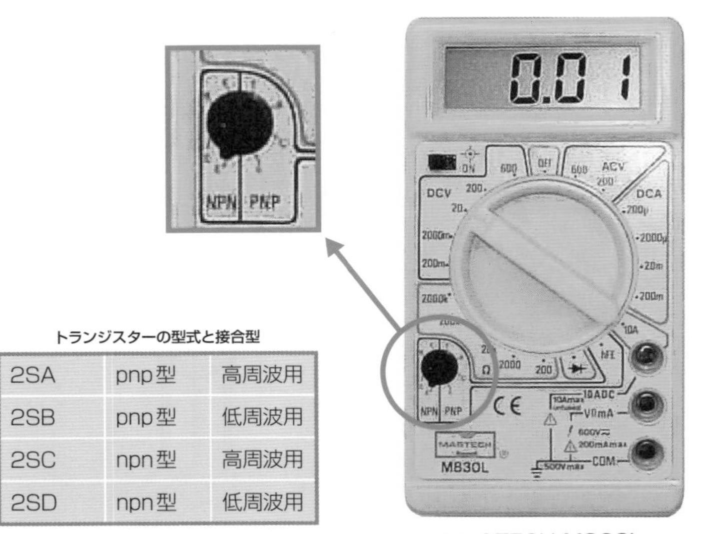

トランジスターの型式と接合型

2SA	pnp型	高周波用
2SB	pnp型	低周波用
2SC	npn型	高周波用
2SD	npn型	低周波用

MASTECH M830L

写真提供：（株）秋月電子通商

FETのチェック

FET（**電界効果トランジスター**）も、電子工作でよく使われます。**接合型**と**MOS型**がありますが、図11-1-4には接合型FETのゲートの絶縁チェック方法を示します。

トランジスターは、前述のとおりベース、コレクター、エミッターの3本の足が決まっていますが、FETは**ドレイン**（**D**）、**ソース**（**S**）、**ゲート**（**G**）の配置が製品によって異なります。チェックする前に、FET規格表で足の配置を確認してください。

MOS型では、ソースとゲート間の絶縁をチェックして、∞Ωにならなければ不良品です。

FETのチェック（図11-1-4）

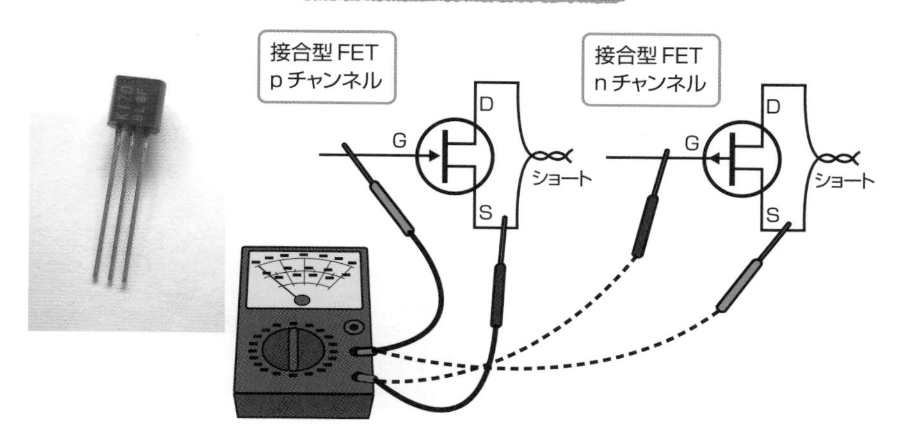

上図のように、ドレインとソースをショートして、抵抗ファンクションの最大レンジで、ゲートとソース間に導通がなければ良品、指針が中央付近まで振れれば不良品。
例えば、左図の2SK170や2SK30は接合型FET（nチャンネル）だが、足の配置が異なるので注意する。

11.2 小型テスター

Point

- 小型のテスターは安価で持ち運びに便利。
- 表面実装部品向けにはSMDテスターが便利。

SMDテスター

図11-2-1（上）の写真は、**MASTECH**社の**表面実装部品**（**SMD**）向けテスターです。テスト棒の代わりに、先端に特殊な**テストリード**を持ち、**チップ抵抗**、**チップコンデンサー**、**チップダイオード**の導通チェックなどに使えます。

基板上の細かいSMDに対して、ピンセットのようにはさんで測定します。

小型テスターの例（図11-2-1）

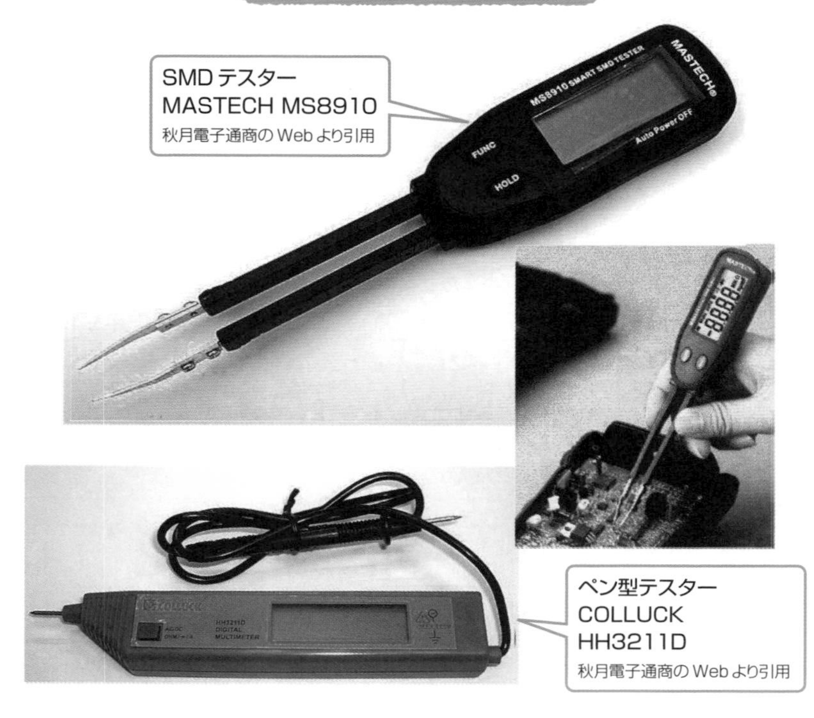

11.3 オシロスコープ

Point

●高周波を扱う技術者は、オシロスコープが手放せない。

高周波の測定はオシロスコープで

オシロスコープは、電圧の瞬時値と波形を表示できる測定器です。画面の横軸は時間、縦軸は電圧を意味し、電気信号の時間的な変化を即時にグラフとして表示できます。また、測定した波形のデータをメモリに蓄積して表示するタイプもあります。高周波の信号を測定できますが、測定周波数の上限は機種によって異なります。

この測定器の回路は、高周波の電流の流れる部分ができるだけ少なくなるように設計されています。また、回路を構成する部品も、高周波専用に開発されたものが使われています。

ポータブル・オシロスコープの例（図11-3-1）

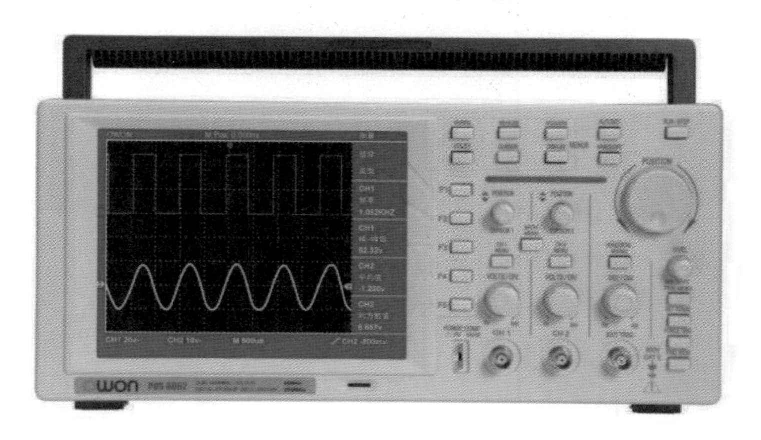

ポータブル・カラーオシロスコープ OWON PDS6062S

写真提供：(株)秋月電子通商

小型オシロスコープ

オシロスコープも小型化が進んでいます。ハンドヘルド（手持ち式）のデジタルオシロスコープの中には、デジタルマルチメーターの機能が付いている機種もあります。

USBオシロスコープは、パソコンのUSB端子に接続して使用するため、本体はコンパクトです。また、ペン型の本体とプローブのみの製品もあります。パソコンのキーボードとマウスで操作するので、専用のソフトウェアが付属しています。購入する前に、動作が確認されているOSのバージョンをチェックする必要があります。また、測定したい信号の周波数で問題なく使える機種を選びます。チャネル数、サンプリングレートもチェックポイントですが、Webからダウンロードできる各社製品の取扱説明書を比較してください。

ハンドヘルド・デジタルオシロスコープ OWON HDS2102S（図10-3-2）

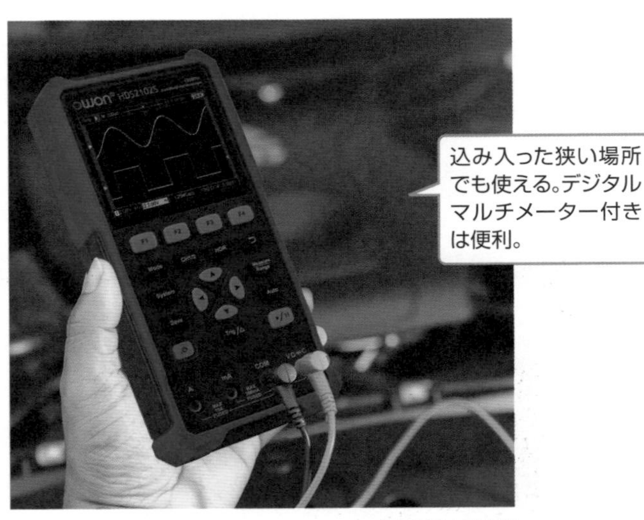

写真提供：OWON

11.4 テスターでリグの故障診断

Point

- リグ（無線機）の故障診断には回路図が必須。
- 最近のリグはLSIが多用され、微細な部品も多く、回路図があっても手が出せない基板が多い。

電波が送信されていない？

筆者の**アマチュア無線**歴は30年以上で、時間ができると昔の**リグ**（**無線機**）をいじっています。あるとき1.2GHzの中古**トランシーバー**を手に入れてQSO（交信）を始めました。本体の電源を入れた直後は受信できるのですが、一度送信して再度受信に入ると、相手局の信号が聞こえなくなってしまいます。

いろいろ試しているうちに、マイクの**PTT**（Push To Talk）ボタンを押して、つぎの受信で**リレー**の接点が正しく動作していないような気がしてきました。

リレー付近の回路

図11-4-1の写真は、1985年に発売されたICOM IC-1271です。背面のカバーを外して、終段（増幅の最終段階）の**トランジスター**が見えています。送信・受信切り替え用のリレーは、右側のN型コネクターの先にあります。

ICOM IC-1271のリレー付近の回路（図11-4-1）

ICOM IC-1271の回路図の一部（図11-4-2）

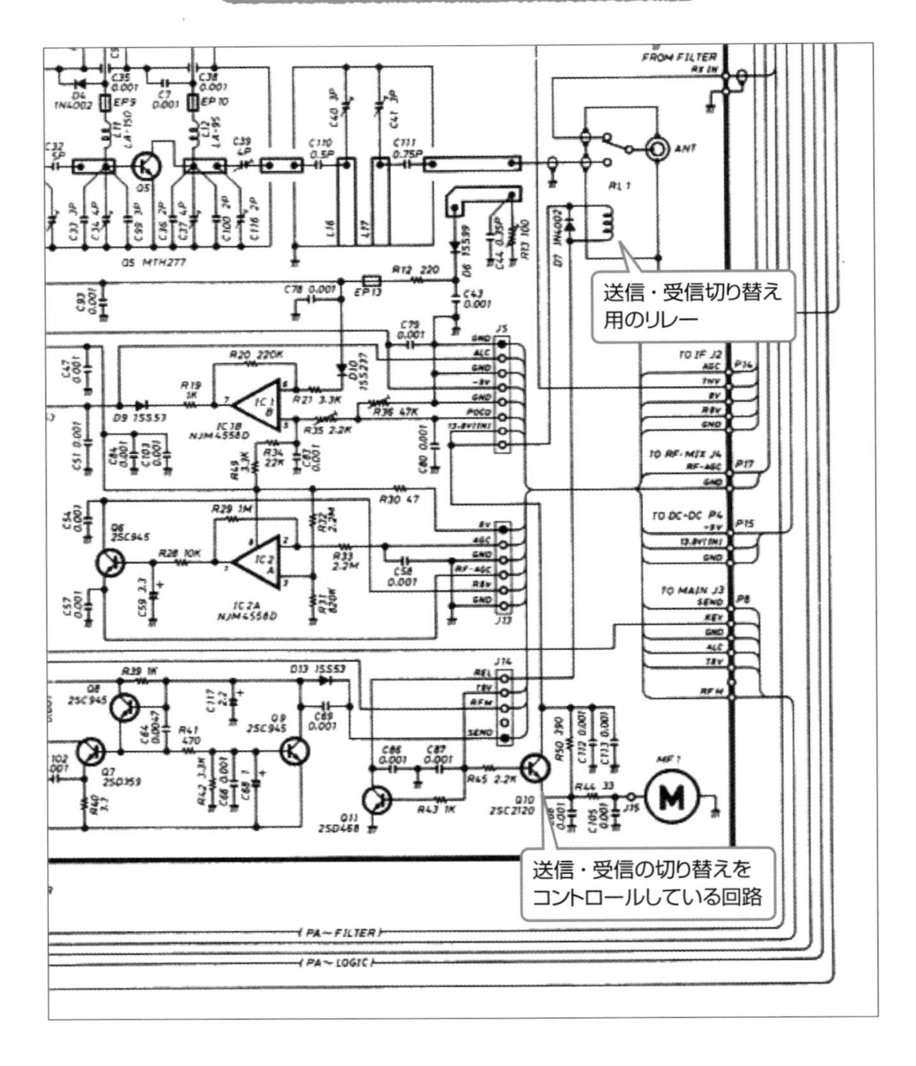

回路図を追うと、上部に送信・受信切り替え用の**リレー**があるのがわかりました。リレーのコイルに電気を供給しているのが、切り替えをコントロールしている回路で、右下に描いてあります。

リレーの不具合か？

かなり古いリグなので、リレー自体の交換が必要かもしれません。上下のカバーを外してリレーの銘板を見ると CX-1054 DC12V ASAHI TSUSHINKIと読めました。そこで型番をWebで検索すると、幸いにも TOHTSU CX-1054A（東洋通商）が見つかり、仕様が同じようです（図11-4-3）。

リレーのしくみは簡単で、電磁石のコイルに電流を流すことで鉄片を吸い付けてスイッチを開閉しています。CX-1054は、送信側、受信側、アンテナ側へ至る3本の同軸ケーブル間で切り替えるので、**同軸リレー**とも呼んでいます。

仕様の**Pull in** 10V-14Vというのは「リレーをONに動作させるために必要な電圧」、**Drop out** 3V Minは「ONに維持するために必要な最低の電圧」です。図11-4-4の写真でわかるように、コイルの両端にかかっている電圧は、テスターのピンで当たれるので、接触に気を付けながら測ってみました。

TOHTSU CX-1054Aの仕様〈上〉と切り替え回路〈下〉（図11-4-3）

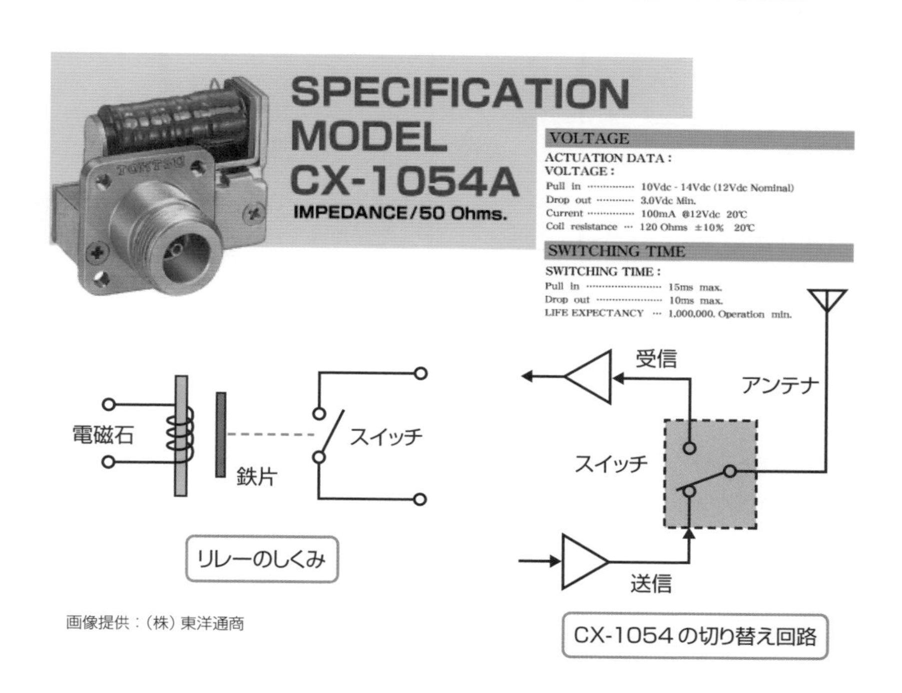

画像提供：（株）東洋通商

リレー部分の様子とダイオードの役割（図11-4-4）

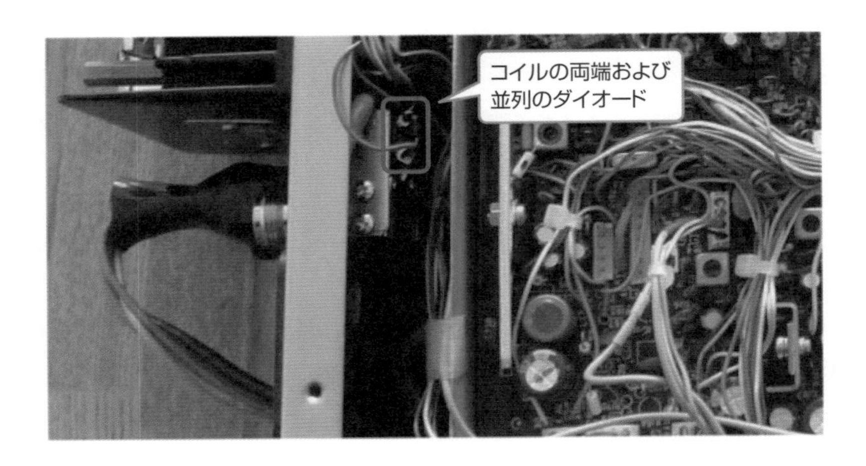

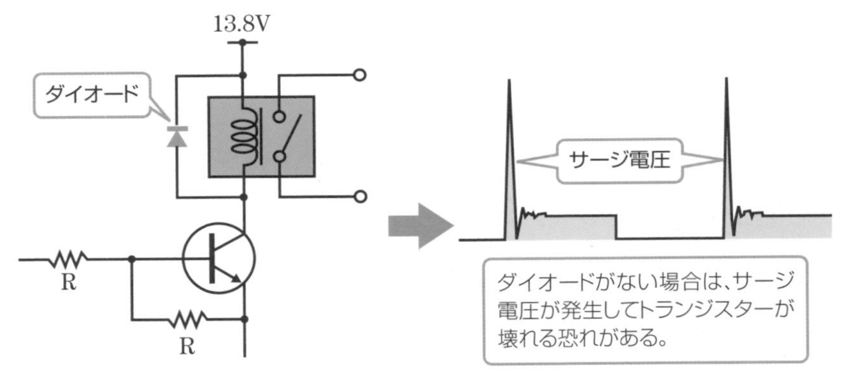

コイルには**ダイオード**1N4002が並列に付いています。コイルに流れる電流をOFFにすると、図11-4-4（右下）のようなパルス電圧（サージ電圧）が発生します。この電圧が、切り替えをコントロールするトランジスターの耐電圧を超えると、トランジスターを壊す恐れがあるので、保護のためにダイオードが付いています。

リレーの駆動電圧は13.8Vがかかっています。無線機の電源をONして受信状態にすると5.8V、PTT（送信）で13V、PTTを離して受信に戻ると5.8Vですが、リレーの可動接点が戻りません。

これは、古くなったリレーの不具合かもしれないと考え、寸法もネジ穴も同じTOHTSU CX-1054Aと交換してみました。

直らない……リレー制御回路か？

リレーを新品に交換して動作を確認しました。それぞれの動作状態に対応したコイルの電圧はほとんど同じで、PTTを離してもリレーの可動接点が戻りません。そこで、リレーをコントロールしている回路側を調べることにしました。

図11-4-5(a)は、一般的なリグの送受信切り替えの回路図です（丹羽一夫著『ハムのトランジスタ活用』〈CQ出版社〉より）。これを参考にして同図（b）をたどると、トランジスターQ11の 2SD468のベースに、J14のT8Vがつながっています。T8Vは「送信(Transmission)のときに8Vかかる」という意味だと考え、測ってみるとそのとおりでした。

PTTを離すとT8Vは約0.2Vになります。しかしリレーの可動接点は戻らないので、2SD468を交換してみました。なんとか基板を本体から外して、ハンダ吸取線にハンダごてを押し付けて新品に交換できました。さて結果は？ ……ダメでした。

その先の回路か？

まあ、**故障診断**とはだいたいこんなもので、一発で直るかといえば、そうは問屋が卸してくれません。怪しい箇所をさかのぼるしかないのですが、あとはQ11ベースから枝分かれしている Q10 2SC2120 に注目しました。

図11-4-5(c) で、Q10のエミッターの先にあるⓂのマークは、空冷用のファンモーターのようです。ためしに、ベースにつながっている抵抗R45を外したところ、あっさりと直ってしまいました。PTTによるリレーの動作は問題なくなり、送受信の切り替えができるようになりました。ただし、受信のときにもファンモーターは回ったままです。

結局、空冷用のファンモーターをコントロールする回路が原因でした。すべての部品を交換すれば直るはずですが、ハンダ吸取線を使って部品取りをするのが面倒になったので、とりあえず宿題にしたままです。

近年のリグはLSIや微細な部品が多用され、たとえ回路図があっても手を出せない基板が多いのですが、古いリグを**レストア**（修復）することで、ハムの技術的研究を深めるのも一興でしょう。

回路図（図11-4-5）

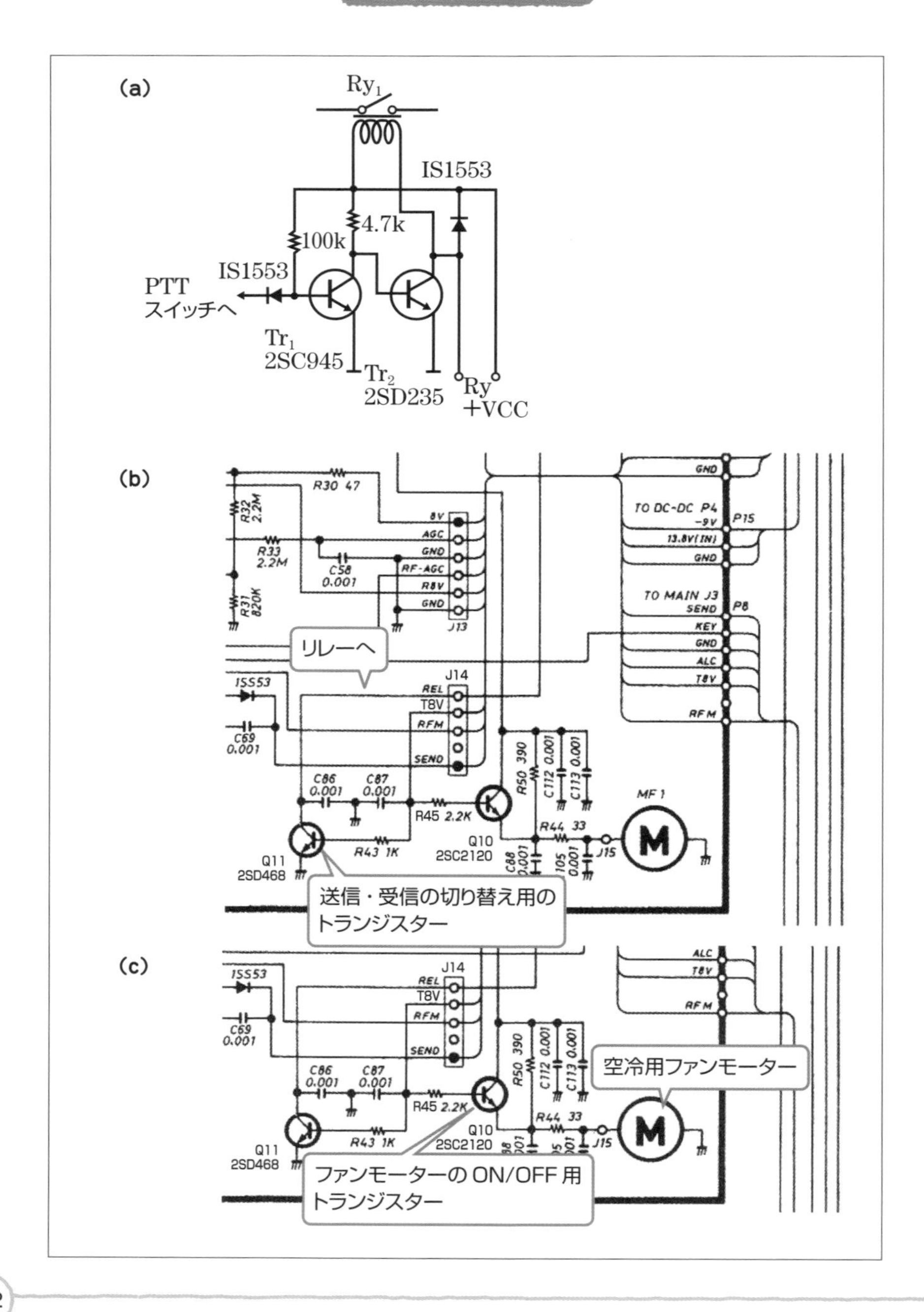
(a)
Ry1
IS1553
4.7k
100k
IS1553
PTT
スイッチへ
Tr1
2SC945
Tr2
2SD235
Ry
+VCC
(b)
リレーへ
送信・受信の切り替え用の
トランジスター
(c)
空冷用ファンモーター
ファンモーターのON/OFF用
トランジスター

11.5 接地抵抗の測定

Point

- 接地型アンテナの性能を引き出すために接地抵抗を測定する。
- ベランダの手すりが接地されているか測定する。

接地型アンテナの接地抵抗を測る

図11-5-1(a)は、**アマチュア無線家**がよく使う**接地型のアンテナ**です。地面に支柱を埋めて、長い金属棒(**エレメント**)を垂直に立て、支柱とは絶縁します。**同軸ケーブル**で給電しますが、内導体はエレメントへ、また外導体は地中に差し込んだ**アース棒**につなげます。

アンテナの教科書では、大地の中に鏡のように映った影像エレメントに流れる電流が、金属のエレメントに連続して流れる絵で説明されます。この電流路の長さは、同図(b)に示すように波長の半分で、**モノポールアンテナ**とも呼ばれています。また、半波長の中央に給電したアンテナを**ダイポールアンテナ**と呼びますが、電波の乗り方はモノポールアンテナと同じです。モノポールアンテナは接地型のアンテナで、大地に十分な電流が流れるほど放射は強くなります。そこで、アンテナの接地抵抗が十分低いことが、性能に大きく影響します。

接地抵抗計とは

図11-5-1(c)の写真は**接地抵抗計**の例で、アナログメーターによる表示です。**接地工事**の種類はA種からD種まで分かれていますが、家庭で使う低電圧(300V以下)の電気機器の接地は、100Ω以下のD種接地です。

写真の右の図は測定方法を示していますが、これを**電圧降下法**といいます。この方法では、測定地点E(接地極)に**接地棒**を差し込み、接地棒C(H)(電流電極)との間に交流電流 I を流します。また、接地棒E(接地極)と接地棒P(S)(電位電極)の間の電位差Vを求めて、つぎの式により接地抵抗R_xを得ています。

$$R_x = \frac{V}{I}$$

接地抵抗計の例と測定方法（図11-5-1）

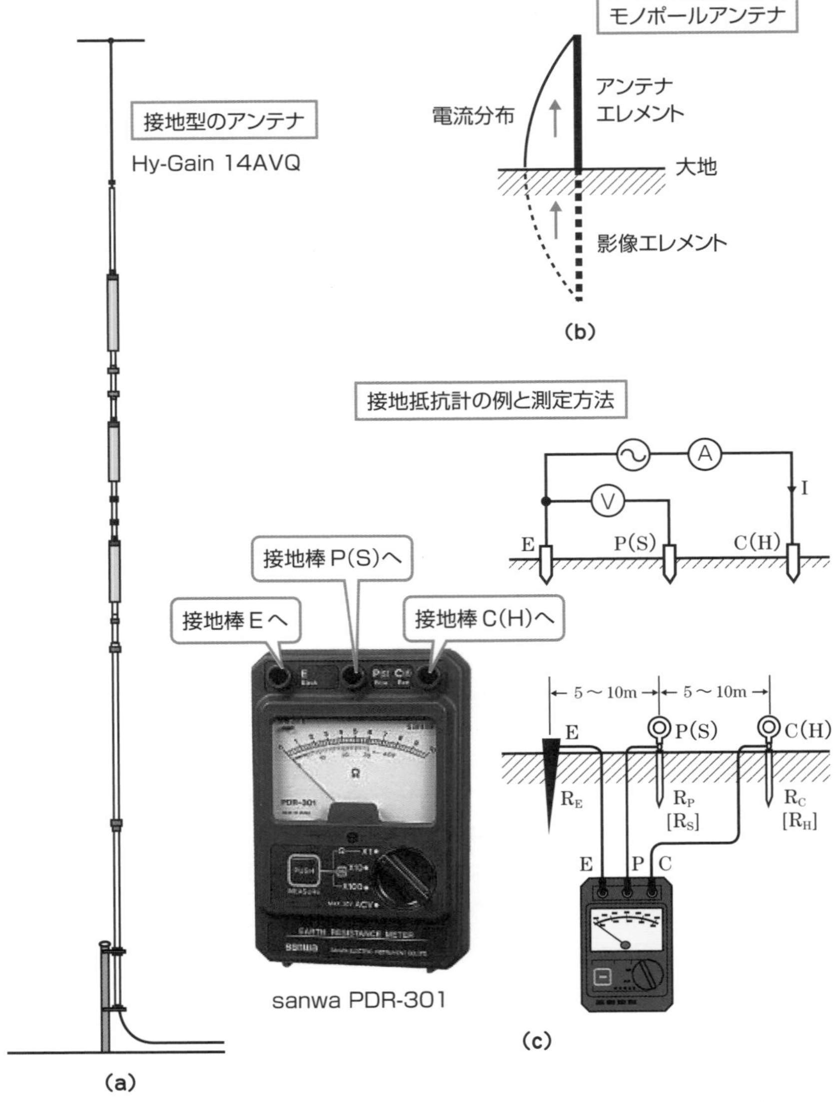

(a)

(b)

(c)

提供：三和電気計器（株）

簡易接地抵抗計

図11-5-4（左上）の写真はペン型の**簡易接地抵抗計**で、デジタル表示です。同図（右上・左下）は測定の方法を示していますが、これは簡易的な方法で、**2端子法**とも呼ばれています。この方法は、近くに**B種接地**（柱上トランスの2次側接地）のような既知の低接地抵抗r_eがある場合に、R_xとr_e間に電流Iを流します。$R_x + r_e$は、2端子間の電圧Vから、

$$R_x + r_e = \frac{V}{I}$$

で求められます。接地抵抗計の表示R_eは$R_x + r_e$なので、求めるR_xは、表示値からr_eを引いた値です。

簡易接地抵抗計の例と測定方法（図11-5-4）

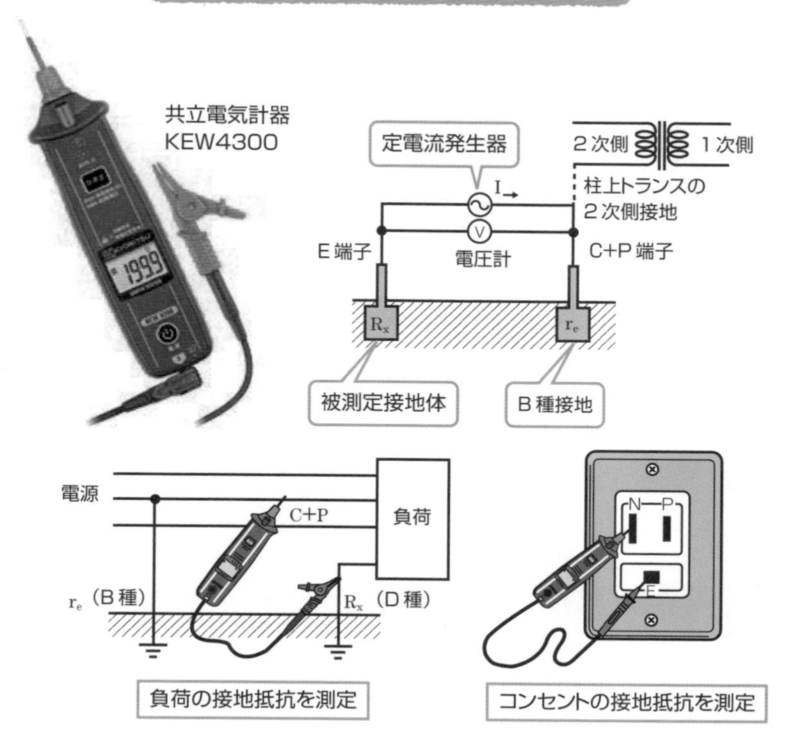

提供：共立電気計器(株)

ベランダの手すりの接地抵抗は？

筆者は集合住宅の3階に住んでいます。ベランダしか使えないので、接地型のモノポールアンテナを設置しています。3階から地面に設置線を張ることはできませんが、**ベランダの手すり**が**建物のアース**に落ちていれば利用できます。

ACコンセントの**アース端子**は、建物の鉄骨と導通しているので、図11-5-2（上）に示すように、ベランダの手すりとの間の抵抗値をテスターで測ります。

無線のアースは、高周波的に良好な導通があるかどうか調べたいのですが、テスターでは直流的な導通を測っていることになります。したがって、これは簡易的な方法ですが、手すりが建物の鉄骨につながっていれば100Ω以下になります。

ベランダの手すりの接地抵抗を知る方法（図11-5-2）

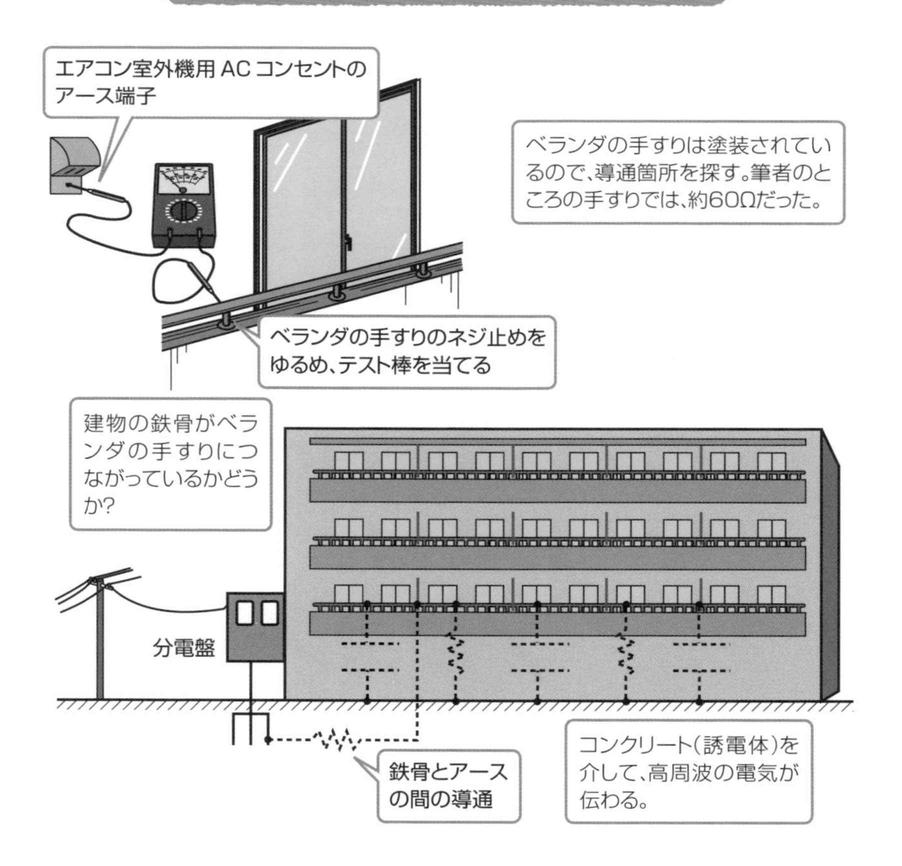

11.6 便利なデジタルRF電流計

Point

- コモンモード電流は、ノイズをまき散らす原因になる。
- デジタルRF電流計は、コモンモード電流を測る便利な装置。

コモンモード電流の発生

アマチュア無線家は、一般に**同軸ケーブル**を使って**アンテナ**に**給電**します。同軸ケーブルは、編み線の外導体でシールドされているので、ケーブルからは電波が出ないと思うかもしれません。

しかし、図11-6-1に示すように、アンテナの**入力インピーダンス**と同軸ケーブルの**特性インピーダンス**（例えば50Ω）が合わないと、接合点で電波の反射が起こり、外導体の外側にも強い電流が流れてしまうことがあります。この電流は**コモンモード電流**とも呼ばれ、ノイズをまき散らす原因にもなります。

コモンモード電流が発生するしくみ（図11-6-1）

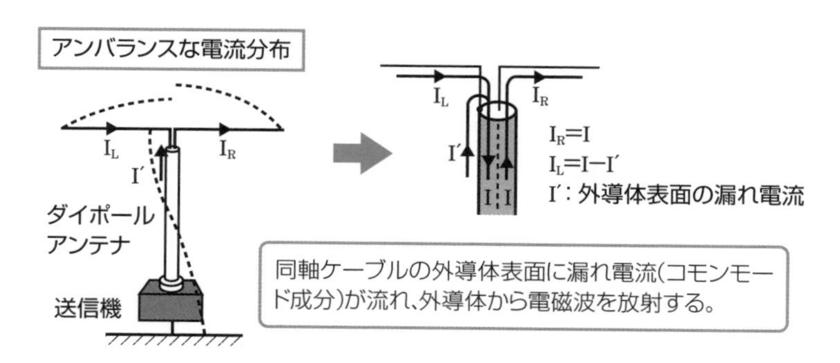

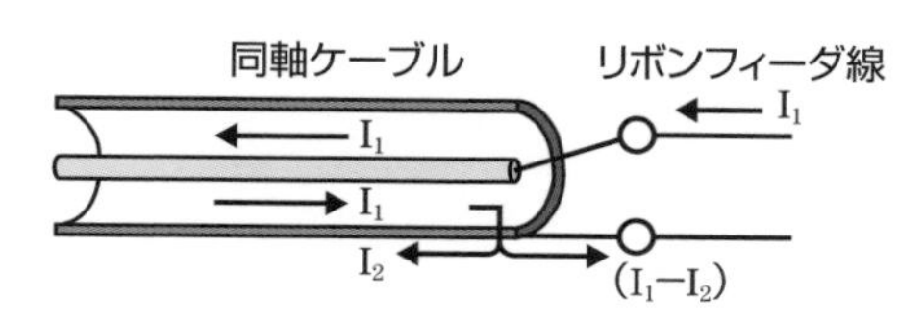

同軸ケーブル(不平衡線路)にリボンフィーダ線(平衡線路)をつなぐと、同軸ケーブルの外導体外側にコモンモード電流が流れる。

便利なデジタルRF電流計

アマチュア無線家の山村英穂氏（コールサインJF1DMQ）が開発された**デジタルRF電流計**は、**デジタルマルチメーター**を利用して、同軸ケーブルや電源線に回り込んでいる**RF（高周波）**の**コモンモード電流**量を測定できる便利な装置です。

検出部には市販の**分割コア**を使い、数個の抵抗、コンデンサー、ダイオードで完成するので、自作も簡単です（詳しい部品データは、原岡 充著『電波障害対策基礎講座』〈CQ出版社〉の39ページ参照）。

筆者が使っているデジタルRF電流計（図11-6-2）

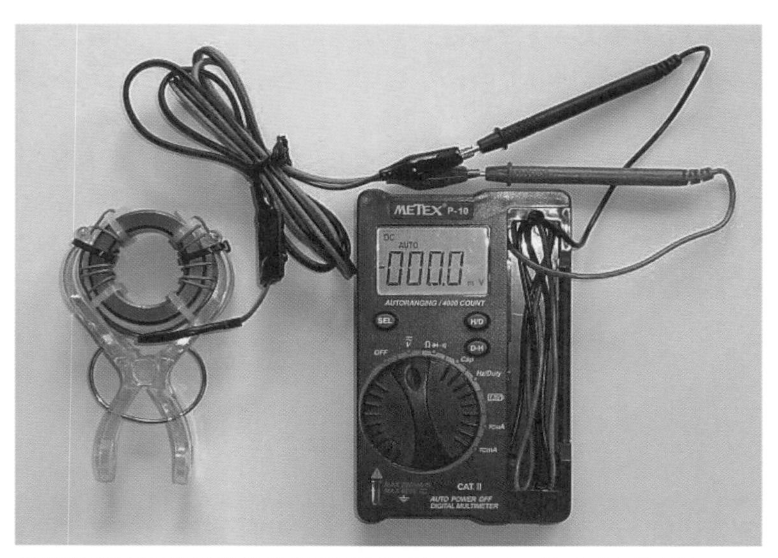

自作のデジタルRF電流計（左）をデジタルマルチメーターにつないだところ。
完成品は、大進無線（https://www.ddd-daishin.co.jp）で通販されている。

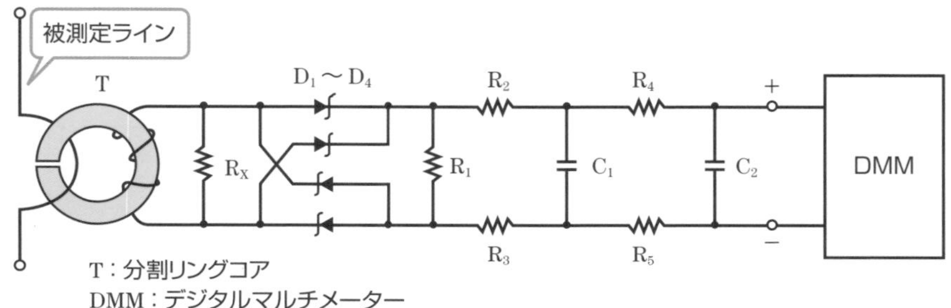

11.7 アンテナを測定するアナライザー

Point

- アンテナアナライザーは反射係数（アンテナから戻る割合）を測る。
- アンテナは、反射係数が小さいほど電波が空間へ放射されている。

アンテナ専用の測定器：アンテナアナライザー

前節では、アンテナの給電線から放射される不要な電波のもと（コモンモード電流）を測定しました。アンテナは本体から空間へ電波を送り出す装置なので、動作周波数で給電した電気エネルギーのうちどれくらいが放射されているか、測る必要があります。

アンテナアナライザーは、同軸ケーブルを介してアンテナにつなげて測定します。アンテナに動作周波数の弱い信号を送り、アンテナから戻る割合（**反射係数**）を表示します。

反射係数のグラフ表示（図11-7-1の右写真）は、V字形の最下点が低いほど反射が少ない、つまりアンテナからの放射が大きいことを意味しています。そこで、この点を横軸の動作周波数に持っていくようにアンテナを調整します。

アンテナアナライザーの例（図11-7-1）

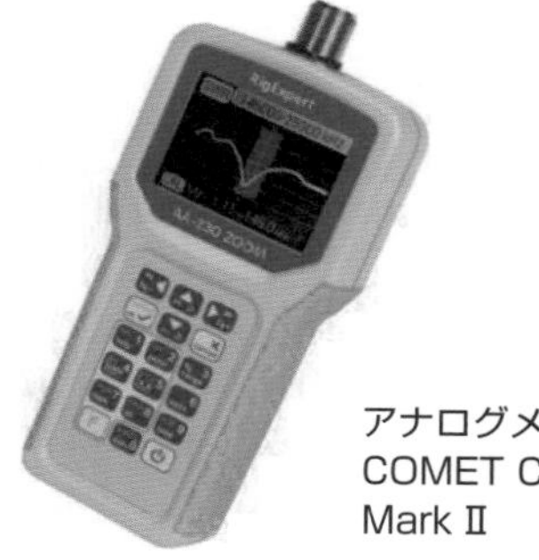

RigExpert
AA-230 ZOOM

アナログメーターの
COMET CAA-500
Mark Ⅱ

11.8 反射係数(S11)とSWRの関係

Point
- 反射係数はSWR（定在波比）に変換できる。
- SWR=1は、測定点への反射がないことを示している。

反射係数（S11）とSWR（定在波比）の関係

反射係数の値は、「測定装置に1V（ボルト）を加えたときに何V戻ったのか？」という意味にも解釈できます。これはSパラメータ（散乱パラメータ）の1つで、反射係数は**S11**で表します。

アンテナアナライザーは、S11ではなく**SWR**（Standing Wave Ratio：**定在波比**）で表示します（図11-8-1〈右〉）。これは、反射係数をつぎの式で変換した値です。

SWR = ｜1+反射係数｜÷｜1－反射係数｜

ここで、グラフの縦軸SWRが1の場合は無反射を示しています。電波を送信するアンテナの最良値は無反射の1ですから、Vの字曲線の最下点を観測すれば、アンテナの動作状態がわかります。

アンテナアナライザーで測定した結果の例（図11-8-1）

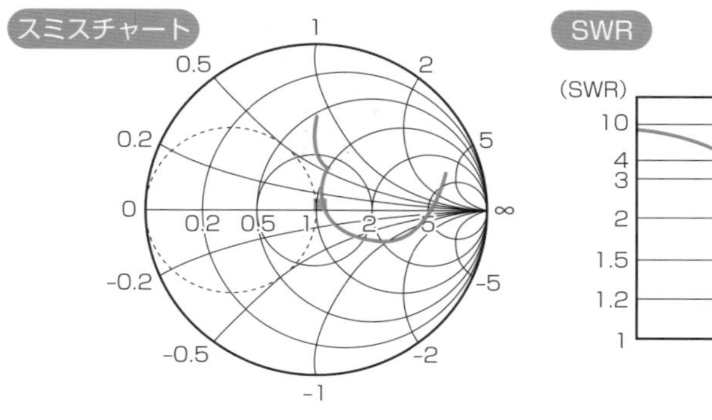

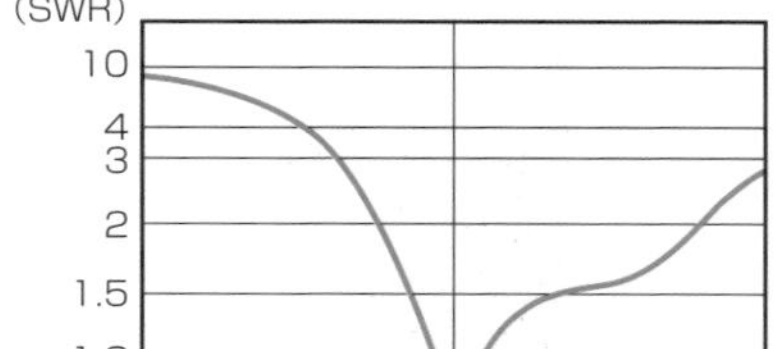

※スミスチャートについては次節参照。

Sパラメータとは

高周波回路でよく利用される**Sパラメータ**は、**散乱パラメータ**(Scattering Parameter)の略です。端子(ポートと呼ぶ)を複数持つ回路では、あるポートからの入射は他のポートに散乱したり、自分のポートにも戻ったりします。

入力ポートと出力ポートがある回路では、各Sパラメータは図のような意味があります。

ここでnはポートの番号、anは入射波、bnは反射波を表し、S11は入力側(ポート1)の反射係数、S22は出力側(ポート2)の反射係数、またS21は順方向(入力ポート1から出力ポート2へ)の伝達係数、S12は逆方向(出力ポート2から入力ポート1へ)の伝達係数(透過係数)をそれぞれ示しています。

ポートが2つ以上ある回路でも、例えばS33やS31のように、nポートに対応したSパラメータとして、同じように扱えます。

Sパラメータは、このように電気の入射量と反射量でその回路の特性を調べることができるので便利です。

Sパラメータの意味

$$S11=\frac{b1}{a1} \qquad S12=\frac{b1}{a2}$$

$$S21=\frac{b2}{a1} \qquad S22=\frac{b2}{a2}$$

11.9 スミスチャート

Point

- アンテナのインピーダンスは、純抵抗Rとリアクタンス X。
- インピーダンスの直交グラフはスミスチャートに写像できる。

インピーダンスとの関係

送信機は一般にインピーダンスが**50Ω**です。そこで、アンテナを測定したときのインピーダンスも同じ50Ωにすることで、アンテナからの反射がなくなります（これを**整合**と呼ぶ）。

例えば、図11-6-1のダイポールアンテナのインピーダンスとしては、純抵抗（R）だけでなく、短すぎると負のリアクタンス(−jX)、長すぎると正のリアクタンス(+jX)が観測されます。これを直交グラフ(図9-8-3)から変換（極座標に写像）したものが**スミスチャート**です（図11-9-1)。

中心は純抵抗50Ωを示すので、ここを通る周波数では、アンテナがベスト動作の無反射状態になっています（図11-8-1)。

インピーダンスの直交グラフをスミスチャートに変換（写像）(図11-9-1)

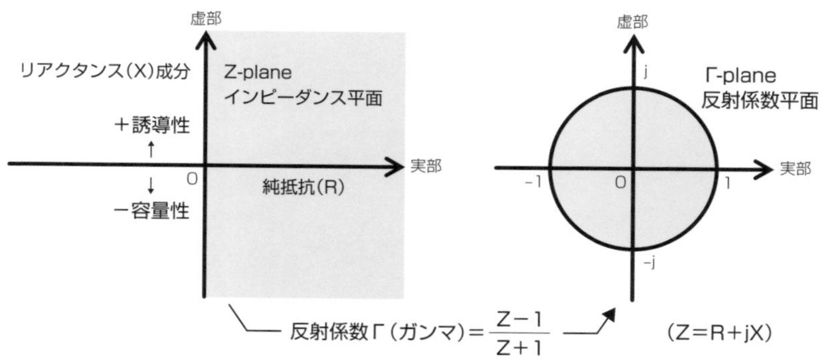

インピーダンス平面で実部が正の領域は、反射係数平面の|Γ|<1 に写像される

11.10 Sパラメータを測定するVNA

Point

- VNAは伝達係数（透過係数）S21も測定できる。
- 低価格のVNAも登場。

VNA（ベクトルネットワークアナライザー）とは

インピーダンスは複素数として扱うと便利なので(9.8節)、アンテナアナライザーでもスミスチャートを表示できる機能があります。

Sパラメータは反射係数S11に加えて、例えばフィルター回路の負荷側にどれだけ到達したかという**伝達係数（透過係数）S21**も有用です。この両方を測定できるのが**VNA（ベクトルネットワークアナライザー）**です。

初期の製品が販売されたときは1000万円以上していましたが、今日では1万円を切ったVNAも登場しています。これを使ってS11を測定すれば、アンテナアナライザーで反射係数を測定する代わりになります。

VNAは、測定する前に必ず校正（キャリブレーション）が必要です。詳しい手順については本体の取扱説明書や参考書をご覧ください。

VNAの例（図11-10-1）

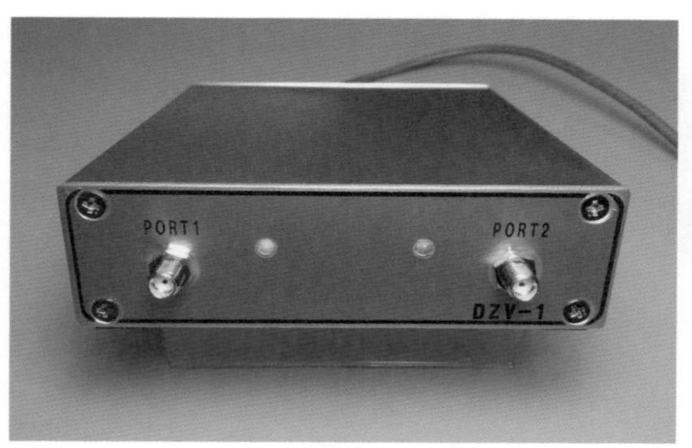

ディエステクノロジーDZV-1

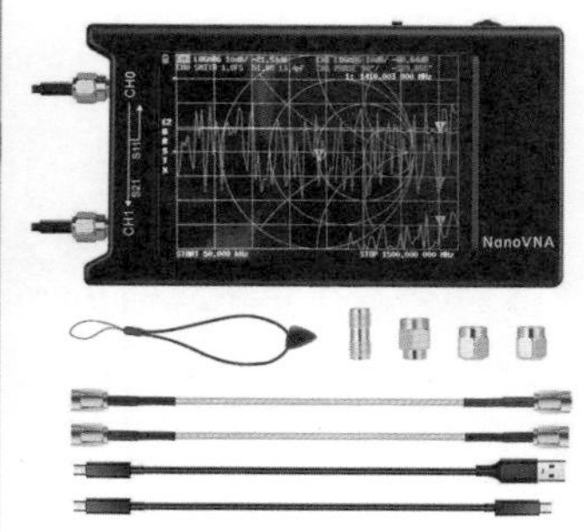

通販サイトで購入できるnanoVNA

11.11 回路基板を測定する

Point

- フィルター回路はS11とS21の両方で評価する。
- 縦軸はdBで表示すると、小さい値の領域を読み取りやすい。

特定の周波数範囲の信号を通過または阻止するフィルター回路

必要な周波数の信号だけを通過させる**フィルター**回路は、IoT機器やインターネット・ルーターなど、無線通信機の基板で数多く使われています。

VNAで測定するS21は伝達係数（透過係数）なので、ある周波数範囲の信号を通さないようにする**ノッチフィルター**を測定すると、設計周波数でS21の値が極めて小さくなることが確認できます（図11-11-1のグラフは、青色がS21、赤色がS11〈反射係数〉を示す）。

反射が極めて少ない良好なアンテナは、反射係数のグラフでは無反射の1.0に近い部分が詳しく読めないので、縦軸を対数で引き伸ばしてdB（デシベル）表示します。これにより反射が少ない場合に比較が容易になりますが、このグラフは**リターンロス**（Return Loss）とも呼ばれています。多くの配線も、入力端子（Port1と呼ぶ）と出力端子（Port2）のペアで順次測定することで評価できます。

ノッチフィルターと測定例（図11-11-1）

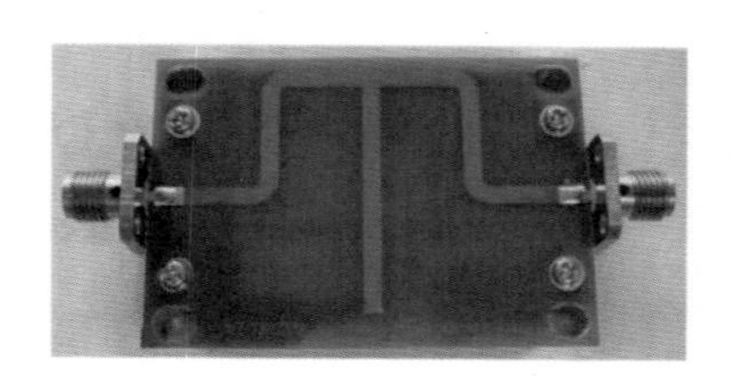

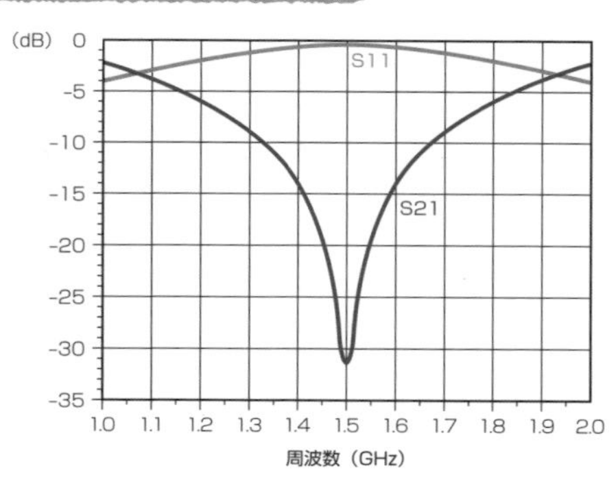

測定値と誤差のはなし

測定値には誤差があります。複数の測定値を足して求めた値の場合、各測定値に誤差があるので、誤差の最大値は「各測定値の誤差の最大値（絶対値）の和」になります。そこで、測定では各測定値の誤差を同程度に小さくしなければなりません。測定値のうちの１つでも誤差が大きいと、ほかの誤差をいくら小さくしても、誤差の最大値は小さくできません。

これは、測定値のいちばん下の桁をそろえる必要があることを意味します。例えば123と45.6の平均をとるときは、123が123.0まで正確であれば(123.0+45.6)/2=84.3とし、123の小数第１位がわからない場合は(123+46)/2=84とします。

それでは、求める量yが測定値x_1とx_2の積で表される場合はどうでしょうか。誤差をΔで表すと、つぎのようになります。

$$
\begin{aligned}
y+\Delta y &= (x_1+\Delta x_1)(x_2+\Delta x_2)\\
&= x_1x_2+x_2\Delta x_1+x_1\Delta x_2+\Delta x_1\Delta x_2
\end{aligned}
$$

$\Delta x_1 \Delta x_2$は非常に小さいので省略して、左辺をy、右辺をx_1x_2で割って変形すると、$\dfrac{\Delta y}{y}=\dfrac{\Delta x_1}{x_1}+\dfrac{\Delta x_2}{x_2}$ となります。

すなわち、積（$y=x_1x_2$）の場合は、$\left|\dfrac{\Delta x_1}{x_1}\right|$と$\left|\dfrac{\Delta x_2}{x_2}\right|$、つまり相対誤差を同程度に小さくしなければならないということがわかります。

これは、x_1x_2の有効数字の桁数を少ない方へそろえる必要があることを意味します。例えば、直流電圧の測定値が110V、直流電流の測定値が2Aのとき、電力は110×2=220Wですが、電流が１桁の数なので、信頼できる電力の数も有効数字１桁となり、2×10^2Wとします。もし電流が2.00A（有効数字が３桁）であれば、220Wとなります。

測定値の誤差は、最終結果にこのような法則で伝わっていくので、それぞれ必要な正確さで測定することが大切です。

memo

巻末資料

Q&A

こんな「困った！」に対応

テスターは電気機器の故障を診断するのに便利な道具ですが、テスター自体も故障することがあります。

正しく使って長持ちさせるためには、テスターの健康チェックが欠かせません。

Q1 テスターでやってはいけないことは何ですか？

A1
- **直流電流のレンジで電圧を測らない**
- **アナログメーターでは指針の振り切れに注意**

DCAやDCmAといった直流電流のレンジでは注意が必要です。**このレンジで電圧を測るとテスターが壊れます**。また、高電圧では回路をショートして危険です。

直流電流のレンジを使う前には深呼吸して測り方を確認しましょう。

アナログ器は、表示部に可動コイル型のアンメーターを使っています。例えば9Vの電池の電圧を測るときにレンジをDCV 2.5Vにすると、メーターの指針は振り切れてしまいます。このように、**間違った測定レンジで指針がフルスケールよりも右へ振り切れると、メーターが壊れることがあります**。そこで、測定する電圧が不明のときは、はじめに測定のレンジを大きい方へ設定して測り、だんだん小さい方へ移れば安全です。

また、DCVまたはDCAやDCmAで、テストピンのプラスとマイナスを逆に当ててしまうと、指針はホームポジションからさらに左側へ振れてしまい、やはりメーターが壊れる恐れがあります。

アナログメーターの指針の振り切れに注意

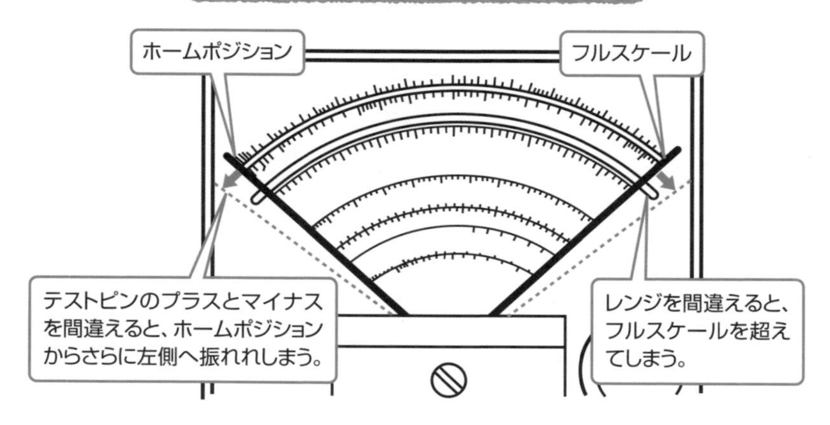

Q2 初心者が扱うと危険な測定は何ですか？

A2 ● 高電圧の測定は感電に十分注意

ブラウン管のテレビは見かけなくなりましたが、**修理などでブラウン管のアノード電圧を測定するときには、テスターのオプションアクセサリーとして用意されている高電圧プローブを使います。**

このプローブは、一般に高インピーダンス回路で直流の高電圧を測るときに使いますが、測定したい箇所には数kV～数十kVの高電圧がかかっているので危険です。感電しないように注意して測ってください。

高電圧プローブによる高電圧の測定例

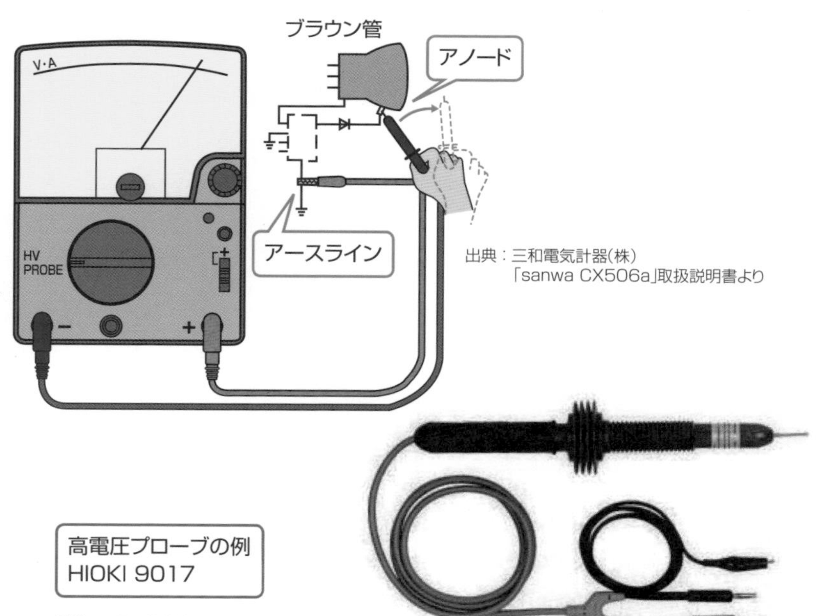

出典：三和電気計器(株)「sanwa CX506a」取扱説明書より

提供：日置電機(株)

Q3 テスターが故障しているのは、どんなときでしょうか？

A3
- 【1】のときは内蔵の電池が切れている
- 【2】のときは内蔵ヒューズが断線している
- 【3】のときはテストリードが断線している
- 【4】のときはロータリースイッチの接触不良

【1】…テスターを長い間使わないでいると、内蔵の電池が消耗していることがあります。**抵抗のレンジでテストピンをショートし、零オーム調整ツマミを回しても指針が0Ωを指さないときは、電池切れ**なので、内蔵の電池を交換します。

なお、**電池切れのときには、内蔵電池の電解液が漏れているかもしれません。**漏液が起きているときは、付近の金属部も腐食していることが多いので、古い電池を外してきれいに拭き取ってください。電池の極が導通しないときは、目の細かいヤスリ（いわゆる水ペーパーなど）で表面を磨きます。

【2】…**テスターに内蔵されている保護用のヒューズが断線していると、テスターは動作しません。**自分専用のテスターであれば、ヒューズを飛ばしたという自覚症状（？）があるはずですので、忘れずに交換しておきましょう。

また、会社などで複数の人が使うテスターであれば、前に使った人がヒューズを飛ばしたままかもしれません。ケースを開けて確かめてください。

【3】…テストリードを収納するとき、リード線をムリに巻き付けていると断線することがあります。**生きている乾電池の電圧が出ない場合には、テストリードの断線を疑います。**しかし、**本体が故障しているかもしれない**ので、抵抗のレンジでテストリードを外してから、テスター本体のテストリード用の2つの端子を糸ハンダなどでショートします。0Ωであればテスターは故障していないので、リード線が断線しています。どちらのリード線が断線しているかを調べるには……もうおわかりですね。

【4】…**テスターを長い間使わないでいると、ロータリースイッチの接点が酸化して接触不良になりがちです。**何回か切り替えると接触するようになります。

Q4 テスターを濡らしたときには、どうすればよいですか？

A4 ● 軽症の場合は、電源を切って蓋を開け、水分を拭き取って乾燥させる

テスターに限らず、精密な測定器に高温多湿は大敵です。このような環境で測定を続けると、テスターの回路基板に付いているICや半導体、抵抗、コンデンサーなどの部品が劣化します。

また、液体をかけてしまうと、回路の一部がショートして壊れることもあります。軽症の場合は、電源を切ってから蓋を開け、水分を拭き取って乾燥させます。完全に乾いてから、再びスイッチを入れて使えるかどうか確認します。

以上は不慮の事故への処置ですが、常に多湿の環境で測定するのであれば、写真のような防水・防塵マルチメーターを使うとよいでしょう。

防水・防塵マルチメーターの例

FLUKE Fluke 28 Ⅱ
防水・防塵マルチメーター
写真提供：東洋計測器(株)

Q5 ちゃんと測れていないのは、どんなときでしょうか?

A5

- 【1】デジタル表示が安定しないとき
- 【2】指針が安定しないとき
- 【3】古い電解コンデンサーなどで、漏れ電流が大きい場合

【1】…デジタル器でレンジの切り替えができるタイプでは、**選んだレンジに対して入力値が小さすぎると、ゼロを表示したり下位の桁の表示が変動したりします。**レンジを変えて表示するか、ホールドボタンを押して表示を固定します。

【2】…**テストピンの先端が、測定したい場所にきちんと接触していないときは、アナログ器の指針が安定しない場合があります。**また、デジタル器では一般に表示値が安定しない傾向があります。

【3】…5.8節「コンデンサーの測定」で述べたコンデンサーの容量測定では、まず基準となる一定電圧までコンデンサーを充電します。つぎにコンデンサーを0Vになるまで放電し、充電時間と放電時間から容量を計算しています。

コンデンサーは、定格電圧を加えたときに、絶縁体(誘電体)を通してわずかに電流が流れてしまいます。この電流を「漏れ電流」といいますが、**古い電解コンデンサーなどで漏れ電流が大きい場合には、正しく測れていないことがあります。**

アナログ器の最高の抵抗レンジで電解コンデンサーを測ると、指針は右に振れて一瞬低い値を示してから徐々に高くなり、最後に無限大に近い抵抗値を表示します。漏れがある場合は最終的に特定の抵抗値を表示するので、簡易的なチェックができます。

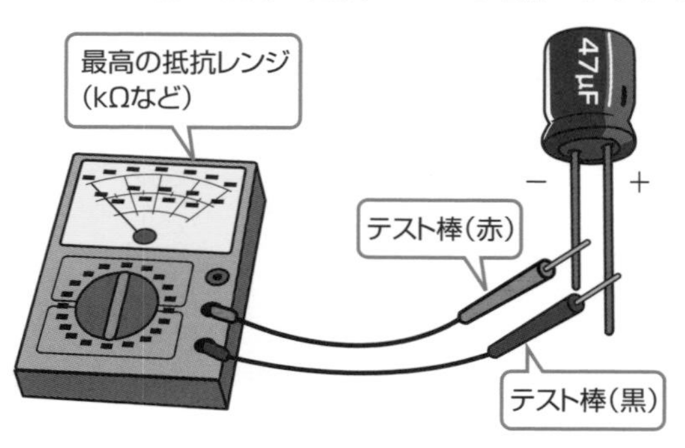

索引・参考文献

索引

INDEX

あ行

か行

さ行

た行

な行

は行

ま行

や行

ら行

わ行

アルファベット

記号

数字

【参考文献】

『図解入門 よくわかる電気の基本としくみ』(秀和システム、2004) 藤瀧和弘著
『「ものをはかる」しくみ』(新星出版社、2007) 関根慶太郎監修、瀧澤美奈子著
『発光ダイオードが一番わかる』(技術評論社、2010) 常深信彦著
『光工学が一番わかる』(技術評論社、2011) 前田譲治、海老澤賢史著
『アパマン・ハム・ハンドブック』(CQ出版社、2000) 原岡充著
『電波障害対策基礎講座』(CQ出版社、2005) 原岡充著
『テスタ使いこなしテクニック』(誠文堂新光社、2005) 丹羽一夫著
『改訂新版 テスタとディジタル・マルチメータの使い方』(CQ出版社、2006) 金沢敏保・藤原章雄著
『電気が面白いほどわかる本』(新星出版社、2008) 小暮裕明著
『電磁界シミュレータで学ぶアンテナ入門』(オーム社、2010) 小暮裕明・小暮芳江著
『図解入門 よくわかる最新無線工学の基本と仕組み』(秀和システム、2012) 小暮裕明・小暮芳江著
『図解入門 よくわかる最新高周波技術の基本と仕組み』(秀和システム、2012) 小暮裕明・小暮芳江著

著者紹介

小暮　裕明（こぐれ・ひろあき）

1952年群馬県生まれ。1977年よりSEとしてシステム設計・開発に従事。1992年に技術士（情報工学部門）として独立開業。
現在、技術コンサルティング業務、セミナー／大学講師等に従事。第1級アマチュア無線技士。コールサインJG1UNE。
ホームページアドレス　http://www.kcejp.com

【おもな著書】
『すぐに使える地デジ受信アンテナ』『[改訂] 電磁界シミュレータで学ぶ高周波の世界』（CQ出版社）、『電磁波ノイズ・トラブル対策』『すぐに役立つ電磁気学の基本』（誠文堂新光社）、『電磁界シミュレータで学ぶアンテナ入門』（オーム社）、『電気が面白いほどわかる本』（新星出版社）、『図解入門　よくわかる最新無線工学の基本と仕組み』（秀和システム）、ほか多数。

イラストレーター

加賀谷 育子

創生社

図解入門よくわかる最新
テスターの基本と実践

発行日	2023年　1月30日	第1版第1刷
	2024年　4月　3日	第1版第2刷

著　者　小暮　裕明

発行者　斉藤　和邦
発行所　株式会社　秀和システム
〒135-0016
東京都江東区東陽2-4-2　新宮ビル2F
Tel 03-6264-3105（販売）Fax 03-6264-3094
印刷所　三松堂印刷株式会社　　Printed in Japan

ISBN978-4-7980-6920-3 C0054